AF555658

APPLICATIONS

DE

L'ARITHMÉTIQUE

AUX OPÉRATIONS PRATIQUES

SOLUTIONS RAISONNÉES

A LA MÊME LIBRAIRIE :

Typographie Lahure, rue de Fleurus, 9, à Paris.

APPLICATIONS

DE

L'ARITHMÉTIQUE

AUX OPÉRATIONS PRATIQUES

RECUEIL DE 1000 QUESTIONS MODÈLES

POUR L'ENSEIGNEMENT ÉLÉMENTAIRE

PAR

E. A. TARNIER

Docteur ès sciences, Officier de l'instruction publique
Chevalier de la Légion d'honneur
Inspecteur de l'instruction primaire à Paris
Membre du Conseil départemental de la Seine

SOLUTIONS RAISONNÉES

NOUVELLE ÉDITION

PARIS

LIBRAIRIE HACHETTE ET Cie

79, BOULEVARD SAINT-GERMAIN, 79

1876

AVERTISSEMENT.

De nombreuses améliorations ont été introduites dans cette nouvelle édition.

Le nombre des *exercices* a été augmenté et fixé à *mille*.

Comme ces exercices sont des *types*, des *modèles* en quelque sorte des *formules* embrassant la presque totalité des problèmes élémentaires, le maître, par un *travail personnel*, pourra en augmenter le nombre selon les besoins de son enseignement. Nous donnons ainsi satisfaction à ceux qui désapprouvent les recueils où les questions sont tellement nombreuses que le professeur n'a plus rien à faire.

Nos mille questions sont numérotées sans interruption de 1 à 1000 dans chacun des deux volumes, en sorte que l'on peut trouver immédiatement sous le même numéro : dans le tome Ier, les *Énoncés* accompagnés chacun du nombre ou des nombres demandés, mais sans aucune explication ; dans le tome II, les *Solutions raisonnées*.

Ce cours de problèmes variés s'adapte à tous les traités d'arithmétique élémentaire.

Les calculs des solutions ont tous été vérifiés de nouveau.

Les diverses parties de l'enseignement élémentaire nous ont fourni les matériaux utiles et instructifs de cet ouvrage, et nous avons eu soin de n'employer dans les données que des nombres conformes à la réalité.

Nous ne terminerons pas sans prier MM. les Professeurs de vouloir bien nous indiquer les fautes qui auraient pu nous échapper.

E. A. T.

SOLUTIONS RAISONNÉES
DES APPLICATIONS
DE
L'ARITHMÉTIQUE
AUX OPÉRATIONS PRATIQUES.

PREMIÈRE PARTIE.

EXAMEN POUR LE CERTIFICAT D'ÉTUDES
OU BREVET DE SOUS-MAÎTRESSE).

CHAPITRE I.

EXAMENS ORAUX.

1. 1° En ajoutant les longueurs données, on trouve 31^m,186 pour l'ouvrage total.

2° En ajoutant les sommes reçues, on trouve 41^f,52 pour la recette totale.

---

2. Le gaz qu'on ajoute ayant un poids supérieur à celui du gaz qu'on ôte, le poids total est augmenté de l'excès : 1^g,529 — 1^g,293, ou 0^g,236.

---

3. 1° En divisant la dépense totale par le nombre de kilogrammes on aura le prix d'un kilogramme :

$$650^{f},75 : 25 = 26^{f},03.$$

2° En répétant le prix d'un kilogramme autant de fois qu'il y a de kilogrammes, on aura le prix total :

$$26^{f},03 \times 384 = 9995^{f},52.$$

Le kilogramme revient à $26^{f},03$; 384 kilogrammes coûtent $9995^{f},52$.

---

4. 12 pièces de terre de 3 hectares chacune contiennent $3^{h} \times 12$, ou 36 hectares; chaque hectare exige 2 hectolitres de semence; la quantité de blé nécessaire est donc $2^{h} \times 36$, ou 72^{h}.

---

5. 1° En divisant le produit total par le nombre d'hectares, on aura le produit d'un hectare; on obtient ainsi :

$$346^{h} : 13,79, \quad \text{ou} \quad 25^{h},09.$$

2° Chaque hectare a produit :

$$\frac{346 \text{ hect.}}{13,79};$$

ce qui fait $$68 \text{ kilogr.} \times \frac{346}{13,79};$$

le prix du kilogramme de blé est $0^{f},255$;

le produit de l'hectare en argent est donc

$$\frac{0^{f},255 \times 68 \times 346}{13,79}, \text{ ou } 435^{f},07.$$

---

6. Un rectangle contient autant de carrés de l'unité linéaire qu'il y a d'unités dans le produit de sa base par sa hauteur, évaluées chacune en unités linéaires, comme il est facile de s'en rendre compte à l'inspection de la figure ci-contre, dont la base contient 3 unités, la hauteur 2, et la surface 6 carrés ayant chacun pour côté l'unité linéaire. Par abréviation, on dit : *un rectangle est égal au produit de sa base par sa hauteur.*

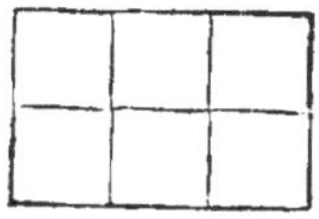

D'après ce principe :

1° Le terrain proposé contient :

$$223 \times 87, \quad \text{ou} \quad 19\,401 \text{ mètres carrés.}$$

2° Il faut 100 mètres carrés pour faire un are ; le nombre d'ares est donc :

$$19401 : 100, \quad \text{ou} \quad 194{,}01.$$

3° Il faut 100 ares pour faire un hectare ; le nombre d'hectares est donc :

$$194{,}01 : 100, \quad \text{ou} \quad 1{,}9401.$$

4° Le terrain étant estimé 40 000 fr., en divisant cette somme par le nombre d'ares, on aura le prix de l'are :

$$40\,000^{f} : 194{,}01, \quad \text{ou} \quad 206^{f}{,}17.$$

---

7. Prix du mètre : $\dfrac{251^{f}{,}09}{400{,}59}$.

Prix de 25 mètres : $\dfrac{251^{f}{,}09}{400{,}59} \times 25$, ou $15^{f}{,}67$.

---

8. Le nombre demandé est égal à :

$$2943 - 1258 + 2315 - 1649 + 829, \quad \text{ou à} \quad 3180.$$

---

9. L'économie annuelle est représentée par :

$$2800^{f} - (198^{f}{,}75 \times 12).$$

L'économie de 3320 francs aura lieu au bout d'un nombre d'années exprimé par :

$$\frac{3320}{2800 - (198{,}75 \times 12)};$$

ce qui donne 8.

---

10. 1° Le nombre de secondes nécessaire pour parcourir 58 975 mètres est égal à 58 975 : 337, ou à 175.

2° Pour extraire les minutes du résultat trouvé, il faut le diviser par 60, et on obtient $2^{m}55^{s}$.

---

11. Le bénéfice a pour expression :

$$119\,120^{f} \times 0,12.$$

Le prix de vente doit être 119 120 francs, augmentés du bénéfice qui vient d'être indiqué, ce qui donne :

$$119\,120^{f} + 119\,120^{f} \times 0,12.$$

Le terrain contenant 37 225 centiares ou mètres carrés, le prix de vente par mètre superficiel a pour expression :

$$\frac{119\,120^{f} + 119\,120^{f} \times 0,12}{37\,225}.$$

Ce qui donne $3^{f},58$.

---

12. 1° A poids égal, l'or vaut 15 fois $\frac{1}{2}$ l'argent; donc, à valeur égale, le poids de l'or doit être celui de l'argent divisé par 15,5. Or le franc pèse 5 gr.; le poids demandé est donc $5^{g} : 15,5$, ou $0^{gr},322$.

2° Le centime pèse 1 gr.; une pièce de 1 fr. ou de 100 centimes, en bronze, pèserait donc $1^{gr} \times 100$, ou 100 gr.

Remarque. Une pièce d'or de $0^{g},322$ serait d'un usage fort incommode à cause de sa petitesse; néanmoins, dans l'antiquité, on en a fabriqué de plus petites encore : on voit dans le cabinet des médailles des quarts d'obole en or pesant $0^{g},17$, et des huitièmes pesant $0^{g},08$, frappés à Athènes.

Des pièces de bronze de 100 gr. seraient aussi fort incommodes par leur poids; néanmoins, à Rome, sous Servius Tullius, l'*as* de bronze pesait 325 grammes.

---

13. 1° Poids du vase plein.................. $3226^{g},75$
Poids du vase vide................. 459 ,25

Poids de l'eau .... $2767^{g},50$

2° Le litre d'eau pèse 1000 grammes; le volume de l'eau contenue dans le vase, exprimé en litres, est donc :

$$2767,50 : 1000 \quad \text{ou} \quad 2,7675.$$

---

14. 1° Le décilitre est contenu 1000 fois dans l'hectolitre; le poids demandé est donc :

$$103^k : 1000 \quad \text{ou} \quad 0^k,103, \quad \text{ou} \quad 103 \text{ grammes.}$$

2° Le mètre cube vaut 1000 décimètres cubes ou 1000 litres; le réservoir peut donc contenir :

18 000 litres ou..............................	180^h
Il en contient déjà............................	84
Pour le remplir, il en faudrait................	96

---

15. Le prix total est de :

$$73^f,47 \times 46,25.$$

Le nombre de mètres demandé a pour expression :

$$\frac{73,47 \times 46,25}{68,15}.$$

Ce qui donne $49^m,86$.

---

16. La superficie du chemin, en mètres carrés ou en centiares, est exprimée par 7×125. Le terrain contenait 2 hectares ou 20 000 centiares; son étendue actuelle est donc :

$$[20\,000 - 7 \times 125]^{mq}, \quad \text{ou} \quad 19\,125^{mq}.$$

---

17. Le prix d'achat est de 8 fr. $\times$ 10 ou de 80 francs. On veut gagner 15 francs; il faut donc revendre le tout 95 francs : ce qui donne pour prix du mètre $9^f,50$.

---

18. Le volume d'un solide compris sous six faces rectangulaires, et qu'on nomme *parallélipipède rectangle*, est égal au produit de ses trois dimensions : longueur, largeur, hauteur; locution abrégée analogue à celle du n° **6** et dont on se rendrait compte de la même manière.

La coudée valant $0^m,45$, la longueur de l'arche était de $0^m,45 \times 300$ ou de 135 mètres. La largeur était de $0^m,45 \times 50$ ou de $22^{m},5$. La hauteur était de $0^{m},45 \times 30$ ou de $13^{m},5$. La capacité en mètres cubes était donc

$$135 \times 22,5 \times 13,5.$$

Ce qui donne $41\,006^{mc},250$.

---

19. Le prix par kilomètre est de

$$\frac{19^{f},65}{235,678};$$

par conséquent, un trajet de $430^{k},476$ coûtera :

$$\frac{19^{f},65}{235,678} \times 430,476, \quad \text{ou} \quad 35^{f},89.$$

---

20. Chaque kilogramme de pain exige $\frac{6^{k},61}{6}$ de pâte ; par conséquent 54 kilogrammes en exigeront

$$\frac{6^{k},61}{6} \times 54.$$

Comme $54 = 6 \times 9$, il suffit de multiplier 6,61 par 9, et on trouve $59^{k},49$.

---

21. 1° La capacité (en mètres cubes) de la salle a pour expression :

$$18,60 \times 10,94 \times 5,26,$$

ce qui donne : 1070,325840.

Voir l'explication au n° **18**.

2° Le nombre d'élèves qu'on peut y mettre est égal à :

$$\frac{18,6 \times 10,94 \times 5,26}{4} \quad \text{ou à } 267.$$

3° Pour un dortoir, le diviseur sera 15 au lieu de 4, et on trouvera 71.

---

22. Le prix du kilogramme est :

$$\frac{99^f}{675};$$

l'hectolitre pèse en kilogrammes :

$$11 : \frac{99}{675}, \quad \text{ou} \quad \frac{11 \times 675}{99}.$$

Comme $99 = 11 \times 9$, il suffit de prendre le neuvième de 675, et l'on obtient 75.

---

23. La capacité (en mètres cubes) du bassin a pour expression $9 \times 6{,}35 \times 4{,}879$; elle est donc égale à 278.83485.

Le décuple de ce produit exprimera des hectolitres. Mille fois le même produit désignerait des litres. Le poids en quintaux métriques est égal au nombre d'hectolitres.

---

24. La capacité (en mètres cubes) du fossé a pour expression $45 \times 2{,}08 \times 1{,}48$; le prix sera donc :

$$1^f{,}35 \times (45 \times 2{,}08 \times 1{,}48), \quad \text{ou} \quad 187^f{,}0128.$$

25.

$$132\,025^{gr} - 12\,800^{gr} = 119\,225^{g};$$
$$1320^h{,}25 - 128^h = 1192^h{,}25;$$
$$132^k{,}025 - 12^k{,}8 = 119^k{,}225.$$

---

26. Le prix du kilogr. est $39^f : 1000$, ou $0^f{,}039$.
Le prix de 750 kilogr. est donc de $0^f{,}039 \times 750$, ou de $29^f{,}25$.

---

27. Prix du drap $15^f{,}50 \times 14$ .... 217 fr.
Prix du vin 213

Différence.................. 4 fr.

Le marchand de drap doit donc recevoir pour solde 4 fr.

---

28. Le poids (en grammes) de l'huile contenue dans le vase est égal à 18030 — 8050; la capacité (en litres) a donc pour expression :

$$\frac{18030 - 8050}{915},$$

ce qui donne 10,907.

---

29. Le nombre des carreaux de vitres par étage est indiqué par 28×11; pour les quatre étages, ce sera $28 \times 11 \times 4$; le prix de chaque carreau est donc :

$$\frac{924 \text{ fr.}}{28 \times 11 \times 4}, \text{ ou } 0^{f},75.$$

---

30. 1° Le volume (en centimètres cubes) de la barre de fer est $343 \times 6 \times 3$, ou 6174, ce qui fait $6^{dmc},174$.

2° Le poids est donc en grammes :

$$7,788 \times (343 \times 6 \times 3), \text{ ou } 48083,112.$$

---

31. Le nombre de kilogr. de blé récolté sur un hectare est 78×19; par conséquent, chaque gerbe fournit en poids :

$$\frac{78^{k} \times 19}{500}, \text{ ou } 2^{k},964.$$

---

32. 40 fr. $\times$ 0,095. En effet, le mètre cube valant 1000 décimètres cubes, 95 décimètres cubes équivalent à $0^{mc},095$.
En effectuant, on trouve $3^{f},80$.

---

33. 1° Le nombre total des hectares est :

$$4639 + 41\,416,63 + 12\,834,74, \text{ ou } 58890,37.$$

2° Le prix du reboisement par hectare a pour expression :

$$\frac{1\,240\,000^{f}}{4639 + 41\,416,63 + 12834,74}.$$

En effectuant, on trouve $21^{f},06$.

---

34. Le prix du gramme est égal à

$$8447^f,29 : 36\,489,4.$$

Ce qui donne $0^f,23$....

---

35. Le prix total de la vente du drap est de $418^f,25$; le prix d'achat était donc $418^f,25 + 16^f,15$, ou $434^f,40$; le prix coûtant du mètre était donc :

$$\frac{434^f,40}{27,15}, \quad \text{ou} \quad 16^f.$$

---

36. Le mètre cube valant 1000 litres, la capacité du bassin est de $1563^l,5$; le nombre d'heures pour le vider a donc pour expression :

$$\frac{1563,5}{584,42},$$

ce qui donne $2^h\,40^m\,31^s$.

---

37. 1° $9^k,01408 + 0^k,00789$, ou $9^k,02197$;

2° $9014^g,08$, $+ 7^g,89$, ou $9021^g,97$;

3° $901408^{cg} + 789^{cg}$, ou $902\,197^{cg}$.

---

38. L'hectogramme d'or revient à

$$2245^f,19 : 6,3245, \text{ ou à } 354^f,998....$$

---

39. Le revenu net est égal au revenu total diminué de la dépense. Le nombre demandé a donc pour expression :

$$(5000^f + 2500^f + 5700^f) - (275^f,50 + 128^f,25 + 429^f,14 + 114^f,75 + 91^f,85 + 925^f,50),$$

ce qui fait $11\,235^f,01$.

---

40. Le prix de la graine nécessaire pour produire un kilogramme d'huile est $\frac{41^f}{32}$; par suite, le prix de la graine nécessaire pour obtenir 6 barriques de 73 kilogr. chacune a pour expression $\frac{41^f}{32}\times(73\times6)$, ce qui donne $561^f,1875$.

---

41. La distance parcourue en une seconde de temps, c'est-à-dire la vitesse du son dans l'air, est $\frac{18615^m,5}{54,6}$: elle est donc égale à $340^m,943$....

---

42. Le nombre d'ares est $\frac{86,6\times15}{100}$; le prix de l'are est donc

$$1860^f : \frac{86,6\times15}{100}, \quad \text{ou} \quad 143^f,187....$$

---

43. Le nombre des décagrammes est 850; le prix du décagramme est donc $\frac{16^f,85}{850}$, et celui de 15 décagrammes a pour expression $\frac{16^f,85}{850}\times15$; ce qui donne $0^f,297$....

---

44. Le rapport de la diminution de vitesse à la vitesse primitive est $\frac{30,6-28,5}{30,6}$; il est donc égal à $\frac{2,1}{30,6}$ ou à $\frac{7}{102}$.

---

45. 1° La capacité (en mètres cubes) est

$$14,80\times10,85\times5,70\,;$$

elle est donc égale à $915^{mc},306$.

2° Le litre d'air pesant $1^{gr},3$, le mètre cube pèse $1^k,3$; le poids de l'air renfermé dans la salle a donc pour expression :

$$1^k,3\times(14,80\times10,85\times5,70),$$

ce qui donne $1189^k,8978$.

---

46. Le bénéfice est égal au prix de vente diminué de la dépense; il a donc pour expression

$$(27^{f} \times 19) + (2^{f},50 \times 32) - 194^{f},50\ ;$$

ce qui fait $398^{f},50$.

---

47. Le poids demandé a pour expression $0^{gr},206 \times 136,5$; il est donc égal à $28^{g},119$.

---

48. Le résultat demandé a pour expression :

$$18^{m}\frac{2}{5} - \left(2^{m},13 + 5^{m}\frac{5}{12} + 3^{m}\frac{11}{15}\right);$$

il est donc égal à $7^{m},12$.

---

49. Le poids demandé est égal à $76^{k} \times \frac{18}{19}$, ou à 72 kilogrammes.

---

50. Le prix des $\frac{5}{6}$ du champ étant de $495^{f},75$, le champ a coûté les $\frac{6}{5}$ de cette somme, ou $\frac{495^{f},75 \times 6}{5}$; par conséquent les $\frac{3}{4}$ du champ coûteront $495^{f},75 \times \frac{6}{5} \times \frac{3}{4}$, ou $446^{f},17\ \frac{1}{2}$.

---

51. La distance (en kilomètres) parcourue en une heure est

$$\frac{595^{k},5}{23 + \frac{45}{60}}, \quad \text{ou} \quad \frac{595^{k},5}{23 + \frac{3}{4}},$$

ou

$$\frac{595^{k},5}{\frac{95}{4}}, \quad \text{ou} \quad \frac{595^{k},5 \times 4}{95},$$

ou $25^{k},0736....$

---

52. Les $\frac{2}{3}$ des $\frac{4}{5}$ équivalent à $\frac{8}{15}$; les $\frac{8}{15}$ de la somme demandée ayant été dépensés, il en reste les $\frac{7}{15}$. Ce reste valant 105 francs, la somme demandée est $105 : \frac{7}{15}$; elle est égale à 225 francs.

---

53. Le poids demandé est égal à $38^k,5 - 7^k\,\frac{2}{3}$; ce qui donne $30^k\,\frac{5}{6}$.

---

54. Le plus petit étant les $\frac{3}{5}$ du plus grand, les deux réunis sont les $\frac{8}{5}$ du plus grand; ce plus grand est donc $40 : \frac{8}{5}$ ou 25; par suite, 15 est le plus petit.

---

55. La plus petite part étant les $\frac{3}{4}$ de l'autre, les deux parties réunies sont les $\frac{7}{4}$ de la plus grande; par suite, la plus grande est les $\frac{4}{7}$ de 42 francs, ou 24 francs; la plus petite est les $\frac{3}{4}$ de 24 francs, ou 18 francs.

---

56. La dépense totale est exprimée par :

$$15^f \times 38 + 16^f \times 19 + 12^f \times 42\,;$$

le nombre total des hectolitres est $38 + 19 + 42$; par suite, le prix moyen demandé a pour expression :

$$\frac{15^f \times 38 + 16^f \times 19 + 12^f \times 42}{38 + 19 + 42}\,;$$

il est égal à $13^f,919\ldots$

---

57. L'un des buts de la division est de trouver combien de fois une quantité en contient une autre, lorsque ces quantités sont ramenées à une unité commune; le nombre des morceaux est donc

$$24 : \frac{3}{4}, \quad \text{ou} \quad \frac{24 \times 4}{3}, \quad \text{ou} \quad 32.$$

---

58. La surface d'un rectangle étant égale au produit de la longueur par la largeur (n° **6**), cette largeur a pour expression (en mètres) $\frac{64,75}{8,75}$; elle est égale à 7^{m},40.

---

59. Le volume d'un *parallélipipède rectangle* étant égal au produit de la base par la hauteur, cette hauteur est le quotient de la division du volume par la base. Par conséquent son expression (en mètres) est $\frac{1200}{52,12}$, ou 23^{m},023.

Voir l'explication au n° **18**.

---

60. Le résultat demandé a pour expression

$$25^{m}\frac{7}{8} + 12^{m},5 + 9^{m} -;$$

il est égal à $47^{m}\frac{67}{72}$.

---

61. Le prix d'un mètre est 37 fr. $\frac{1}{3} : 5\frac{2}{7}$; donc,

1° $8^{m}\frac{1}{2}$ coûteront $\frac{37^{f}\frac{1}{3}}{5\frac{2}{7}} \times 8\frac{1}{2}$, ou 60^{f},036....

2° Le nombre de mètres demandé est égal à $29\frac{2}{5}$ divisé par le prix du mètre :

$$29\frac{2}{5} : \frac{37\frac{1}{3}}{5\frac{2}{7}}, \quad \text{ou } 4,162...$$

---

62. L'homme fait par heure $\frac{1}{5}$ de l'ouvrage.

La femme.................. $\frac{1}{8}$.

L'enfant.................. $\frac{1}{12}$.

A eux trois, ils font par heure :

$$\frac{1}{5}+\frac{1}{8}+\frac{1}{12}.$$

Par suite, le nombre d'heures demandé a pour expression :

$$\frac{1}{\frac{1}{5}+\frac{1}{8}+\frac{1}{12}},$$

ce qui donne $2^h\,26^m\,56^s\,\frac{16}{49}$.

---

63. La quantité d'eau versée dans le bassin est $3^{h},21 \times 30$, ou $96^{h},3$ ou $9^{mc},63$.

La base est de $(3,25 \times 2,69)^{mq}$, ou de $8^{mq},7425$. Cette base, multipliée par la hauteur exprimée en mètres, doit donner le volume 9,63. La hauteur exprimée en mètres est donc $\frac{9,63}{8,7425}$ ou $1^m,10$, à un centimètre près.

---

64. Le prix de la journée est égal à $33^f : 5\frac{1}{2}$, ou à 6^f.

---

65. $37^f,32 \times 24,5$, ou $914^f,34$.

---

66. $\frac{914,34}{37,32}$, ou 24,5, est le nombre de mètres demandé.

---

67. La perte étant $\frac{1}{10}$ de la pâte, le pain obtenu en est les $\frac{9}{10}$; la pâte est donc les $\frac{10}{9}$ du pain, ou 350 k. $\times \frac{10}{9}$; telle est la quantité de pâte; or 100 kilogr. de pâte contenant 40 kilogr. d'eau et $0^k,75$ de sel, exigent $59^k,25$ farine, et chaque kilogr. de pâte exige $0^k,5925$ de farine; le nombre demandé a donc pour expression :

$$0^k,5925 \times 350 \times \frac{10}{9}, \text{ ou } 230^k,416....$$

---

68. 1° Le poids de l'huile est

$$649^g,25 - \frac{649,25}{3};$$

il est égal à $432^g,833....$

2° La capacité du vase (en litres) est le nombre précédent divisé par 915, ou 0,473....

---

69. La surface à couvrir (en mètres carrés) est égale à $45 \times \frac{3}{4}$. La longueur demandée (en mètres) a donc pour expression :

$$\frac{45 \times \frac{3}{4}}{\frac{2}{3}}, \text{ ou } 50,625.$$

---

70. De $6^h \frac{3}{4}$ du matin à $6^h \frac{1}{2}$ du soir, il y à $11^h \frac{3}{4}$; le nombre demandé a donc pour expression $0^m,036 \times 11 \frac{3}{4} \times 17$, ce qui donne $7^m,191$.

---

71. Le nombre des adultes du sexe féminin est les $\frac{16}{17}$ de celui des adultes du sexe masculin; les deux sexes forment donc les $\frac{16}{17} + \frac{17}{17}$ ou les $\frac{33}{17}$ des adultes du sexe masculin; par suite, le nombre des adultes du sexe masculin est les $\frac{17}{33}$ du total des adultes, ou

$$22\,815\,210 \times \frac{17}{33}.$$

Ce dernier nombre étant les $\frac{5}{16}$ de la population, cette population en est les $\frac{16}{5}$; elle a donc pour expression :

$$22\,815\,210 \times \frac{17}{33} \times \frac{16}{5};$$

elle est égale à 37 610 528.

---

72. Les deux premières personnes reçoivent $\frac{1}{3} + \frac{1}{4}$, ou les $\frac{7}{12}$ de la somme totale; il en reste donc les $\frac{5}{12}$; or ces $\frac{5}{12}$ valent 25 000 fr., la somme elle-même est donc les $\frac{12}{5}$ de 25 000 fr., ou 60 000 fr.

---

73. Le premier lot devant être les $\frac{75}{100}$ ou les $\frac{3}{4}$ du second, le total doit être les $\frac{7}{4}$ du second; ce second est donc les $\frac{4}{7}$ de 17,06 hectares, ou $974^{a},857$...; le premier est par conséquent les $\frac{3}{7}$ de 17,06 hectares, ou $731^{a},142$....

---

74. Prix d'achat : $7^{f} \times 78 + 6^{f} \times 87 + 9^{f} \times 69 = 1689^{f}$.

Prix de vente : $8^{f} \times (78 + 87 + 69) = 1872^{f}$.

Bénéfice : $1872^{f} - 1689^{f}$, ou 183^{f}.

---

75. Pour faire les $\frac{3}{40}$ du canal, il faut 1 jour; pour $\frac{1}{40}$, il faut $\frac{1}{3}$ de jour; pour le total, il faut $\frac{40}{3}$ de jour, ou $13^{j}\,\frac{1}{3}$.

---

76. Pour les $\frac{2}{3}$ d'un bas il faut 1 jour; pour $\frac{1}{3}$ il faut $\frac{1}{2}$ jour; pour 1 bas il faut $\frac{3}{2}$ jours; pour 11 bas il faut $\frac{33}{2}$ jours, ou 16 jours et $\frac{1}{2}$.

---

77. La fontaine donne $\frac{5}{3}$ de litre à la minute ; le nombre demandé de minutes a donc pour expression :

$$\left(26\frac{2}{7}\right) : \frac{5}{3}, \text{ ou } 15^{m}\,\frac{27}{35}.$$

---

78. Chaque hectare exigeant deux journées $\frac{1}{3}$, 4 hectares $\frac{1}{5}$ exigeront 2 journées $\frac{1}{3} \times 4\frac{1}{5}$, ce qui donne 9 journées $\frac{4}{5}$; pour faucher le tout en 1 jour il faudra employer 10 ouvriers, et il y aura un peu de temps de reste.

---

79. La superficie de la salle est égale à $3{,}25 \times 4{,}4$ et la surface de chaque brique est représentée par $0{,}22 \times 0{,}03$; le nombre de briques demandé a donc pour expression :

$$\frac{3{,}25 \times 4{,}4}{0{,}22 \times 0{,}03};$$

ce qui donne $2166\frac{2}{3}$.

Remarque. Pour que le calcul qui précède soit exact, il faut que, dans la pose des briques, il n'y ait aucune perte ; dans la pratique, il n'en est pas ainsi, car une brique ne peut pas se fractionner à volonté.

En supposant qu'on dispose les briques en long dans la longueur de la salle, il en faudra, pour un rang, 4,4 : 0,22, ou 20.

Pour calculer combien il faudra de rangs, je divise 3,25 par 0,03, et je trouve 108 pour quotient et 1 centimètre pour reste. Pour remplir ce centimètre sans perdre aucune brique, il faudrait scier chaque brique en trois, ce qui, dans la pratique, serait impossible. Je suppose donc qu'on ne puisse tirer de chaque brique que deux parties de 1 centimètre, il y aura 1 centimètre de perte, et le dernier rang emploiera 10 briques au lieu de 20 ; alors le nombre de briques employées sera : 108 rangs de 20 briques.. 2160

1 rang avec 10 briques...... 10

Total..... 2170

---

80. Les $\frac{5}{6}$ de l'ouvrage valent $42^f,75$; $\frac{1}{6}$ vaut $42^f,75 : 5$; la valeur de l'ouvrage tout entier sera :

$$\frac{42^f,75 \times 6}{5}, \text{ ou } 51^f,30.$$

---

81. La récolte par hectare, qui était de 255 hectolitres, est devenue $255 \times \frac{3}{5}$; la récolte demandée a donc pour expression :

$$255 \times \frac{3}{5} \times 3\frac{2}{7};$$

elle est égale à $502^h \frac{5}{7}$, ou à $502^h,71428\ldots$

---

82. La dépense étant $\frac{1}{3} + \frac{1}{8} + \frac{1}{10} + \frac{1}{9}$, ou les $\frac{241}{360}$ du gain total, l'économie est les $\frac{119}{360}$ du gain; ce gain est donc les $\frac{360}{119}$ de 318 fr., ou $962^f,01$.

---

83. La population de l'Asie étant les $\frac{13}{7}$ de celle de l'Europe, celle-ci est égale aux $\frac{7}{13}$ de 3 902 257 000, ou à 2 101 215 307; celle de l'Afrique est les $\frac{3}{11}$ de ce dernier nombre, ou 573 058 720; celle de l'Amérique est les $\frac{13}{77}$ de 2 101 215 307, ou 354 750 736.

---

84. Cet énoncé exige un peu plus d'attention. La superficie de l'Afrique étant de 2 970 000 000 hectares, celle de l'Europe est

$$2\,970\,000\,000^h \times \frac{7}{22} = 945\,000\,000^h;$$

celle de l'Asie :

$$2\,970\,000\,000^h \times \frac{7}{22} \times \frac{121}{27} = 4\,235\,000\,000^h;$$

celle de l'Amérique :

$$2\,970\,000\,000^{h} \times \frac{7}{22} \times \frac{111}{27} = 3\,885\,000\,000^{h};$$

celle de l'Océanie :

$$2\,970\,000\,000^{h} \times \frac{7}{22} \times \frac{31}{27} = 1\,085\,000\,000^{h}.$$

La mer occupant les $\frac{3}{4}$ de la surface du globe, le reste n'en est que $\frac{1}{4}$. La surface du globe est donc le quadruple de la somme des cinq nombres qui précèdent, ce qui donne $52\,480\,000\,000^{h}$; la surface de la mer est les $\frac{3}{4}$ du nombre précédent, ou $39\,360\,000\,000^{h}$.

---

85. $24^{h} \times \frac{6}{7} \times \frac{7}{12} \times \frac{5}{6} \times \frac{3}{4} = 24^{h} \times \frac{5 \times 3}{12 \times 4} = 7^{h}\,\frac{1}{2}$

---

86. La première ouvrière fait par heure $\frac{1}{20}$ de l'ouvrage ; la deuxième en fait $\frac{1}{15}$; à elles deux, elles font $\frac{1}{20} + \frac{1}{15}$; le nombre d'heures demandé a donc pour expression :

$$\frac{1}{\frac{1}{20} + \frac{1}{15}},$$

ce qui donne $8^{h}\ 34^{m}\ 17^{s}\ \frac{1}{7}$.

---

87. Le premier fait par jour $\frac{1}{60}$ de l'ouvrage; le second $\frac{1}{72}$; à eux deux, il leur faudra, pour faire les $\frac{5}{9}$ de l'ouvrage, un nombre de jours ayant pour expression :

$$\frac{\frac{5}{9}}{\frac{1}{60} + \frac{1}{72}},$$

ce qui donne $18^{j}\ \frac{2}{11}$.

---

88. Comme on a vendu $\frac{1}{4}+\frac{1}{3}+\frac{1}{6}$, ou les $\frac{9}{12}$, c'est-à-dire les $\frac{3}{4}$ de la marchandise, il en reste $\frac{1}{4}$. La quantité achetée a donc pour expression $2^h,5 \times 4$, ce qui donne 10 hectolitres.

---

89. Le reste a pour expression :

$$120^f - \left(\frac{31^f,50}{7} + \frac{33^f,65}{7} + \frac{29^f,85}{7} + \frac{35^f,40}{7}\right).$$

Ce qui donne $101^f,22\ \frac{6}{7}$.

---

90. Le reste demandé a pour expression :

$$286^f\ \frac{1}{2} - \left(9^f\ \frac{2}{3} \times 16\ \frac{4}{3}\right).$$

Ce qui donne $118^f,94\ \frac{4}{9}$.

---

91. Le prix de vente se compose du prix d'achat augmenté du bénéfice qui est les $\frac{2}{7}$ du prix d'achat. Le prix de vente est donc les $\frac{9}{7}$ du prix d'achat; celui-ci est par conséquent les $\frac{7}{9}$ du prix de vente ou $217^f,25 \times \frac{7}{9}$, ou $168^f,97\ \frac{2}{9}$.

---

92. $18^f \times 54,5 + 15^f \times 37,25 + 20^f \times 19,75$, ou $1934^f,75$.

---

93. La dépense étant $\frac{3}{8}+\frac{2}{7}+\frac{5}{24}$, ou les $\frac{73}{84}$ du gain, l'économie en est les $\frac{11}{84}$; et comme cela doit faire 275 fr., le gain est les $\frac{84}{11}$ de cette dernière somme.

Ce qui donne 2100 francs.

---

94. 13 journées d'ouvrier valant 52 fr., 1 journée vaut 4 fr.; 10 kilogr. de denrée valent 3 journées, ou 12 fr.; par suite, 30 kilogr. en valent 36 ; 2 hectolitres de vin valent donc 36 fr., et 23 hectolitres valent 18 fr. $\times$ 23 ; comme ce produit représente le prix de 18 mètres, cela fait 23 fr. le mètre; par conséquent, pour la somme de 920 fr., on aura un nombre de mètres égal à $\frac{920}{23}$, ou à 40 mètres

---

95. La quantité d'étoffes vendues est

$$\frac{1}{3}+\frac{1}{5}+\frac{1}{6}, \text{ ou } \frac{21}{30},$$

c'est-à-dire les $\frac{7}{10}$ de la longueur totale ; il en reste donc les $\frac{3}{10}$ par conséquent la longueur totale est les $\frac{10}{3}$ du reste, ou

$$15^{m},60 \times \frac{10}{3} = 52^{m}.$$

---

96. Le prix est de $47^{f},19 \times 89\ \frac{11}{12}$.

Calcul par parties aliquotes.

Je décompose le multiplicateur en parties aliquotes de l'unité; il devient $89+\frac{6}{12}+\frac{3}{12}+\frac{2}{12}$, ou bien $89+\frac{1}{2}+\frac{1}{4}+\frac{1}{6}$; puis je multiplie 47f,19 par chacune de ces parties et j'ajoute les résultats, ainsi qu'il suit :

$$\begin{array}{r} 47^{f},19 \\ 89+\frac{1}{2}+\frac{1}{4}+\frac{1}{6} \\ \hline 424^{f},71 \\ 3775\ ,2 \end{array}$$

$\frac{1}{2}$ de 47f,19 .... 23f,595

$\frac{1}{2}$ de 23 ,595 .... 11 ,7975

$\frac{1}{3}$ de 23 ,595 .... 7 ,865

4243f,1675.

---

97. La dépense ayant été les $\frac{3}{8}$ de la somme totale, le reste en est les $\frac{5}{8}$; la somme qu'avait la personne a donc pour expression :

$$12^{f}\ \frac{1}{5} \times \frac{8}{5} = 19^{f},52.$$

---

98. 10 litres d'eau pure pèseraient 10 kilogr. ; le poids demandé est donc de 13 fois 10 kilogr., ou de 130 kilogr.

---

99. Les 300 mètres de drap valant 40 fr. × 300 ou 12000 fr., le nombre de mètres de casimir qu'on recevra en échange est donc

$$\frac{12000}{24}, \quad \text{ou} \quad 500 \text{ mètres.}$$

---

100. 20 fr. en argent pèsent 5g × 20, ou 100g ; l'or vaut 15 fois $\frac{1}{2}$ l'argent ; son poids, à valeur égale, est donc celui de l'argent divisé par 15 $\frac{1}{2}$; 20 fr. en or doivent par conséquent peser 100g : 15 $\frac{1}{2}$, ou 6g,45.

CHAPITRE II.

DEVOIRS ÉCRITS. (MODÈLES.)

Le maître y joindra un sujet de théorie.)

101. L'heure est de 60 minutes; le débit de la fontaine sera donc par heure de $37^{dc},869 \times 60$, ou de $2272^{dc},14$; par jour ce sera donc $2272^{dc},14 \times 24$, ou $54531^{dc},36$, ou en mètres cubes, 54,53136.

---

102. 8 mètres diminuant de $0^m,45$ deviennent $7^m,55$; ainsi $7^m,55$ étaient avant le blanchissage de 8 mètres ;

1^m............. $8^m : 7,55$
$12^m,75$. $8^m : 7,55 \times 12,75$.

J'effectue et je trouve $13^m,510$, à 1 millimètre près.

---

103. Les ouvriers ayant reçu $2365^f,50$ pour 19 jours, cela fait par jour $2365^f,50 : 19$, ou $124^f,50$.

Cette somme doit être répartie inégalement entre les 33 ouvriers ; il y a à payer 17 journées fortes, valant chacune $1\frac{1}{2}$ journée faible, en tout $25\frac{1}{2}$ journées faibles, plus 16 journées faibles, ce qui fait un total de $41\frac{1}{2}$ journées faibles à payer.

Le prix de la journée faible est donc de $124^f,5 : 41\frac{1}{2}$, ou de 3^f; par suite, le prix de la journée forte est de 3 fr. $+ \frac{3^f}{2}$, ou de $4^f,50$.

Vérification.

17 ouvriers pendant 19 jours ou 323 journées à $4^f,50$
font....... $1453^f,50$

16 ouvriers pendant 19 jours ou 304 journées à 3 fr.
font....... 912

Total......... $2365^f,50$

---

104. 34 pièces de 5 fr. font 170 pièces de 1 fr.;

56	»	2	»	112	»	1
20	»	1	»	20	»	1
50	»	50 c.	»	25	»	1
60	»	20	»	12	»	1

Total........ 339 pièces de 1 fr.

Chacune pesant 5 grammes, le poids total est de $5^g \times 339$, ou de.. 1695 gr.

Le vase pèse.. 304

Poids de l'eau contenue dans le vase...... 1391 gr.

Cette eau occupe un volume de 1391 centimètres cubes ; la capacité du vase est donc de 1 litre 391 millilitres.

---

105. La dissolution qu'on veut obtenir doit se composer de $3^k,4$ de sel sur 18 kil. d'eau, ce qui fait $21^k,4$ pour le poids du mélange. Le rapport du sel à l'eau salée obtenue est donc $\frac{3,4}{21,4}$, ou $\frac{34}{214}$; le rapport de l'eau salée au sel qu'elle contient doit donc être $\frac{214}{34}$; or la dissolution que l'on a contient $4^k,5$ de sel ; le poids du mélange final doit donc être $4^k,5 \times \frac{214}{34}$, ou 28 k. $+ \frac{11}{34}$.

Or le poids actuel du mélange est $20^k,2 + 4^k,5$, ou $24^k,7$; il faut donc ajouter $28^k.\ \frac{11}{34} - 24^k,7$, ou $3^k. + \frac{212}{340}$, ou encore $3^k,624$.

---

106. 1° Le prix d'achat par hectol. est 3600 fr.: 72,50, ou $49^f,66$.

2° Le prix de vente — 5125 fr.: 72,50, ou $70^f,69$.

3° Le bénéfice total est 5125 — 3600 fr., ou 1525 fr.

4° Le bénéfice par hectolitre est $70^f,69 - 49^f,66$, ou $21^f,03$.

---

107. 1° L'encaisse du 1er du mois se compose de :

2 billets de 1000 fr	....	20000 fr.
— 500	....	5000
— 200	....	10 000
— 100	....	4800
espèces d'or et d'argent	....	26972,75
Total	....	66772,75

2° Les sommes successivement déboursées sont :

	7890f,25
	12988,75
	799,45
	17629,25
	7890,25
	23986,30
Total	71184f,25;

3° Les rentrées se composent de :

	297f,48
	4698,07
	6005,49
	9728,53
	2986,7
	23412,25
Total.............	47128f,61

4° Il y avait en caisse..	66772f,75
Il y est entré.........	47128,61
Total.............	113901f,36
Il est sorti...........	71184,25
Reste, le 10 du mois...	42717f,11

---

108. 1° 37 382 225 habitants répartis entre 89 départements, cela fait pour chacun 37 382 225[h] : 89, ou 420 025 habitants.

2° La même population répartie entre 373 arrondissements, cela fait par arrondissement 37 382 225[h] : 373, ou 100 220 habitants.

3° La même population répartie entre 2938 cantons, cela fait pour chacun 37 382 225^{h} : 2938, ou 12 724 habitants.

4° Enfin, par commune, cela fait 37 382 225^{h} : 37 510, ou 996 habitants.

---

109. 1° Pour nourrir 1250 soldats pendant un jour, il faut :

Viande....................	250^{g} × 1250,	ou 312^{k},5
Pain de munition..........	750 × 1250	ou 937 ,5
Pain blanc................	325 × 1250	ou 406 ,25
Légumes...................	200 × 1250	ou 250.

2° Pour nourrir les mêmes hommes pendant un an, il faudra les mêmes quantités que ci-dessus, multipliées par 365, ce qui donne :

Viande..............................	114 062^{k},5
Pain de munition....................	342 187 ,50
Pain blanc..........................	148 281 ,25
Légumes.............................	91 250

---

110. 4^{f},75 × 2 = 9^{f},50 prix du mètre de drap;

29^{f},50 : 10 = 2^{f},95 prix du mètre de coutil.

47^{m},85 de drap à 9^{f},50......................	454^{f},575
54^{m},50 de coutil à 2^{f},95....................	160 ,775
Total....................	615^{f},35

---

111. 140^{f} : 100 = 1^{f},40 prix du kilogr.

10^{k},5 × 75 = 787^{k},5 poids des 75 pains.

787^{k},5 de sucre à 1^{f},40, font 1102^{f},50.

---

112. Chaque individu a, en moyenne, 5,69 journées de maladie; pour 316 individus, cela fait 5,69 × 316 journées, ou 1798^{j},04, soit 1798 journées; 1798 journées à 1^{f},50 font 2697 fr.

---

113. $39^a,7 - 28^a\frac{3}{4}$, ou $39^a,7 - 28^a,75$;
ce qui donne $10^a,95$.

---

114. 1° 4000 quintaux font 400000 kilogr., et comme chaque sac pèse 157 kilogr., le nombre demandé est égal à 400000 : 157, ou à 2547 sacs, avec un reste de 121 kilogr.

2° Le quintal de la marchandise valant $66^f,50$, 4000 quintaux vaudront $66^f,50 \times 4000$, ou 266000 fr.

---

115. 630 litres par minute font 630 litres × 60, ou 37800 litres par heure, et 37800 × 24, ou 907200 litres par jour.

Chaque personne employant 18 litres par jour, le puits fournira l'eau nécessaire à un nombre de personnes exprimé par 907200 : 18, ce qui fait 50400 personnes.

---

116. Les gages pour l'année entière se composent de :

300 fr. + un habit.

Les gages pour six mois se composent de :

120 fr. + un habit.

La différence est de 180 fr. ;
Cette différence représente les gages de six mois.
Les gages de l'année entière sont de :

180 fr. × 2, ou de 360 fr.

L'habit vaut donc 360 fr. — 300 fr., ou 60 fr.

---

117. Une vitesse de 502 kilom. en 10 heures équivaut à celle de $50^k,2$ par heure. — Le nombre d'heures nécessaire pour parcourir 353 kilom. est donc 353 : 50,2, ou 3530 : 502 ; le quotient est 7 et il reste 16 ; je multiplie 16 par 60 pour trouver les minutes ; 16 × 60 : 502 donne 1 pour quotient et il reste 45 ; pour trouver les secondes, je multiplie 458 par 60 et je continue la division ; 458 × 60 : 502 donne 54 et il reste 372.

Le temps demandé est donc :

$$7^h\,1^m\,54^s\frac{372}{502}, \quad \text{ou} \quad 7^h\,1^m\,54^s\frac{186}{251}.$$

---

118. La recette se compose de :

1° 4 sacs à 15 fr......	60 fr.
2° 6 sacs à 2 fr......	12
Total.......	72 fr.

Dépense :

5 mètres à 9 fr........	45 fr.
Reste donc........	27 fr.

---

119. Le 1ᵉʳ a gagné $3^f,75 \times 26\frac{1}{2}$................ 99ᶠ,37

Le 2ᵉ.........	$3^f,75 \times 27\frac{1}{3}$..	102,50
Le 3ᵉ	$3^f,75 \times 24$.................	90
Le 4ᵉ.........	$2^f,25 \times 23\frac{1}{2}$...	52,87

La dépense totale est de .... 344ᶠ,74.

---

120. 6 myriagrammes font.................... 60 000 gr.
267 décagrammes font....................... 2 670
23 hectogrammes font...................... 2 300
Total............ 64 970 gr.

ou 64ᵏ,97.

Le prix est de 124 fr. les 100ᵏ, ou de 1ᶠ,24 le kilogr.

L'acheteur donne..............................	500 fr.
On lui livre 64ᵏ,97 à 1ᶠ,24	80,56
On doit lui rendre........................	419ᶠ,44

---

121. Il gagne 17ᶠ,50 pour 13 objets; cela fait pour chacun 17ᶠ,50 : 13, et pour 19 objets (17ᶠ,50 : 13) $\times$ 19, ou 25ᶠ,57.

---

122. La surface du jardin est de 135,2 $\times$ 27,5, ou de 3718 mètres carrés, ou de 37ᵃ,18.

Le périmètre ou contour (en mètres) est de :

$$135,2 + 27,5 + 135,2 + 27,5, \quad \text{ou} \quad \text{de } 325^m,4.$$

Le prix de revient se compose de :

1°	37ᵃ,18 à 245 fr. l'are..............	9109ᶠ,10
2°	325ᵐ,4 de clôture, à 2ᶠ,45 le mèt....	797 ,23
	Total.....	9906ᶠ,33
3°	Pour la maison, les 2/3 de 9906ᶠ,33	6604 ,22
	Total définitif....	16510ᶠ,55.

---

123. Le premier doit avoir....... $\frac{1}{3}$ .... $\frac{12}{36}$,

Le second................. $\frac{1}{4}$ .... $\frac{9}{36}$,

Le troisième.............. $\frac{1}{6}$ .... $\frac{6}{36}$,

Le quatrième.............. $\frac{1}{9}$ .... $\frac{4}{36}$,

Total... $\frac{31}{36}$.

Il reste donc pour le cinquième les $\frac{5}{36}$ de l'héritage; ces $\frac{5}{36}$ font 40 000 fr.

L'héritage est donc les $\frac{36}{5}$ de 40 000 fr., ou 288 000 fr.

Le 1ᵉʳ aura	$\frac{1}{3}$ de 288 000 fr.......	96 000 fr.
Le 2ᵉ......	$\frac{1}{4}$	72 000
Le 3ᵉ......	$\frac{1}{6}$	48 000
Le 4ᵉ......	$\frac{1}{9}$	32 000
Le 5ᵉ......	....	40 000
	Total.......	288 000 fr.

---

124. Il y a dans le tonneau........ 90 litres de vin,
On y met.................. 40 litres d'eau;
Par suite, le tonneau contient.. 130 litres.

Le vin est donc les $\frac{90}{130}$, ou les $\frac{9}{13}$ du mélange; l'eau en est les $\frac{40}{130}$, ou les $\frac{4}{13}$.

On tire 43 litres de ce mélange; il en reste $130^l - 43^l$, ou 87 lit. qui se composent par conséquent de :

$$\frac{9}{13} \text{ de } 87^l \text{ ou } \frac{783}{13} \text{ de litre de vin,}$$

$$\text{puis de } \frac{4}{13} \text{ de } 87^l \text{ ou } \frac{348}{13} \text{ de litre d'eau.}$$

On ajoute 32 litres de vin; il y en a alors :

$$\frac{783}{13} + 32, \text{ ou } \frac{1199}{13}.$$

On ajoute 18 litres d'eau; il y en a alors :

$$\frac{348}{13} + 18, \text{ ou } \frac{582}{13};$$

et le volume du total en litres est égal à

$$\frac{1199}{13} + \frac{582}{13}, \text{ ou } \frac{1781}{13}.$$

le rapport du vin au total est :

$$\frac{1199}{13} : \frac{1871}{13}, \text{ ou } \frac{1199}{1781};$$

Le rapport de l'eau au total est :

$$\frac{582}{13} : \frac{1781}{13}, \text{ ou } \frac{582}{1781}.$$

Le volume total du mélange est de $\frac{1781^l}{13}$, ou de... 137 litres,
On en retire.... 20 litres,
Il reste 117 litres.

Ces 117 litres renferment :

$$\frac{1199}{1781} \text{ de } 117^l\text{, ou } 78^l + \frac{1365}{1781} \text{ de vin,}$$

puis

$$\frac{582}{1781} \text{ de } 117^l\text{, ou } 38^l + \frac{416}{1781} \text{ d'eau.}$$

Total égal au précédent.... 117^l.

Vérification : Il y avait 90^l }
On a ajouté 1° 40 } 180 litres.
2° 32 }
3° 18 }
On a ôté 1° 43 } 63 litres.
2° 20 }
Il doit rester 117 litres.

Rép. Il reste 78 litres $+ \frac{1365}{1781}$, ou $78^l,77$ de vin.

---

125. 115 dalles de $1^m,5$ de long feraient.............. $172^m,5$
le mur a.. 130 ,5

la longueur des 115 dalles excède celle du mur de 42^m

Il faut remplacer un certain nombre des 115 dalles par des dalles de $0^m,9$; pour chaque dalle remplacée, la longueur diminuera de $1^m,5 - 0^m,9$, ou de $0^m,6$; or on doit la diminuer de 42^m; le nombre de dalles à remplacer est donc égal à 42 : 0,6 ou à 70.

On devra donc employer 70 dalles de $0^m,90$, et par conséquent 115—70, ou 45 dalles de 1,5.

Vérification : $1^m,5 \times 45 = 67^m,5$
$0\ ,9 \times 70 = 63$
Total $130^m,5$.

---

126. L'hectare produit 38 hectolitres;

L'hectolitre pèse 64 kilogr.

L'hectare produit donc $64^k \times 38$, ou 2432 kilogr. de grain; or

9 kilogr. de gerbes produisent 8 kilogr. de grain ; le poids des gerbes est les $\frac{19}{8}$ de celui du grain ; le poids de la récolte est donc

les $\frac{19}{8}$ de 2432^k, ou de 5776 kilogr.

---

127. La distance de Montereau à Troyes est de... 87 kilom.
celle de Paris à Châlons est de.................... 383

Total................. 470 kilom.

Le tout ayant coûté 1 974 766 505f,58, cela fait par kilomètre,

1 974 766 505f,58 : 470, ou 4 201 630f,86.

---

128. $$7^m\frac{1}{2} + 9^m\frac{2}{3} = 17^m\frac{1}{6};$$

$17^m\frac{1}{6}$ ont coûté 85 fr.; cela fait donc par mètre :

$$85^f : 17\frac{1}{6}, \quad \text{ou} \quad 85^f : \frac{103}{6}, \quad \text{ou} \quad 85^f \times \frac{6}{103}.$$

Le prix de la première pièce est par conséquent

$$85^f \times \frac{6}{103} \times 7\frac{1}{2}, \text{ ou............ } 37^f,14.$$

Le prix de la seconde est :

$$85^f \times \frac{6}{103} \times 9\frac{2}{3}, \text{ ou............ } 47^f,86.$$

Total......... 85f

---

129. 60 mètres exigent....... 8 ouvriers,

1 mètre exigerait...... $\frac{8}{60}$ d'ouvrier,

180 mètres exigeront..... $\frac{8}{60} \times 180$, ou 24 ouvriers.

Remarque. Comme 180 est le triple de 60, on obtiendra plus simplement le résultat en multipliant 8 par 3, ce qui fait 24 ouvriers.

---

130. 1° $1^m\frac{5}{10} + 5^m\frac{5}{6} + 1^m\frac{4}{5} + 7^m = 16^m\frac{2}{15}$,

il en reste donc :

$$25\frac{1}{2} - 16\frac{2}{15}, \quad \text{ou} \quad 9^m\frac{11}{30}.$$

2° En vendant ce reste 281 fr., le prix du mètre est :

$$281^f : 9\frac{11}{30} = 281^f : \frac{281}{30} = 30^f.$$

---

131. Le débit total de la première fontaine est de

$3^h \times 15$, ou de 45 hectolitres.

La seconde fontaine doit en fournir autant à raison de 5 hectolitres par heure ; le nombre d'heures demandé est donc 45 : 5, ou 9.

---

132. 738 ares font 73 800 mètres carrés.
Le propriétaire vend les

$\frac{2}{5}$ de 73800^{mq}, ou 29520^{mq} à $0^f,3475$ ...	$10258^f,20$
Il vend ensuite $73800^{mq} - 29520^{mq}$, ou 44280^{mq} à $0^f,35$.	15498
Total du prix de vente.........	$25756^f,20$
Prix d'achat..................	21295
Différence ou bénéfice........	$4461^f,20$.

---

133. Le nombre de jours de travail est :

Pour le 1er, $\frac{9937}{375}$, ou 26,49, ou $26\frac{1}{2}$;

Pour le 2e, $\frac{10250}{375}$, ou 27,33..., ou $27\frac{1}{3}$;

Pour le 3ᵉ, $\frac{9000}{375}$, ou 24;

Pour le 4ᵉ, $\frac{5287}{225}$, ou 23,49..., ou $23\frac{1}{2}$.

---

134. 20 ouvriers travaillant pendant 4 jours, cela fait 80 journées de travail : ils ont fait 360 mètres; ils font donc par jour $360^m : 80$, ou $4^m,50$.

30 ouvriers travaillant pendant 15 jours, cela fait 450 journées de travail : l'ouvrage de chaque journée est de $4^m,50$; l'ouvrage total est donc de $4^m,50 \times 450$, ou de 2025 mètres.

---

135. 6 ouvriers travaillant pendant 7 jours, cela fait 42 journées de 4 heures chacune, ou 168 heures de travail; ils ont fait 90 mètres : cela fait donc pour chaque mètre $\frac{168}{90}$ ou $\frac{28}{15}$ d'heure de travail.

126 mètres d'ouvrage exigeront donc :

$$\frac{28}{15}^h \times 126, \text{ ou } 235^h\frac{1}{5}.$$

Ils sont 9 ouvriers; chacun devra donc travailler pendant

$$235^h\frac{1}{5} : 9, \text{ ou } 26^h\frac{2}{15};$$

chaque jour ils travaillent 8 heures; le nombre de jours de travail est par conséquent le quotient entier de la division de $26^h\frac{2}{15}$ par 8, ou 3, et il reste $2^h\frac{2}{15}$.

Rép. $3^j\ 2^h\ 8^m$.

---

136. $13^m\frac{1}{2}$ à $8^f\frac{2}{3}$ le mètre valent $8^f\frac{2}{3} \times 13\frac{1}{2}$, ou 117 fr.

Cette somme est les $\frac{4}{7}$ de la somme totale.

Celle-ci est donc les $\frac{7}{4}$ de 117 fr., ou $204^f,75$.

L'individu a donc .... $204^f,75$
Il dépense .... 117 »

Il lui reste.... $87^f,75$

La première étoffe coûtait........................ $8^f\frac{2}{3}$ le mètre;

La nouvelle étoffe coûte............................. $1^f\frac{4}{5}$ de plus.

Total ou prix de la nouvelle étoffe............. $10^f\frac{7}{15}$ le mètre.

Le nombre de mètres qu'on aura pour $87^f,75$ est donc égal à

$$87,75 : \left(10 + \frac{7}{15}\right) = 87,75 : \frac{157}{15} = 87,75 \times \frac{15}{157}$$

$$= 1\,316,25 : 157 = 8,3837....$$

Rép. Pour l'argent restant, on aura $8^m,384$, à 1 millimètre près.

---

137. Dette primitive.. $12\,000^f$
Au bout d'un an on doit de plus $12\,000^f : 20$, ou........ 600^f

Dette totale au commencement de la deuxième année. $12\,600^f$
Au bout d'un an on doit de plus $12\,600^f : 20$.......... 630^f

Dette totale au commencement de la troisième année.. $13\,230^f$
Au bout d'un an on doit de plus $13\,230^f : 20$ .... $661^f,50$

Dette totale au commencement de la quatrième année. $13\,891^f,50$
Au bout d'un an on doit de plus $13\,891^f,50 : 20$...... $694^f,57$

Dette totale au commencement de la cinquième année.. $14\,586^f,07$
Au bout d'un an on doit de plus $14\,586^f,07 : 20$......... $729^f,30$

Dette totale à la fin de la cinquième année........... $15\,315^f,37$

Ainsi, au bout de cinq ans il y a à payer. $15\,315^f,37$
Dette primitive .... $12\,000^f$

Le montant des intérêts est donc....... $3\,315^f,37$.

---

138. Pour avoir une rente de 6 fr. il faut placer 100 fr

Pour	»	1 fr.	»	$\frac{100^f}{6}$
Pour	»	1200 fr.	»	$\frac{100^f \times 1200}{6}$.

Ce qui fait 20 000 fr.

---

139. De........ $2^h\ 45^m$ du soir
à......... 3 11 »
il y a. ... 26^m

Jusqu'à $3^h\ 11^m$ du matin, il y a donc $12^h\ 26^m$. Or la vitesse est de 35 kilom. par heure; la distance parcourue est donc

$$35^k \times \left(12 + \frac{26}{60}\right), \quad \text{ou} \quad 435^k,166.$$

140. Un décalitre de vin à................. 8 fr.
Un à................................ 10
Un à. .... $11^f,40$
Prix des trois décalitres.............. $29^f,40$

Prix d'un décalitre du mélange : $29^f,40 : 3$, ou $9^f,80$.

---

141. A $1^h\ 20^m$ il a encore à parcourir 125 kilomètres, et il lui reste pour faire le trajet $5^h\ 10^m - 1^h\ 20^m$, ou $3^h\ 50^m$; il doit donc faire

$$125^k : \left(3 + \frac{50}{60}\right), \quad \text{ou} \quad 32^k,6 \text{ par heure.}$$

---

142. 1° Le poids du charbon employé est de

$$2\,633\,400^q \times \frac{147}{100}, \quad \text{ou } 3\,871\,098 \text{ quintaux.}$$

2° Le prix du quintal de charbon est de :

$$21\,790\,979^f : 3871098, \quad \text{ou de } 5^f,63.$$

3° La valeur totale de la fonte est de :

$$21\,790\,979^{f} \times 2, \text{ ou de } 43\,581\,958 \text{ fr.}$$

4° Le prix du quintal de fonte est de :

$$43\,581\,958^{f} : 2\,633\,400, \text{ ou de } 16^{f},55.$$

---

143. De $8^h\,30^m$ du soir à minuit, il y a $12^h - 8^h\,30^m$,

ou..	$3^h\,30^m$
De minuit à $4^h\,53^m$..................................	4 53
Durée totale du parcours..................	$8^h\,23^m$

Le chemin parcouru par heure est donc de :

$$342^k : \left(8 + \frac{23}{60}\right), \text{ ou de } 40^k,795.$$

Remarque. Les 27 minutes d'arrêt à Angers sont étrangères à la question.

---

144. 1° Le prix du mètre est :

$$\left(37^f\,\frac{1}{3}\right) : \left(5 + \frac{2}{7}\right) = 7^f + \frac{7}{111}.$$

Le prix de $8^m\,\frac{1}{2}$ est donc :

$$\left(7^f + \frac{7}{111}\right) \times \left(8\,\frac{1}{2}\right) = 60^f,04.$$

2° Le prix du mètre étant $7^f\,\frac{7}{111}$, le nombre de mètres qui doit coûter $29^f\,\frac{2}{5}$ sera de :

$$\left(29\,\frac{2}{5}\right) : \left(7\,\frac{7}{111}\right), \text{ ou de } 4^m\,\frac{13}{80}.$$

---

145. Le premier ferait l'ouvrage en $1^h\,\frac{1}{2}$, ou en $1^h\,30^m$, ou en 90^m; il fait donc par minute $\frac{1}{90}$ de l'ouvrage.

Le second fait l'ouvrage en $2^h 20^m$, ou en 140^m; il fait donc par minute $\frac{1}{140}$ de l'ouvrage.

Le troisième fait l'ouvrage en $1^h 45^m$, ou en 105^m; il fait donc par minute $\frac{1}{105}$ de l'ouvrage.

Les trois ouvriers travaillant ensemble feront par minute :

$$\frac{1}{90} + \frac{1}{140} + \frac{1}{105}, \text{ ou } \frac{1}{36} \text{ de l'ouvrage;}$$

ils feront donc l'ouvrage entier en $\frac{1}{\frac{1}{36}}$ ou en 36 minutes.

---

146. Le fils et la fille recevront ensemble $\frac{1}{2} + \frac{1}{3}$ ou les $\frac{5}{6}$ du bien total; il en restera donc pour la veuve $\frac{1}{6}$; or elle reçoit 10000 fr.; le bien entier est donc $10\,000^f \times 6$, ou 60 000 fr.

Vérification.	Part du fils, $60\,000^f$: 2.......	30 000 fr.
	» de la fille, 60 000 : 3.....	20 000
	» de la veuve.............	10 000
	Total.............	60 000 fr.

---

147. Part du 1er	36 fr.
» du 2e, $36^f + 12^f$..................	48
» du 3e, $48^f + 24^f$..................	72
Total de la somme......	156 fr.

---

148. $37^k,629$ à $28^f,55$ le kil.......................	$1074^f,31$
$69^k,738$ à $49^f,75$ le kil.........................	$3469^f,46$
Total de la dépense..........	$4543^f,77$
La recette est égale à $47^f,65 \times (37,629 + 69,738)$....	$5116^f,04$
Différence ou bénéfice........	$572^f,27$

---

149. Pour pouvoir prendre facilement le quart et le cinquième de la première part, je la conçois subdivisée en 20 part. égales;

La seconde, qui doit être les $\frac{3}{4}$ de la première, contiendra .... 15 parties;

La troisième, qui doit être les $\frac{4}{5}$ de la seconde, contiendra .... 12 parties;

Les trois parts, ou le nombre total, contiendront 47 de ces parties.

Chaque subdivision sera donc de $\frac{64\,000^f}{47}$, ou de $1361^f,702$.

La première part sera $1361^f,702 \times 20$.......... $27\,234^f,04$;
La deuxième part sera $1361^f,702 \times 15$.......... $20\,425^f,53$;
La troisième part sera $1361^f,702 \times 12$.......... $16\,340^f,43$;

Total.......... $64\,000^f$

---

150. Le premier jour il a fait $\frac{1}{4}$;

Le deuxième jour il a fait la moitié du reste $\frac{3}{4}$, ou les $\frac{3}{8}$;

Le travail des deux premiers jours réunis forme $\frac{1}{4} + \frac{3}{8}$, ou les $\frac{5}{8}$ de l'ouvrage; il en reste donc $\frac{3}{8}$ à faire; il en fait le tiers, ou $\frac{1}{8}$, il en reste à faire les $\frac{2}{8}$, ou le quart. Pour ce quart, il reçoit 6 fr.; le prix total de l'ouvrage est donc $6^f \times 4$, ou 24 fr.

Le premier jour il reçoit $\frac{1}{4}$ de 24 fr. .... 6 fr.
Le second jour » $\frac{3}{8}$ de 24 fr. 9
Le troisième jour » $\frac{1}{8}$ de 24 fr. 3
Le quatrième jour » $\frac{1}{4}$ de 24 fr. 6

Total................ 24 fr.

---

151. 27 kilogr. coûtent........... $125^f,50$

1 kilogr. coûterait......... $\frac{125^f,50}{27}$

75 kilogr. coûteront...... $\frac{125^f,50 \times 75}{27}$

ce qui fait $348^f,61$.

---

152. 1° Le litre d'eau pèse 1 kilogr., ou 1000 gr.
Le litre d'air pèse $1^{gr},293$.
Le rapport du premier poids au second est exprimé par

$$1000 : 1,293, \text{ ou par } 773,395.$$

2° Le litre d'eau pesant 1^k,

$$5^l,37 \text{ pèseront } 1^k \times 5,37, \text{ ou } 5^k,37.$$

---

153. 1° Le volume de $2^g,75$ est............ $1^{cm.c}$

Le volume de 1^g est.............. $\frac{1^{cm.c}}{2,75}$

Celui de 2801^k, ou de $2801\,000^{gr}$, sera

$$\frac{1^{cm.c}}{2,75} \times 2801000, \text{ ou } 1018545^{cm.c},$$

ou bien $1018^{dm.c},545$, ou $1^{m.c},018545$.

2° 7 pièces de 5 fr. en argent pesant chacune 25 gr. font. 175 gr.
8 pièces de 2 fr. pesant chacune 10 gr. font......... 80
9 pièces de 5 cent. pesant chacune 5 gr. font....... 45
Total ou poids de l'objet....... 300 gr.

---

154. 1° Le franc était une pièce d'argent au titre de 0,900 et pesant 5 gr.; par conséquent, un lingot d'un kilog., ou de 1000 gr., au même titre, suffira pour faire $\frac{1000}{5}$, ou........ 200^f
On payera pour la façon.......................... $1^f,50$
il reste donc pour la valeur du lingot.............. $198^f,50$

2° L'argent monnayé est formé de 9 parties d'argent pur et d'une partie de cuivre; donc le cuivre est $\frac{1}{9}$ de l'argent. (Aujourd'hui ce n'est vrai que pour la pièce de 5 fr.)

A 1 kilogr. d'argent pur, pour le ramener au titre de l'argent monétaire, il faudra ajouter $\frac{1^k}{9}$ ou $0^k,111\ 111$ de cuivre; alors le lingot pèsera $1^k,111\ 111$.

Le nombre de pièces de 1 fr. que l'on pourra fabriquer avec ce lingot sera donc $\frac{1,111111}{0,005}$, ce qui fera.............. $222^f,22$

Façon du monnayage $1^f,50 \times 1,111111$............. $1,67$

Valeur nette de 1 kilogr. d'argent pur.. $220^f,55$

Voir la remarque du n° **160**.

3° L'argent pur contenu dans un lingot de 54 kilogr. au titre 0,7, pèse $54^k \times 0,7$.

Ramené au titre monétaire, il pèsera les $\frac{10}{9}$ de l'argent pur, ou

$$\frac{54^k \times 0,7 \times 10}{9}, \quad \text{ou} \quad 42^k.$$

Chaque kilogr. vaut $198^f,50$ (voir 1°); la valeur totale est donc de $198^f,50 \times 42$, ou de 8337 francs.

Remarque. Il faudrait retrancher de cette dernière somme les frais d'*affinage*, c'est-à-dire les frais de l'opération nécessaire pour extraire du lingot le cuivre qu'il contient de trop.

4° A poids égal l'or vaut 15 fois 1/2 l'argent; le poids d'une pièce d'or de 20 francs doit donc être :

$$\frac{5^g \times 20}{15,5}, \quad \text{ou} \quad 6^g,4516;$$

ainsi :

$6^g,4516$ valent............ 20^f;

1 gr. vaut................ $\frac{20^f}{6,4516}$;

$6^g,248$ valent............. $\frac{20^f \times 6,248}{6,4516}$, ou $19^f,37$.

La perte est donc de 63 centimes.

5° Le kilogr. d'argent vaut 200 fr.;

le kilogr. d'or vaut........... $200^f \times 15\frac{1}{2}$, ou **3100f**,

dont il faut retrancher pour frais de monnayage.. 6f,70

Valeur nette..... 3093f,30

6° L'or monnayé est formé de 9 parties d'or pur et de 1 partie de cuivre; son poids est donc les $\frac{10}{9}$ de l'or qu'il contient.

1 kilogramme d'or pur transformé en or monnayé pèsera donc $\frac{10^k}{9}$. Chaque kilogramme d'or monnayé vaut 3093f,30; par conséquent la valeur demandée est égale à :

$$3093^f,30 \times \frac{10}{9}, \quad \text{ou à} \quad 3437 \text{ fr.}$$

---

155. Le plus grand des deux nombres se compose de deux parties : l'une égale au plus petit, l'autre égale à 15; par conséquent la somme 65 se compose de trois parties : deux égales au plus petit des deux nombres, et la troisième à 15; par suite 65 — 15, ou 50, est égal à deux fois le plus petit nombre; celui-ci est donc 25, et l'autre 25 + 15, ou 40.

---

156. En triplant un nombre et en prenant $\frac{1}{6}$ du résultat, on obtient les $\frac{3}{6}$ de ce nombre; puis, en quintuplant ce nouveau résultat, on obtient les $\frac{15}{6}$ ou les $\frac{5}{2}$ du nombre primitif; les $\frac{5}{2}$ du nombre primitif valant 40, le nombre primitif, ou le nombre demandé, est les $\frac{2}{5}$ de 40, ou 16.

---

157. Le titre du florin étant le même que celui des monnaies françaises, le rapport de leurs valeurs est le même que celui de leurs poids; le rapport du florin au franc est donc :

$$\frac{10,606}{5}, \quad \text{ou} \quad 2,1212;$$

le florin vaut donc 2f,12 et $\frac{12}{100}$ de centime.

---

158. Recette : 2 habits à 45^f..... 90^f » ⎫ .... 166^f »
4 pantalons à 19^f.. 76^f » ⎭
Dépense : $7^m,40$ à $16^f,50$..... $122^f,10$ ⎫ .... $133^f,60$
fournitures .... $11^f,50$ ⎭

Reste, pour façon et bénéfice......... $32^f,40$

---

159. La tonne (ou 1000 kilogrammes) coûte 6342 francs; le kilogramme coûte donc $6^f,342$; le myriagramme ou 10 kilogrammes coûte par conséquent $63^f,42$.

---

160. Dans l'argent monnayé le poids du cuivre est $\frac{1}{9}$ de celui de l'argent; par conséquent à....... 435^g d'argent pur on devra ajouter $\frac{435^g}{9}$, ou.............. $48^g\frac{1}{3}$ de cuivre.

Le tout pèsera......... $483^g\frac{1}{3}$

Or le franc pèse 5 grammes.
La valeur du lingot en francs est donc :

$$483\frac{1}{3} : 5, \quad \text{ou} \quad 96,666.$$

Ainsi la valeur demandée est de :

$$96^f,67.$$

Remarque. Ce calcul a été fait en supposant le lingot ramené à l'ancien titre, parce que c'est ainsi qu'à l'hôtel des monnaies on évalue l'argent qu'on achète, quoique on y fabrique les monnaies d'argent à un titre moins élevé (sauf les pièces de 5 fr.).

---

161. Le prix de la laine ayant augmenté de 15 p. 100, la nouvelle valeur est les $\frac{115}{100}$ de l'ancienne ; l'ancienne est, par conséquent, les $\frac{100}{115}$ de la nouvelle.

Le prix demandé est donc les

$$\frac{100}{115} \text{ de 25 fr., ou } 21^f,74.$$

---

162. Une superficie de 600 000 milles carrés contient 120 millions d'habitants; le mille carré ou $2^{kmq},589$ en contient $\frac{120000000}{600000}$, ou 200; le kilomètre carré en contient donc $\frac{200}{2,589}$ ou 77, à un habitant près.

---

163. 1° Chaque franc pesant 5 gr., le poids total demandé est $5^g \times 3719,50$, ou $18597^g,5$.

2° Le titre étant 0,835 (en supposant qu'il n'y ait que des pièces divisionnaires), le poids de l'argent est $18597^g,5 \times 0,835$, ou $15528^g,9125$.

3° Le poids du cuivre est $18597^g,5 \times 0,165$, ou $3068^g,5875$.

---

164. La tolérance sur une pièce de 5 francs équivaut à $5^f \times 0,003$, ou à $1^c\frac{1}{2}$.

165. La tolérance sur une pièce de 20 francs équivaut à $20^f \times 0,002$, ou à 4 centimes.

166.
$$\frac{3}{4} + \frac{5}{6} = \frac{19}{12};$$

avec $\frac{2}{9}$ de mètre, on fait 1 bonnet;

avec 1 mètre, on en ferait $1 : \frac{2}{9}$, ou $\frac{9}{2}$;

avec $\frac{19}{12}$ de mètre, on en fera $\frac{9}{2} \times \frac{19}{12}$, ou $7\frac{1}{8}$.

Remarque. On avait $\frac{19}{12}$ de mètre; en faisant 7 bonnets on emploiera $\frac{2}{9} \times 7$, ou $\frac{14}{9}$ de mètre; on aura pour reste $\frac{19}{12} - \frac{14}{9}$, ou $\frac{1}{36}$ de mètre.

---

167. Le son dans l'air parcourt environ 340 mètres par seconde ou $340^m \times 60$, c'est-à-dire 20 400 mètres par minute.

Le temps qui s'écoule depuis l'éclair jusqu'à la perception du son produit par la foudre est le temps nécessaire au son pour parcourir la distance comprise entre le point où éclate la foudre et l'observateur.

Dans l'expérience en question, les battements du balancier se succèdent à un intervalle égal à $\frac{1}{145}$ de minute ; pour opérer 54 battements il faut donc $\frac{54}{145}$ de minute ; par conséquent, l'espace que le son a parcouru pendant ce temps est égal à $20400^m \times \frac{54}{145}$ ou à 7597 mètres : telle est la distance de l'éclair à l'observateur.

---

168. La population spécifique de la Savoie, c'est-à-dire le nombre d'habitants par kilomètre carré, est le quotient de la division de 275 069 par 5759,2 ou 47,7.

---

169. Le mètre de satin coûte.................... $5^f,25$
Le mètre de velours.......................... 6 ,75
Un mètre de satin et un mètre de velours coûtent..... 12 fr.

Or 108 : 12 = 9; on a donc eu pour 108 francs 9 mètres de satin et 9 mètres de velours.

---

170. La troisième personne doit avoir 350 francs de plus que la quatrième; la seconde doit avoir 240 francs de plus que la troisième, ou $350^f + 240$, c'est-à-dire 590 francs de plus que la quatrième ; la première doit avoir 160 francs de plus que la seconde, ou $590^f + 160$, c'est-à-dire 750 francs de plus que la quatrième.

Pour opérer le partage il faudra donc donner :

750 francs à la première,
590 francs à la seconde,
350 francs à la troisième,

et ensuite partager le reste $6490^f - 1690^f$, ou 4800 francs, en quatre parties égales; or le quart de 4800 francs est 1200 francs.

En conséquence :

La part de la première sera $1200^f + 750^f$, ou...	1950 fr.
La part de la deuxième sera 1200 + 590 , ou...	1790
La part de la troisième sera 1200 + 350 , ou...	1550
La part de la quatrième	1200
Total..................	6490 fr.

---

171. Le paquebot fait par heure $1852^m \times 8\frac{1}{2}$, ou 15742^m; le train du chemin de fer.......................... 50 000 mèt. le rapport des vitesses est donc :

$$\frac{15742}{50000}, \quad \text{ou} \quad 0{,}314....$$

Ainsi la vitesse du paquebot est environ les $\frac{31}{100}$ de celle du chemin de fer.

---

172. De Paris à Blois, pour une distance de 178 kilomètres, on paye $10^f{,}95$; cela fait par kilomètre :

$$\frac{10^f{,}95}{178};$$

de Paris à Bordeaux on payera donc :

$$\frac{10^f{,}95}{178} \times 585, \quad \text{ou} \quad 35^f{,}99.$$

Prix de Paris à Bordeaux....................	$35^f{,}99$
— de Paris à Blois.........................	10 ,95
— de Blois à Bordeaux, la différence........	$25^f{,}04$

CHAPITRE III.

SUJETS DE COMPOSITION.

(Le maître y joindra un sujet de théorie.)

Nota. Ces problèmes doivent être résolus en une heure au plus. Ils ont été proposés à l'Hôtel de Ville.

---

173. 12 exemplaires à $3^f,50$ 42
Rabais de 25 pour 100 10,50
Prix net .... $31^f,50$

Le prix d'un exemplaire est donc $31^f,50 : 13$, ou $2^f,42$.

---

174. 1° Le titre des monnaies d'argent étant 0,835, le poids du cuivre est les 0,165 du poids total, et par suite $\frac{165}{835}$, ou $\frac{33}{167}$ du poids de l'argent. Le poids du cuivre à ajouter à 3852 grammes de métal fin est donc $3852^g \times \frac{33}{167}$, ou $761^g,173$.

2° Le poids total du lingot sera $3852^g + 761^g,173$, ou $4613^g,173$; ce qui fera, lorsqu'il sera monnayé, $4613,173 : 5$, ou $922^f,60$ avec un reste de $0^g,173$ d'argent monétaire.

Nota. On s'est arrêté aux dixièmes, parce qu'il n'y a pas de pièce d'argent au-dessous de 20 cent.

---

175. Un franc en argent pèse 5 grammes; 500 francs en argent pèsent 2500 grammes; à poids égal l'or vaut 15 fois $\frac{1}{2}$ l'argent; le poids de 500 fr. en or est donc de $2500^g : 15,5$, ou de $161^g,29$

Le volume de l'eau du poids de $161^g,29$, en décimètres cubes, ou en litres, a pour expression le nombre $0^l,16129$.

176. Puisqu'on a perdu 13 pour 100, 100 fr. se sont réduits à 87 fr.; $\frac{100^f}{87}$ se sont réduits à 1 fr.; $\frac{100^f}{87} \times 12500$ se sont réduits à 12500 fr.; j'effectue et je trouve 14367^f,82 pour le capital primitif.

---

177. 25 litres d'eau pèsent 25 kilogr., ou 25000 grammes. Le franc pèse 5 grammes; le nombre de francs pesant autant que 25 litres d'eau est donc 25000 : 5, ou 5000 francs.

---

178. En multipliant les fractions par 12, leurs rapports ne changeront pas, et j'obtiendrai les nombres entiers : 6, 4, 3. Il faut donc partager 48000^f en parties proportionnelles aux nombres 6, 4, 3. En appliquant la règle du n° **285** (*Arithmétique, 6e édition*) on trouve :

22153^f,85; 14769^f,23; 11076^f,92.

---

179. 1° Part des pauvres : $12400^f \times \frac{2}{5}$, ou.. ... 4960^f, »

2° Part revenant aux écoles : $12400^f \times \frac{1}{6}$, ou 2066 67

Somme des deux premières parts....... 7026^f,67

Somme à partager..................... 12400 »

3° Différence, ou part de la paroisse........ 5373^f,33

Nota. Pour avoir une vérification, on aurait pu calculer le rapport de la troisième part au total :

$$1 - \left(\frac{2}{5} + \frac{1}{6}\right) = \frac{13}{30};$$

la 3e part serait donc $12400 \times \frac{13}{30}$,

et alors les trois parts calculées indépendamment les unes des autres, puis ajoutées ensemble, donneraient lieu à une vérification des résultats obtenus.

---

180. La première fournissant les $\frac{2}{3}$ et la seconde les $\frac{3}{4}$ d'un hectolitre, les deux ensemble fourniront :

$$\frac{2}{3} + \frac{3}{4}, \text{ ou } \frac{17}{12} \text{ d'hectolitre.}$$

Le bassin de 1000 hectolitres recevant $\frac{17}{12}$ d'hectolitre par heure, le nombre d'heures nécessaires pour le remplir sera :

$$1000 : \frac{17}{12}, \text{ ou } 29^{j}\,9^{h}\,53^{m} \text{ par excès.}$$

On suppose que l'écoulement a lieu nuit et jour.

---

181. Le quart du méridien contenant 90 degrés terrestres, chaque degré est de :

$$\frac{10\,000\,000}{90} \text{ de mètre, ou de } 111^{k},111.$$

Le quart d'un méridien étant de 10 millions de mètres, le tour de la terre est de 40 millions de mètres.

---

182. La distance étant de 374 kilomètres, ou de 374 000 mètres, le nombre de secondes nécessaires pour faire le trajet est de :

$$374\,000 : 5,40,$$

ce qui fait 69 259 secondes. Ces secondes, réduites en nombre complexe (voir la 6e édition, n° **246**), équivalent à $19^{h}\,14^{m}\,19^{s}$.

---

183. Puisque 75 kil. coûtent $348^{f},60$, un seul kil. coûte $348^{f},60 : 75$; on aura donc pour $125^{f},50$ autant de kil. que cette dernière somme contient de fois le prix $348^{f},60 : 75$. Le nombre demandé est donc $125^{f},50 : \frac{348^{f},60}{75}$, ce qui donne 27.

Ce problème est la vérification de celui du n° **151**.

---

184. Je suppose qu'on emprunte.................. 100^{f}

Les intérêts à 3 pour 100 pendant 5 ans....... 15

Somme totale à rendre................. 115^{f}

D'autre part, je placerais....................	100^f
ntérêts à 5 pour 100 pendant 3 ans..........	15
Total....................	115^f
Ce total placé de nouveau pendant 2 ans à 5 pour 100 donne pour intérêts............	$11^f,50$
Total à recevoir............	$126^f,60$
Sur lequel je paye.........	115
Resterait pour bénéfice.....	$11^f,50$

Ainsi pour gagner $11^f,50$ j'ai emprunté............... 100^f

Pour gagner 1 fr. j'emprunterais.................. $\frac{100^f}{11,50}$

Donc pour gagner 1150 fr. je dois emprunter.......... $\frac{100^f}{11,50} \times 1150^f$, ou 10000^f.

---

185. $\frac{2}{7}+\frac{1}{3}+\frac{1}{4}=\frac{73}{84}$; les morts, les prisonniers et les malades forment donc les $\frac{73}{84}$ de l'effectif; par conséquent, le reste 220 hommes est les $\frac{11}{84}$ du même effectif; par suite, celui-ci est les $\frac{84}{11}$ de 220 hommes, ou 1680 hommes.

186.

Du 28 mai, $7^h\,25^m$ soir, 1808 au 28 mai, $7^h\,25^m$ soir, 1849	41 ans.
Du 28 mai, $7^h\,25^m$ soir, 1849 au 28 mars, $7^h\,25^m$ soir, 1850	10 mois.
Du 28 mars, $7^h\,25^m$ soir, 1850 au 12 avril, $7^h\,25^m$ soir, 1850	15 jours.
Du 12 avril, $7^h\,25^m$ soir, 1850 au 13 avril, $10^h\,15^m$ matin, 1850	$14^h\,50^m$.
Du 28 mai, $7^h\,25^m$ soir, 1808 au 13 avril, $10^h\,15^m$ matin, 1850	$41^a\,10^m\,15^j\,14^h\,50^m$.

---

187. Pour transformer la fraction de jour : 0,242264 en heures, je multiplie par 24, et j'obtiens 5,814336, ce qui fait 5^h et 0,814336 ; pour transformer cette fraction d'heure en minutes, je multiplie par 60, et j'obtiens 48,86016, ce qui fait 48 minutes et 0,86016 ; pour transformer cette dernière fraction en secondes, je multiplie par 60, et j'obtiens 51,6096, ce qui fait 51 secondes et 0,61, en négligeant les fractions de seconde au-dessous des centièmes, fractions qui d'ailleurs ne doivent pas être exactes, puisque l'erreur pratique dont le nombre donné est nécessairement affecté, a été multipliée par $24 \times 60 \times 60$, ou 86 400. En réunissant les nombres obtenus, on a pour le résultat demandé : $5^h\ 48^m\ 51^s,61$.

---

188. $42\,800^l + 20\,080^l - 32\,628^l$, ou 30 252 litres, ou 302 hectolitres et 52 litres.

---

189. En une heure, l'un s'éloigne de 44 kil., l'autre de 64 kil. ; ils s'éloignent donc l'un de l'autre de $44^k + 64^k$, ou de 108 kil. ; pour s'éloigner de 1 kilomètre, ils emploieront donc $\frac{1^h}{108}$; et pour s'éloigner de 680^k, il leur faudra $\frac{1^h}{108} \times 680$, ou $\frac{680^h}{108}$; cette fraction, réduite en nombre complexe, donne $6^h\ 17^m\ 47^s$.

Pour trouver de combien ils se sont éloignés du point de départ, je multiplie les chemins parcourus en 1 heure, c'est-à-dire 44 kil. et 64 kil. par le nombre d'heures $\frac{680}{108}$ de leur marche, et j'obtiens 277 kil. et 403 kil.

Vérification. $277 + 403 = 680$.

---

190. Les deux legs réunis forment $\frac{1}{7} + \frac{5}{12}$, ou les $\frac{47}{84}$ de la fortune totale ; il en reste donc $\frac{37}{84}$; le reste, 37 000 fr., est donc les $\frac{37}{84}$ du bien total ; par conséquent : 1° celui-ci est les $\frac{84}{37}$ de 37 000 ou 84 000 fr.

2° La part des pauvres est $\frac{1}{7}$ de 84 000 fr., ou 12 000 fr.

3° La part du médecin est les $\frac{5}{12}$ de 84 000 fr, ou 35 000 fr.

4° La part des héritiers est donnée dans l'énoncé.

---

191. Le litre, ou le décimètre cube, vaut 1000 centimètres cubes; 547 815 centimètres cubes valent donc $547^{l},815$; par suite, le nombre demandé est égal à $437^{f},70$: 547,815, ou à $0^{f},799...$, soit 80 centimes.

---

192. $1^{mq}\ 21^{dmq}\ 50^{cmq} = 121^{dmq},5$; à raison de 2 centimes le décimètre carré, cela fait 243 centimes ; l'ouvrière a employé $6^{h}\ 45^{m}$, ou 405^{m}; elle a donc gagné par minute $\frac{243^{c}}{405}$, et par heure $\frac{243^{c} \times 60}{405}$, ou 36 centimes.

---

193. 7 hectares 25 centiares valent $70\,025^{mq}$; 345 ares valent $34\,500^{mq}$; il reste donc, pour les allées, $70\,025^{mq} - 34\,500^{mq}$, ou 35 525 mètres carrés.

---

194. De Paris à Orléans il y a 121 kilomètres, ou 121 000 mètres, les 5 fils ont donc une longueur égale à $121\,000^{m} \times 5$, ou à 605 000 mètres; chaque mètre pèse 1 hectogramme, ou $0^{k},1$; le poids des 5 fils est donc $0^{k},1 \times 605\,000$, ou 60 500 kilogr.; à 40 centimes le kilogramme, cela fait $40^{c} \times 60\,500$, ou 2 420 000 centimes, ou 24 200 fr.

---

195. La première fait 3 mètres en 8 jours, et, en 1 jour, $\frac{3}{8}$ de mètre ; la seconde fait $1^{m},25$, ou $1^{m}\ \frac{1}{4}$, ou $\frac{5}{4}$ de mètre en 2 jours, et, par jour, $\frac{5}{8}$; par conséquent : 1° la deuxième est la plus habile des deux, et 2°, en travaillant ensemble, elles feraient en un jour $\frac{3}{8} + \frac{5}{8}$, ou $\frac{8}{8}$, ou 1 mètre.

---

196. 121 kilomètres en $2^{h}\ 40^{m}$, ou en 160 minutes, cela fait par minute $\frac{121^{k}}{160}$; le nombre de minutes nécessaires pour parcourir 353 kil. est donc 353 : $\frac{121}{160}$, ou 467 minutes, ou $\frac{467}{60}$ d'heure, ou $7^{h}47^{m}$.

---

197. Si on donnait 103 pièces de 2 fr., cela ferait 206 fr. au lieu de 290 ; il manquerait donc $290^f - 206^f$, ou 84 fr. Mais chacune des 103 pièces de 2 fr. qu'on remplacera par une de 5 fr. augmentera la somme de 3 fr. ; le nombre de pièces de 2 fr. à remplacer par des pièces de 5 fr. est donc égal à 84 : 3, ou à 28 ; il faudra donc donner 28 pièces de 5 fr., et, par conséquent, 103 — 28, ou 75 pièces de 2 fr.

Vérification. 75 pièces de 2^f font....... 150^f
28 pièces de 5^f font....... 140^f
Total....... 290^f.

---

198. 1° L'hectolitre de froment pèse............... 75^k
A la mouture, il perd $\frac{1}{5}$, ou.............. 15^k
Il produit donc en farine.................. 60^k
Ainsi : pour 60^k de farine, il faut................ 1^h de blé,
pour 1^k............................. $\frac{1^h}{60}$,
pour 100^k............................ $\frac{100^h}{60}$,
c'est-à-dire $1^h\,\frac{40}{60}$, ou $1^h\,\frac{2}{3}$.

2° Le prix de cette quantité de blé est de $21^f,25 \times 1\frac{2}{3}$, ou de $35^f,41\,666...$, soit $35^f,42$.

---

199. 1° Les surfaces des deux doublures doivent être égales; les longueurs doivent donc être *inversement* proportionnelles aux largeurs; or le rapport de la seconde largeur à la première est $\frac{3}{7} : \frac{3}{4}$ ou $\frac{4}{7}$; par conséquent la seconde longueur, ou la longueur demandée, doit être les $\frac{7}{4}$ de la première $35^m,05$; l'inconnue est donc égale à $35^m,05 \times \frac{7}{4}$ ou à $61^m,337....$

2° Les deux étoffes étant supposées de la même qualité, les prix doivent être *directement* proportionnels aux largeurs; or le rapport de la seconde largeur à la première est $\frac{4}{7}$; le prix demandé est donc les $\frac{4}{7}$ de $2^f,45$, ou $1^f,40$.

---

200. En 1789, elle était de 28 ans 9 mois, ou de 345 mois; elle a augmenté de 38 p. 100, ou de $345^m \times \frac{38}{100}$, ou de $131^m,1$; elle est donc devenue $345^m + 131^m,1$, ou $39^a\ 8^m,1$; soit 39 ans 8 mois.

---

201. 304 journées de travail à $8^f,75$ font.......... 2660^f
Économie annuelle $80^f \times 6$................ 480
Reste pour la dépense demandée........... 2180^f

et par jour, $2180^f : 365$, ou $5^f,97$, avec un reste de 95 centimes au bout de l'année.

---

202. La surface du tapis en mètres carrés est représentée par le nombre $3,5 \times 2,25$; la doublure doit avoir la même surface; il faut donc que sa longueur multipliée par 0,45 donne le même produit; par conséquent elle est égale à $\frac{3,5 \times 2,25}{0,45}$, et le résultat 17,5 représente des mètres.

On pourrait aussi résoudre ce problème par le même moyen qu'au n° **199**; le rapport de la seconde largeur à la première est $\frac{45}{225}$, ou $\frac{1}{5}$; la longueur demandée est donc $3^m,5 \times \frac{5}{1}$, ou $17^m,5$.

---

203. 36 décalitres $= 3^h,6$; ils pèsent donc $76^k \times 3,6$, ou $273^k,6$; par conséquent, ils coûteront $0,45 \times 273,6$, ou $123^f,12$.

---

204. La population de Londres étant prise pour unité, celles des trois autres villes font ensemble

$$\frac{9}{16} + \frac{13}{32} + \frac{11}{32}, \text{ ou } \frac{21}{16}, \text{ ou } 1 + \frac{5}{17};$$

l'excès de cette somme sur la population de Londres est donc les $\frac{5}{16}$ de cette population.

---

205. Les dépenses dont il s'agit sont de $10^c + 15^c + 35^c$, ou de 60 centimes par jour; cela fait : 1° pour un mois de 30 jours, $60^c \times 30$, ou 18 fr.; 2° pour chaque année de 365 jours, $60^c \times 365$, ou 219 fr., et pour 15 ans, $219^f \times 15$, ou 3285 fr.; de plus, en supposant que, dans ces 15 années, il y en ait trois de bissextiles (il pourrait même y en avoir 4), cela fait $3285^f + 60^c \times 3$, ou $3286^f,80$.

---

206. Comme le centiare équivaut à un mètre carré, il contient 100 décimètres carrés; chaque pavé en occupe 10; cela fait donc 100 : 10, ou 10 pavés par centiare; et pour 145 centiares, il en faut 1450; la dépense sera donc $65^c \times 1450$, ou $942^f,50$.

---

207. Le tonneau contenait.......... .... 690 litres.
Il en a perdu...................... 53 »

Il en reste donc..... 637 litres.

D'autre part, on a dépensé.......... 582^f

On veut gagner $\frac{12}{100}$ de 582^f, ou..... $69^f,84$

Il faut donc vendre le tout.... $651^f,84$

Le prix de vente du litre est, par conséquent, $651^f,84$: 637, ou $1^f,02$.

---

208. En comptant chaque année pour 12 mois, et chaque mois pour 30 jours, on obtient:

$$6^a\ 9^m = 12^m \times 6 + 9^m = 81^m,$$
$$81^m\ 19^j = 30^j \times 81 + 19^j = 2449^j,$$
$$2449^j\ 14^h = 24^h \times 2449 + 14^h = 58\,790^h,$$
$$58\,790^h\ 36^m = 60^m \times 58\,790 + 36^m = 3\,527\,436^m.$$

Mais si on voulait compter les années et les mois pour leurs durées réelles, il faudrait connaître quels sont les années et les mois dont se compose le temps donné.

En supposant que cet intervalle de temps ait commencé le 1er janvier 1864, il faut ajouter au nombre précédent:

Pour 1864 et 1868 qui sont bissextiles $6^j \times 2$ ou......... 12^j
Pour les 4 autres années $5^j \times 4$ ou 20
Pour les 31e jours de janvier, mars, mai, juillet et août.. 5

Total.......... 37^j

et en ôtant 2 jours pour février qui n'en avait que 28 en 1870.......... .... 2^j

Il reste à ajouter .... 35^j

Ces 35^j réduits en minutes valent $60^m \times 24 \times 35$, ou 50400^m.

On obtient donc définitivement pour le nombre de minutes demandé :

$$3\,527\,436 + 50\,400, \quad \text{ou} \quad 3\,577\,836.$$

---

209. Le quart du méridien terrestre, qui est de 90°, est égal à 10 000 000 de mètres, ou à 10 000 kil. ; chaque degré vaut donc $\frac{10\,000^k}{90}$, ou $\frac{1000^k}{9}$; le résultat demandé est donc $\frac{1000^k}{9} \times 9\frac{2}{3}$, ou $\frac{1000^k}{9} \times \frac{29}{3}$, ou $\frac{29\,000^k}{27}$ ce qui donne $1074^k,07$....

---

210. 43 fr. l'hectolitre, cela fait $0^f,43$ le litre; les 180 litres coûtent donc : $0^f,43 \times 180$, ou $77^f,40$.

Aux 180 litres de vin on ajoute 35 litres d'eau; cela fait 215 litres de liquide revenant à $77^f,40$; le litre revient donc à 77,40 : 215, ou à $0^f,36$.

---

211. Poids du vase plein.................. $28^k,5$
Poids du vase vide .... $2^k,3$

Différence ou poids de l'eau.......... $26^k,2$.

Mais le gramme est le poids d'un centimètre cube d'eau ; le kilogramme ou 1000 grammes est donc le poids de 1000 centimètres cubes d'eau, ou d'un décimètre cube, c'est-à-dire d'un litre.

L'eau contenue dans le vase pèse $26^k,2$; son volume est donc de $26^d,2^c$, et la capacité du vase, de $26^l,2$.

212. Ayant dépensé les $\frac{2}{3}$, il me restait $\frac{1}{3}$ de ce que j'avais ; ayant perdu $\frac{1}{5}$ de ce reste, il m'en est resté les $\frac{4}{5}$, c'est-à-dire les $\frac{4}{5}$ de $\frac{1}{3}$ ou les $\frac{4}{15}$ de ce que j'avais ; j'ai donné les $\frac{3}{5}$ de ce reste, il m'en est resté les $\frac{2}{5}$; ce dernier reste est donc les $\frac{2}{5}$ des $\frac{4}{15}$, ou les $\frac{8}{75}$ de ce que j'avais d'abord ; ce reste doit être égal à 8 fr. ; ce que j'avais est donc les $\frac{75}{8}$ de 8 fr., ou 75 fr.

---

213. Les $\frac{3}{5}$ de $14^{f},75$, ou $14^{f},75 \times \frac{3}{5}$, ce qui fait $8^{f},85$.

---

214. 1° Pour la première robe, on emploie les $\frac{5}{9}$ de $20^{m},70$ ou $20^{f},70 \times \frac{5}{9}$, ce qui donne $11^{m},50$. Le reste $20^{m},70 - 11^{m},50$, ou $9^{m},20$, sera employé pour la seconde robe.

2° $20^{m},70$ à $6^{f},20$ le mètre, cela fait $6^{f},20 \times 20,7$, ou $128^{f},34$; sur cette somme, on fait un rabais de 3 p. 100, c'est-à-dire des $\frac{3}{100}$ de $128^{f},34$, ou $3^{f},85$; la somme à payer est donc $128^{f},34 - 3^{f},85$, ou $124^{f},49$.

---

215. 5^{cm} ayant coûté 4 centimes, le prix du centimètre est $\frac{4^{c}}{5}$; le mètre contenant 100 centimètres coûtera 100 fois $\frac{4^{c}}{5}$, ou $\frac{400^{c}}{5}$, ou 80 centimes.

---

216. 1° La première fait en un jour $4^{m}\frac{2}{7}$;

La seconde fait en un jour $12^{m}\frac{4}{15} : 3$, ou $4^{m}\frac{4}{45}$.

Pour pouvoir comparer ces deux résultats, je réduis les fractions au même dénominateur, et j'obtiens :

Pour la 1re en un jour.... $4^{m}\frac{90}{315}$;

Pour la 2e en un jour.... $4^{m}\frac{28}{315}$.

En retranchant le second résultat du premier, on obtient $\frac{62}{315}$ pour l'excès de l'ouvrage de la 1re sur celui de la 2e.

2° La première reçoit 15 centimes pour $\frac{1}{7}$ de mètre,

$15^c \times 7$ pour 1 mètre,

$15^c \times 7 \times 4\frac{2}{7}$ pour $4^m\frac{2}{7}$;

ce qui fait pour sa journée : $15^c \times 7 \times 4\frac{2}{7}$, ou $4^f,50$.

3° La seconde reçoit 7 centimes pour $\frac{1}{15}$ de mètre,

$7^c \times 15$ pour 1 mètre,

$7^c \times 15 \times 12\frac{4}{15}$ pour $12^m\frac{4}{15}$;

ce qui fait pour ses 3 journées, $7^c \times 15 \times 12\frac{4}{15}$, ou $12^f,88$.

DEUXIÈME PARTIE.

EXAMEN DU SECOND ORDRE.

(BREVET D'INSTITUTRICE.)

CHAPITRE I.

EXAMENS ORAUX.

217. Le prix de la première propriété est les $\frac{5}{8}$ du prix de la seconde ; celui-ci est les $\frac{8}{8}$ de lui-même ; le prix des deux propriétés réunies est donc les $\frac{13}{8}$ du prix de la seconde ; par conséquent le prix de la seconde est les $\frac{8}{13}$ du prix total, ou de 81 500 fr.; par suite, le prix de la première est les $\frac{5}{13}$ de 81 500 fr.

J'ai donc, pour prix de la première, $81\,500^{f} \times \frac{5}{13}$, ou $31\,346^{f},15$; et pour prix de la seconde, $81\,500 \times \frac{8}{13}$, ou $50\,153^{f},85$.

---

218. La durée de l'éclipse a été de

$$9^{h}\,26^{m} - 5^{h}\,35^{m}, \text{ ou de } 3^{h}\,51^{m}.$$

Pour transformer ce résultat en secondes, je multiplie 60 minutes par 3 et j'ajoute 51 minutes; ce qui donne 231 minutes; puis je multiplie 60 secondes par 231, et j'obtiens 13 860 secondes.

---

219. La durée de l'année tropique étant de $365^j,24222$, on réduira la fraction 0,24222 en heures en la multipliant par 24 ; la partie entière du produit représentera le nombre d'heures demandé ; la partie fractionnaire, multipliée par 60, donnera le nombre des minutes, et la partie fractionnaire de ce dernier produit multipliée par 60 donnera le nombre des secondes.

J'obtiens ainsi............	365^j.
$24^h \times 0,24222 = 5^h,81328$	5^h.
$60^m \times 0,81328 = 48^m,7968$	48^m.
$60^s \times 0,7968 = 47^s,808$	48^s.
En tout........	$365^j\ 5^h\ 48^m\ 48^s$.

---

220. Je divise 274 605 par 60 ; le quotient 4576 représente des heures, et le reste 45 des minutes. Je divise 4576 par 24, le quotient 190 représente des jours, et le reste 16 des heures ; j'ai donc :

$$274\,605^m = 190^j\ 16^h\ 45^m.$$

---

221. Le temps demandé, exprimé en secondes, est le quotient de la division de 152 784 000 par 308000, ou $496\ \frac{4}{77}$.

Pour extraire les minutes, je divise par 60, et j'ai définitivement $8^m\ 16^s\ \frac{4}{77}$.

---

222. Recette, $31^f \times 375$, ou	$11\,625^f$
Dépense	$9\,728^f$
Différence, ou bénéfice...........	$1\,897^f$

---

223. La somme reçue est de 75 800 fr. ; or on prélève 1562 fr. ; il reste donc net 74 238 fr. ; par suite, la part de chacun est

$$\frac{74\,238^f}{18}, \text{ ou } 4124^f,33.$$

---

224. Le temps demandé est $13^j\ 9^h 45^m - (11^j\ 20^h 30^m)$; ce qui fait $1^j\ 13^h\ 15^m$, ou $37^h\ 15^m$, ou 2235^m.

Nota. On a mis 20 heures parce que 8 heures du soir équivalent à 20 heures après minuit.

---

225. 1°

$$191^{j} = 24^{h} \times 191 = 4584^{h};$$
$$4584^{h} + 12^{h} = 4596^{h};$$
$$4596^{h} = 60^{m} \times 4596 = 275\,760^{m};$$
$$275\,760^{m} + 45^{m} = 275\,805^{m}.$$

2° $1^{j} = 24^{h} = 60^{m} \times 24 = 1440^{m}.$

La minute est donc $\frac{1}{1440}$ de jour; par conséquent

$$275\,805^{m} = \frac{275\,805}{1440} \text{ de jour.}$$

---

226. 1° La première dépense est le tiers de 100 000 francs, ou 33 333f,33; la seconde est de 25 000 francs; la troisième est de 20 000 francs; le total a pour expression :

$$33\,333^{f},33 + 25\,000^{f} + 20\,000, \quad \text{ou} \quad 78\,333^{f},33;$$

reste donc la somme de 21 666f,67.

2° $100\,000^{f} \times 0,05$, ou 5000^{f}.

---

227. L'âge du père doit être les $\frac{12}{7}$ de celui du fils; la différence des deux âges sera les $\frac{5}{7}$ de l'âge du fils; l'âge du fils sera les $\frac{7}{5}$ de la différence. Or, cette différence ne changeant pas avec le temps, elle sera comme actuellement de 48 — 18 ou de 30 ans; à l'époque demandée, l'âge du fils sera donc les $\frac{7}{5}$ de 30 ans, ou 42 ans.

Le temps qui s'écoulera d'ici là sera de $42^{a} - 18^{a}$, ou de 24 ans.

Vérification.

$$18 + 24 = 42; \quad 48 + 24 = 72; \quad \frac{72}{42} = \frac{12 \times 6}{7 \times 6} = \frac{12}{7}.$$

---

228. 1° Le nombre de journées est $4\frac{1}{3}+7\frac{1}{2}+2\frac{2}{3}+5\frac{1}{4}$, ou $19\frac{3}{4}$.

2° Le nombre de jours étant de $19\frac{3}{4}$, à raison de 3f,75 la journée, cela fait pour le prix total $3^f,75 \times 19\frac{3}{4}$, ou 74f,06.

---

229. $5^m\frac{2}{7}$ coûtent .... $37^f\frac{1}{3}$

1^m coûterait............ $\dfrac{37^f\frac{1}{3}}{5\frac{2}{7}}$

$8^m\frac{1}{2}$ coûteront........... $\dfrac{37^f\frac{1}{3}}{5\frac{2}{7}} \times 8\frac{1}{2}$

Ce qui fait 60f,036....

---

230. La hauteur (en mètres) est le quotient de la division de la surface 18,0432 par la largeur 3,36, ou 5,37.

Nota. $S = B \times H$; d'où $B = \frac{S}{H}$; $H = \frac{S}{B}$.
(S, surface; B, base; H, hauteur.)

---

231. Le 1er a travaillé pendant $10^h \times 16$, ou 160^h.

Le 2e	8×18,	144
Le 3e	9×17,	153
Total.........		457^h.

La recette étant de 400 fr., cela fait par heure $\frac{400^f}{457}$; par suite il reviendra :

Au 1er $\frac{400^f}{457} \times 160$, ou 140f,043....

Au 2e $\frac{400^f}{457} \times 144$, ou 126f,039....

Au 3e $\frac{400^f}{457} \times 153$, ou 133f,916...

---

232. Les 24 ouvriers ayant travaillé pendant 30 jours, cela fait 720 journées de travail ; et comme on a payé 850 fr., cela fait $850^f : 720$ pour chaque journée.

28 ouvriers travaillant pendant 45 jours, cela fait 1260 journées de travail; la somme à payer à ces ouvriers est donc $\frac{850^f}{720} \times 1260$, ce qui donne $1487^f,50$.

---

233. Dans le 1er cas, la dépense est de 3 fois 40 centimes, ou de $1^f,20$.

Dans le 2e cas, 45 litres de vin à 90 centimes font $40^f,50$; et comme on y ajoute 30 litres d'eau, ce qui fait 75 litres, le prix de chaque litre est $40^f,50 : 75$; ce qui, pour 2 litres, fait $\frac{81^f}{75}$, ou $1^f,08$. Le vin étendu d'eau est donc plus économique.

---

234. 15 objets à 26 fr. font.......... 390 fr.
On obtient une remise de............... 56

Prix net.. .... 334 fr.

Prix de chaque objet................ $\frac{334^f}{15}$, ou $22^f,27$.

---

235. En caisse primitivement...... $74851^f,25$

1er payement..............		$6\,800^f$
2e —		$3\,465,35$
3e —		$7\,444$
	Total..........	$17\,709^f,35$

Il doit rester :

$$74\,851^f,25 - 17\,709^f,35, \text{ ou } 57\,141^f,90.$$

Or il reste $57146^f,30$; il y a donc une erreur de $4^f,40$ en faveur du banquier.

---

236. La superficie de la propriété est de 3 hectares 5 ares, ou de 30 500 mètres carrés. Le prix du mètre est de 35 centimes; le prix de la terre dont il s'agit a donc pour expression $35^c \times 30\,500$, ce qui fait 10 675 francs.

---

237. 1° L'étendue en mètres carrés est $8,5 \times 6,8$, ce qui fait 57,80.

2° Le volume de la salle (en mètres cubes) est $8,5 \times 6,8 \times 4,75$, ce qui fait 274,55.

---

238. Le 1er ayant $\frac{1}{6}$, le 2e $\frac{1}{9}$ et le 3e $\frac{3}{10}$ de l'héritage, leurs parts réunies forment les $\frac{52}{90}$ de l'héritage. Le reste doit donc être les $\frac{38}{90}$, ou les $\frac{19}{45}$ de cet héritage, qui, par conséquent, est les $\frac{45}{19}$ du reste 22 952 francs, ou 54 360 francs.

La part du 1er est $\frac{54\,360}{6}$, ou 9060;

Celle du 2e $\frac{54\,360}{9}$, ou 6040 ;

Celle du 3e $\frac{54\,360 \times 3}{10}$, ou 16 308 ;

Celle du 4e est donnée.

---

239. Le neveu a 2 parts de chaque nièce, ou 4 parts de chaque cousin, ou 8 parts de chaque cousine.

De même, chaque nièce ayant 4 parts d'une cousine, il faut 8 parts pour les deux nièces.

Il faut de même 8 parts pour les quatre cousins, et 8 parts pour les huit cousines ; cela fait donc en tout 32 parts (de cousines) ; par suite, chacune de ces parts a pour expression 256 000f : 32, ce qui fait 8000 francs.

D'après cela, les comptes sont faciles à établir :

Au neveu	8000f × 8...............	64 000f
A chaque nièce	8000f × 4, et pour deux..	64 000
A chaque cousin	8000f × 2, et pour quatre.	64 000
A chaque cousine	8000f × 1, et pour huit...	64 000
	Total..........	256 000f

---

240. Le loyer étant les $\frac{4}{100}$ du prix de la maison, ce prix est les $\frac{100}{4}$ du loyer. Or $\frac{100}{4} = 25$; la maison coûte donc 25 fois le loyer qui est de 3240 francs, ou 81 000 francs.

---

241. La dépense annuelle est de $17^f \times 365$.

Pour avoir ce revenu à 5 p. 100, il faut un capital qui soit 20 fois $17^f \times 365$, ou 124 100 fr.

---

242. Mise du 1er 25 090f
» 2e 48 000
» 3e 42 900
Mise totale........ 115 990f

Bénéfice pour 1 franc $\frac{57\,000^f}{115\,990}$.

Part du 1er associé : $\frac{57\,000^f}{115\,990} \times 25\,090$, ou $12\,329^f,767$....

» du 2e » $\frac{57\,000^f}{115\,990} \times 48\,000$, ou $23\,588^f,236$....

» du 3e » $\frac{57\,000^f}{115\,990} \times 42\,900$, ou $21\,081^f,986$....

---

243. 8 ouvriers ayant travaillé pendant 20 jours, cela fait 8 fois 20 ou 160 journées d'ouvrier ; pendant ce temps, on a transporté 150 mètres cubes de terre à 50 mètres de distance, travail qui équivaut à 1 mètre cube transporté à 7500 mètres ; cela fait donc par journée 1 mètre cube transporté à une distance de $\frac{7500^m}{160}$.

Or on a à transporter 180 mètres cube à 60 mètres, travail qui équivaut au transport de 1 mètre cube à une distance de 180×60, ou de 10800 mètres. Le nombre de journées nécessaires pour faire le travail a donc pour expression $10800 : \frac{7500}{160}$, ou $\frac{10800 \times 160}{7500}$; et comme il y a 12 ouvriers pour faire ce travail, le nombre demandé a pour expression :

$$\frac{10\,800 \times 160}{7500 \times 12},$$

ce qui fait $19^j \frac{1}{5}$.

---

244. L'actif de l'héritage se compose **de** :

	20 000 fr.
	18 000
	12 000
Total.....	50 000 fr.

Il y a payer 10 000 francs; cela fait donc par franc $\frac{10000}{50000}$, ou 20 centimes, ce qui réduira chaque franc à 80 centimes; en conséquence,

La part du 1er sera de	$80^c \times 20000 =$	16 000 fr.
« 2e »	$80^c \times 18000 =$	14 400
« 3e »	$80^c \times 12000 =$	9 600
Total.............		40000 fr.,

au lieu de 50 000 francs; la différence servira à payer les 10000 francs de dettes.

---

245. Comme l'avance est de $\frac{1}{3}$ de minute par heure, elle sera de plus en plus grande ; mais lorsque cette avance sera de 12 heures ou de 720 minutes, l'heure marquée redeviendra exacte; $720 : \frac{1}{3}$, ou 2160, indique donc le nombre d'heures à attendre; par suite, 2160 : 24, ou 90, est le nombre de jours demandé.

---

246. 100 hectolitres de blé	à 18 fr.	l'hect. font	1800 fr.
58 » seigle	12 fr.	»	696
96 » d'orge	11 fr.	»	1056
		Total........	3552 fr.

Le prix de l'hectolitre du mélange a donc pour expression :

$$\frac{3552^f}{100 + 58 + 96},$$

ce qui donne $13^f,984$....

---

247. La longueur de la pièce est indiquée par :

$$5^m\frac{4}{5}+12^m\frac{7}{9}+18^m\frac{2}{3};$$

elle est donc égale à $37^m\,\frac{11}{45}$.

---

248. Les $\frac{4}{5}$ de l'âge demandé plus *deux* fois le même âge équivalent aux $\frac{14}{5}$ du nombre cherché ; 112 ans sont donc les $\frac{14}{5}$ de l'âge demandé ; cet âge est, par conséquent, les $\frac{5}{14}$ de 112 ans, ou 40 ans.

---

249. L'âge du père est les $\frac{3}{3}$ de lui-même ; l'âge du fils est les $\frac{2}{3}$ de celui du père ; ainsi 120 ans sont les $\frac{5}{3}$ de l'âge du père ; cet âge est, par conséquent, les $\frac{3}{5}$ de 120 ans, ou 72 ans.

L'âge du fils est les $\frac{2}{3}$ de 72 ans, ou 48 ans.

---

250. La distance des deux voyageurs est d'abord de 60 kilomètres. Or elle doit être réduite à zéro au bout de 48 heures, ce qui exige qu'elle diminue de $\frac{60^k}{48}$, ou de $\frac{5^k}{4}$, ou de $1^k\,\frac{1}{4}$ par heure ; le second voyageur doit donc faire par heure $1^k\,\frac{1}{4}$ de plus que le premier ; par suite, $3^k\,\frac{4}{5}+1^k\,\frac{1}{4}$, ou $5^k\,\frac{1}{20}$, est le nombre demandé.

---

251. Le nombre demandé est $1^f\frac{3}{5}\times 10\frac{3}{4}$, ou $17^f,20$.

---

252. $\frac{1}{4}$ d'heure est employé pour remplir les $\frac{2}{15}$ du bassin;

$\frac{1}{8}$ d'heure serait employé pour en remplir $\frac{1}{15}$;

$\frac{15}{8}$ d'heure seront nécessaires pour remplir le bassin en totalité.

Il faudra $\frac{15}{8\times 7}$ d'heure pour le septième du bassin;
et pour en remplir les $\frac{6}{7}$, il faudra $\frac{15\times 6}{8\times 7}$ d'heure, ou $1^h\,36^m\,\frac{3}{7}$.

---

253. La 1re source fournit par heure 25 hectolitres.

La 1re source fournit par heure	25	hectolitres.
La 2e » »	15	»
Ensemble........	40	hectolitres.

Pour fournir 1000 hectolitres, il faudra $\frac{1000}{40}$, ou 25 heures.

---

254. Le prix du drap est de 12^f^,75 le mètre; le prix total est de 2193 fr.; le nombre de mètres est donc 2193 : 12,75, ou 172.

Le coupon étant de 4 mètres, la longueur des quatre pièces est de 172 — 4, ou de 168 mètres. Chaque pièce a donc une longueur de 42 mètres.

---

255. Le nombre d'habitants par kilomètre carré est :

37 382 225 : 530 000,

ou 70,5....

---

256. 1° L'imposition extraordinaire est de :

$2^c,5 \times 25\,246$, ou de $631^f,15$.

2° Le contribuable qui payait 28 fr. payera en sus $2^c,5 \times 28$, ou 70 centimes, ce qui fera en tout $28^f,70$.

257.

57 mètres de toile	à 1^f^,50	coûtent	85^f^,50
18 »	2^f^	»	36
63,5 »	1^f^,45	»	92,07
		Total............	213^f^,57

Remise	19 ,95
Prix net...........	193f,62

Le prix demandé est donc :

$$\frac{193^f,62}{57+18+63,5},$$

ce qui fait $1^f,397$....

---

258. 1° La $\frac{1}{2}$ du $\frac{1}{4}$ du $\frac{1}{11}$ équivaut à $\frac{1}{88}$; le 88e de la dépense étant de 25163 fr., la dépense totale est $25163^f \times 88$, ou 2214344 fr.

2° Le prix de la douzaine d'huîtres étant de 65 centimes, le nombre de douzaines consommées a pour expression :

$$\frac{2214344}{0,65},$$

ce qui fait 3406683.

---

259. La superficie de 46 mètres de drap à 95 centimètres de large est 95×4600 centimètres carrés. Pour couvrir cette surface avec de la toile de 78 centimètres de large, il faut une longueur ayant pour expression :

$$\frac{95 \times 4600}{78} \text{ centimètres},$$

ce qui fait $56^m,025$.

---

260. 5 bouteilles valant 4 litres, chaque litre vaut $\frac{5}{4}$ de bouteille; le nombre de bouteilles consommées annuellement par les habitants de Paris est donc $159000000 \times \frac{5}{4}$, ce qui fait 198750000.

---

261. Consommation du père en 1 jour..... 1000 gr.
» de la mère........... 612
» des 3 enfants......... 1410

Total par jour........... 3022 gr.

Consommation annuelle :

$$3022^{g}\times 365,\quad \text{ou}\quad 1103030^{g},\quad \text{ou}\quad 1103^{k},03.$$

Dépense annuelle :

$$32^{c}\times 1103,03,\quad \text{ou}\quad 352^{f},97.$$

---

262. Prix d'achat.................... 243 857 fr.

Réparations et constructions....... 92 658

On veut gagner.................. 48 00

Prix de vente.......... 384 515 fr.

Ce qui fait pour chaque lot le 24e de la somme précédente, ou 16 021^f^,46.

---

263. 1 kilogr. de sucre et 1 kilogr. de café coûtent ensemble $1^{f},30 + 2^{f},30$, ou $3^{f},60$; donc le nombre de kilogrammés s'obtiendra en cherchant combien de fois la somme donnée 350 fr. contient $3^{f},60$; par suite, ce nombre est égal à 97,22....

---

264. La somme demandée est les $\frac{2}{3}$ des $\frac{3}{5}$ des $\frac{7}{8}$ de 100 fr., ou

$$\frac{100^{f}\times 7\times 3\times 2}{8\times 5\times 3},\quad \text{ou}\quad 35^{f}.$$

---

265. $\frac{2}{3}+\frac{5}{8}=\frac{31}{24}$; ainsi les $\frac{31}{24}$ du nombre demandé valent $136-12$, ou 124; ce nombre est, par conséquent, les $\frac{24}{31}$ de 124, ou 96.

---

266. 1° La dépense du fils est les $\frac{11}{15}$ de celle du père ; celle du père est les $\frac{15}{15}$ d'elle-même : le total des deux dépenses ou

650 fr. est donc les $\frac{26}{15}$ de la dépense du père ; celle-ci est par conséquent les $\frac{15}{26}$ de 650 francs, ce qui fait 375 francs.

2° Celle du fils est les $\frac{11}{15}$ de 375 francs, ou 275 francs.

---

267. La capacité du réservoir (en litres) est 154 × 102,50 × 30 ; il y a déjà 64 254 litres ; ce réservoir peut donc encore contenir (154 × 102,50 × 30) — 64 254 litres, ou 409 296 litres.

---

268. $4^k,50$ à $1^f,15$ le kilogramme font $5^f,175$; elle paye $4^f,25$; il manque donc $92^c \frac{1}{2}$.

269.

Poids du sac plein.....................	2615 gr
Poids du sac vide.....................	25
Poids de l'argent monnayé qu'il contient..	2590 gr.

Or le franc pèse 5 grammes ; la somme contenue dans le sac, exprimée en francs, est donc $\frac{2590}{5}$, ou 518 fr.

---

270. 1° Il lui reste par an 2200 fr. — 375 fr. ; par jour

$$\frac{2200^f - 375^f}{365}, \text{ ou 5 fr.}$$

2° Puisqu'elle paye 375 fr. par an, le nombre d'années nécessaires pour solder 2625 fr. a pour expression $\frac{2625}{375}$, ce qui fait 7 ans.

---

271. 1°

La 1re pièce contient	....	350^l
La 2e »	....	353,25
La 3e »	....	75,35
La 4e »	....	140,75
	Total.......	$919^l,35$

Le nombre de décalitres demandé est donc 91,935.

2°	La 1re pièce a coûté..........	105f
	La 2e »	780,75
	La 3e »	701,40
	La 4e »	703,75
	Total.......	2290f,90

3° La 1re qualité a coûté par litre. $\frac{105^f}{350}$, ou $0^f,30$;

La 2e » .... $\frac{780^f,75}{353,25}$, ou $2^f,21$;

La 3e » .... $\frac{701^f,40}{75^l,35}$, ou $9^f,31$;

La 4e » .... $\frac{703^f,75}{140^l,75}$, ou 5^f.

---

272. Poids du baril plein .... $40^k,5$
Poids du baril vide.................. $3^k,9$

Différence..... $36^k,6$

Par conséquent, le litre pèse $\frac{36^k,6}{40}$, ou $\frac{3^k,66}{4}$, ou $0^k,915$.

Nota. 0,915 est la densité de l'huile.

---

273. Le prix du kilogramme de houille est $\frac{41^f}{1140}$; la dépense journalière du fourneau a donc pour expression $\frac{41^f}{1140} \times 96$; elle est donc de $3^f,416$....

---

274. 1° Elle peut dépenser par jour..... $\frac{6000^f}{365}$, ou $16^f,438$...

2° » par semaine. $\frac{6000^f}{365} \times 7$, ou $115^f,068$.

3° » par mois.... $\frac{6000^f}{12}$, ou 500^f.

Nota. On n'a pas tenu compte de la différence des mois.

275. La superficie du champ en mètres carrés est $45,3 \times 9,6$. Le prix du mètre superficiel est donc $\frac{1860^f}{45,3 \times 9,6}$.

Celui de l'hectare a pour expression $\frac{1860^f \times 10\,000}{45,3 \times 9,6}$, ce qui donne 42 770f,419....

---

276 36 stères à 11f,35 coûtent 408f,60
68 » 8f,50 » 578
86 » 12 » 1032

Total......... 2018f,60

Payé à compte 600

Reste dû........ 1418f,60

---

277. 1° Prix de vente : $5^f,75 \times 36$, ou...... 207f
Prix d'achat..................... 145, 90

Bénéfice.......... 61f,10

2° Prix d'achat.................... 145,90
On voudrait bénéficier de................. 30,50

Il faut revendre le tout.................... 176f,40

Cela fait donc pour le prix de chaque chemise 176f,40 : 36, ou 4f,90.

---

278. Le prix de revient de chaque chemise est 562f,50 : 125, ce qui fait 4f,50.

On veut gagner 75 centimes par chemise; il faut donc vendre chacune 5f,25, ce qui les met à 63 francs la douzaine.

---

279. Dépense de la 1re semaine............ 77f,14
» 2e » 63,25
» 3e » 59,80
» 4e » 62,50

Total............ 262f,69

La part d'une personne est de $\frac{262^f,69}{7}$, ou de.. 37f,53
Elle a gagné........................... 120

Il lui reste........ 82f,47

---

280. 8 hectolitres de vin à 32f,50 font...... 260f
Prix de vente.................... 284 ,80

1° Bénéfice total 24f,80

2° Bénéfice par hectolitre 24f,80 : 8, ou 5f,10.

---

281. 764k à 4f le kilogramme coûtent...... 3 056f
857 à 9 » 7 713
258 à 7 » 1 806

Dépense totale..... 12 575f

Valeur de chaque payement : 12 575f : 63, ou 199f,60.
Le dernier payement sera de 20 centimes en sus.

---

282. 680k à 5f coûtent.................... 3400f
Transport.......... 22

Total.............. 3422f

Nombre des payements : $\frac{3422}{860}$.

Cette division ne se fait pas exactement; le quotient exact tombe entre 3 et 4; on fera trois payements de 860 francs chacun, et le quatrième devra être de 842 francs.

---

283. 1° Du 15 novembre au 1er avril exclusivement, il y a 137 jours.

137 jours à 50 fr. chaque font une dépense totale de 6850 fr.

2° La dépense totale pour une pièce est de 6850 fr. : 20, ou de 342f,50.

3° Le nombre d'hectolitres de houille sera de 6850 : 4, ou de 1712 hectolitres $\frac{1}{2}$.

---

284. Prix de vente : $95^c \times 1500$, ou 1425 fr.

Prix d'achat du vin....	980^f
Entrée..............	78 ,75
Transport............	33 ,65
Total.........	$1092^f,40$

Bénéfice total : $1425^f - 1092^f,40$, ou $332^f,60$; cela fait par litre

$$332^f,60 : 1500, \text{ ou } 0^f,2217...$$

En résumé, le bénéfice par litre est de 22^c environ, et le bénéfice sur la totalité est de $332^f,60$.

---

285. Prix de vente d'une chemise........... 4^f
Bénéfice par chemise (10 pour 100).... 0,40

Le prix de revient doit donc être de.... 3,60

Or la façon coûte...................... 1,25

Le prix de l'étoffe doit donc être de... $2^f,35$

Mais il en faut $3^m,10$; le prix du mètre est donc de

$$\frac{2^f,35}{3,10}, \quad \text{ou de 76 cent.}$$

---

286. Gain par jour..................... 7 fr.
Dépense courante................. 4

Reste par jour.................... 3 fr.

Pour l'année, $3^f \times 365$, ou 1095 fr.

Prix du loyer......................	250
Prix d'entretien	845
Total........	1095 fr.

Économie : zéro.

---

287. Calicot employé : $3^m,15 \times 18$, ou $57^m,7$;

$57^m,7$ à 85^c......................	$48^f,195$
Façon et fournitures $1^f,75 \times 18$...	31 ,50
Total........	$79^f,695$

---

288. A payer :

Dettes	730f,00
Inhumation	120 ,80
Notaire	99 ,20
Total	950f,00
L'héritage est de	30 750f,00
Reste à recevoir	29 800f,00

Le cinquième de cette somme ou la part de chacun est de 5960f,00
Chacun reçoit en outre 534l à 65c, ou .... 347 ,10

Total de la part de chacun 6307f,10

---

289. 1806m,50 à 1f,52 coûtent 2745f,88

A déduire :

1° 225k,05 à 35c ou	78f,77
2° 515l à 65c ou	334f,75
Total	413f,52

De	2745f,88
J'ôte	413 ,52
Reste à recevoir	**2332f,36.**

Et pour chaque ouvrier :

$$\frac{2332^f,36}{42}, \text{ ou } 55^f,53.$$

---

290. 342m à 3f,50 coûtent 1197f
456m à 3f,75 — 1710

Total du prix d'achat	2907f
Prix de vente 4f × (342 + 456)	3192
Bénéfice total	285f

Bénéfice par mètre : 285 fr. : 798, ou 36 centimes.

---

291. Achat :

32 hectol. de vin à 85c le litre, coûtent..	2720f
54 kil. de sucre à 1f,40..................	75 ,60
7 kil. de poivre à 3f,75................	26 ,25
Dépense totale...........	2821f 85

Vente :

32 hectol. de vin à 95c le litre....... .	3040f
54 kil. de sucre à 1f,80................	97 ,20
7 kil. de poivre à 4 fr..................	28
Recette totale....... ..	3165f,20

De........	3165f,20
J'ôte......	2821 ,85
Reste......	343f,35 pour le bénéfice total.

292.

Prix d'achat de 100 kil. d'huile.........	151f,35
Au courtier 10 pour 100...............	15 ,14
Total..........	166f,49
Bénéfice : 8 pour 100 du total, ou.......	13f,32
Le prix de vente doit être de.................	179f,81

On doit donc vendre 179f,81 les 100 kil., ce qui met le kil à 1f,80.

---

293. 1° La paye totale par mois est de 250000 francs.

Réparti entre 5000 ouvriers, cela fait pour chacun 50 fr.; par jour, cela fait $\frac{50}{30}$, ou 1f,67.

2° 300000 pièces d'étoffe par an font 25000 pièces par mois; la paye monte à 250000 fr.; la façon d'une pièce est donc de 10 fr.

---

294. Un hectare de froment rapporte :

1° 18h,63 de grain à 20f,62...............	384f,15
2° 1770 kil. de paille à 0f,028.............	49 ,56
Total.................	433f,71

---

295. La superficie d'une feuille (en mètres carrés) est $1,95 \times 0,48$.

Le poids est donc

$$6^k,070 \times (1,95 \times 0,48), \text{ ou } 5^k,68152.$$

---

296. La superficie doit être :

1° Pour les brebis............	$2^{mq},25 \times 35$,	ou	$78^{mq},75$
2° Pour les moutons...........	$1^{mq},50 \times 125$,	ou	$187^{mq},50$
ce qui fait en tout.......			$266^{mq},25$

---

297. 1° Le nombre d'ardoises est

$$44 \times 532,20, \text{ ou } 2341,68$$

2° Le poids total est

$$11^k,25 \times 532,2, \text{ ou } 5987^k,25.$$

---

298. La distance demandée est de $2^{mm} \times 25,45$, ou de $50^{mm},90$.

---

299. 1° Le franc pèse 5 grammes et contient 0,1 d'alliage (ancien titre), ou $\frac{1}{2}$ gramme; il contient donc $4^{gr}\frac{1}{2}$ d'argent; la valeur d'un gramme d'argent pur est donc de $\frac{1^f}{4,5}$, ou de $0^f,22\frac{2}{9}$.

2° La valeur du gramme d'or est de $22^c\frac{2}{9} \times 15,5$, ou de $3^f,44$.

3° Le kilogramme d'argent pur vaut $22^c\frac{2}{9} \times 1000$, ou $222^f,22$.

4° Le kilogramme d'or pur vaut $22^c\frac{2}{9} \times 15,5 \times 1000$, ou $3444^f,44$.

Nota. Voir la remarque du n° **160**.

---

300. Le nombre d'heures nécessaires pour parcourir la distance de 306 kilomètres est 306 : 45. L'heure demandée est donc :

$$11^h 45^m + \frac{306^h}{45} + 15^m, \text{ ou } 18^h 48^m \text{ après midi,}$$

c'est-à-dire $6^h 48^m$ du matin.

---

301. La distance totale étant de 537 kilomètres, le tiers de cette distance est de 179 kilomètres ; le nombre d'heures à employer pour parcourir ce premier tiers est 179 : 35, ou $5^h 6^m 51^s$. Pour les deux autres tiers ou 358 kilomètres, le nombre d'heures nécessaire est de 358 : 40, ou de $8^h 57^m$. Ce qui précède conduit au calcul suivant :

Heure du départ............	$7^h\ 10^m$ du matin
Parcours du premier tiers....	$5^h\ 6^m\ 51^s$
Parcours du restant..........	$8^h\ 57^m$
Total............	$21^h\ 13^m\ 51^s$

$21^h\ 13^m\ 51^s$ après minuit, ou $9^h\ 13^m\ 51^s$ après midi.

---

302. Prix total de la dentelle..................	65 000 000^f
Prix de la matière première, 65 000 000^f × 0,17...	11 050 000
Reste pour la main-d'œuvre.....................	53 950 000

Cette somme est répartie entre 240 000 ouvrières ; cela fait pour chacune $224^f,79$ par an ; par jour, ce sera :

$$224^f,79 : 365, \quad \text{ou} \quad 0^f,615\ldots$$

---

303. En supposant que cet employé ait 60 ans d'âge, sa retraite sera les $\frac{32}{60}$ de 2400^f, ce qui fait 1280^f.

---

304. Le prix du kilogramme est $\frac{1064 \text{ fr.}}{6,25}$, ou $170^f,24$

---

305. 231 542 fr. ont rapporté .... 16237 fr.

1 fr. rapporterait.... $\frac{16237^{f}}{231542}$

100 fr. rapporteront.... $\frac{16237 \text{ fr.} \times 100}{231542}$, ou $7^f,01$.

C'est le taux demandé.

---

306. 40 ouvr... 300^m ... 7^h par ^{j}...... en 8^j

1 ouvr... 300^m ... 7^h........... $8^j \times 40$

51 ouvr... 300^m ... 7^h........... $\frac{8^j \times 40}{51}$

51 ouvr... 1^m ... 7^h........... $\frac{8^j \times 40}{51 \times 300}$

51 ouvr... 459^m ... 7^h.......... $\frac{8^j \times 40 \times 459}{51 \times 300}$

51 ouvr... 459^m ... 1^h....... $\frac{8^j \times 40 \times 459 \times 7}{51 \times 300}$

51 ouvr... 459^m ... 6^h....... $\frac{8^j \times 40 \times 459 \times 7}{51 \times 300 \times 6}$.

Ce qui fait $11^j\ 1^h\ \frac{1}{5}$.

---

307. La part de la première est les $\frac{2}{3}$ de la part de la deuxième.

La part de la deuxième est les $\frac{3}{3}$ d'elle-même.

Les deux parts réunies sont les $\frac{5}{3}$ de la deuxième part.

La deuxième part est donc les $\frac{3}{5}$ de la somme à partager, ou les $\frac{3}{5}$ de 120 fr., ce qui fait 72 fr.

La première part est les $\frac{2}{3}$ de 72 fr., ou 48 fr.

Vérification. $72 + 48 = 120$

---

308. Le rapport des deux nombres est celui de 7 à 5; ainsi le premier est les $\frac{7}{5}$ du second; le second est les $\frac{5}{5}$ de lui-même; leur somme 168 est donc les $\frac{12}{5}$ du second; le second est les $\frac{5}{12}$ de 168, ou 70; le premier est les $\frac{7}{5}$ de 70, ou 98.

Vérification. $70 + 98 = 168$.

309.	6 décalitres de grain à 4 fr. font....	24 fr.
	8 » » 5 »	40
	12 » » 7 »	84
	14 » » 9 »	126
	40 décalitres du mélange coûtent	274 fr.

Chaque décalitre de ce mélange revient à 274 fr. : 40, ou à 6f,85.

---

310. Les $\frac{3}{4}$ des $\frac{8}{15}$ des $\frac{5}{7}$ valent $\frac{2}{7}$; puisque les $\frac{2}{7}$ du nombre, diminués de 4, donneraient 6, les $\frac{2}{7}$ du nombre non diminués donneront 10; donc le nombre cherché est les $\frac{7}{2}$ de 10, ou 35.

---

311. Au nombre demandé, on ajoute les $\frac{2}{3}$ de ce nombre; la somme sera les $\frac{5}{3}$ du même nombre. De cette somme, on retranche les $\frac{5}{8}$, il en reste les $\frac{3}{8}$; le reste est donc les $\frac{3}{8}$ des $\frac{5}{3}$, ou les $\frac{5}{8}$ du nombre demandé. A ce reste on ajoute les $\frac{2}{5}$; le total en sera les $\frac{7}{5}$, ou les $\frac{7}{5}$ des $\frac{5}{8}$, c'est-à-dire les $\frac{7}{8}$ du nombre demandé. De la somme on retranche les $\frac{4}{15}$, il en reste les $\frac{11}{15}$; le reste est donc les $\frac{11}{15}$ des $\frac{7}{8}$, ou les $\frac{77}{120}$ du nombre demandé. De ce dernier reste on retranche les $\frac{5}{11}$; il en restera les $\frac{6}{11}$; le nouveau reste est donc les $\frac{6}{11}$ de $\frac{77}{120}$, ou les $\frac{7}{20}$ du nombre demandé. Finalement, ce nombre est les $\frac{20}{7}$ de 42, ou 120.

Vérification.	120
$+\ \frac{2}{3}$ de 120......	80
Total...	200
$-\ \frac{5}{8}$ de 200........	125
Reste...	75
$+\ \frac{2}{5}$ de 75........	30
Total...	105
$-\ \frac{4}{15}$ de 105......	28
Reste...	77
$-\ \frac{5}{11}$ de 77	35
Reste...	42.

Nota. Si cette espèce de problème à cascades, bon pour l'étude au point de vue du raisonnement, parait trop difficile pour être proposé au tableau, on le donnera en devoir.

---

312. $387^{m}\ \frac{1}{8}$ à $6^{f},55$ le mètre font $2535^{f},66\ \frac{7}{8}$

Bénéfice	500^{f}
Prix d'achat	$2035^{f},66\ \frac{8}{9}$.

La seconde partie de la marchandise qui contient :

$$\left(387^{m}\ \frac{1}{8}\right) - \left(162^{m}\ \frac{5}{6}\right),$$

ou $224^{m}\ \frac{7}{24}$, a coûté $4^{f},60$ le mètre, ce qui fait :

$$4^{f},60 \times 224\ \frac{7}{24}, \text{ ou } 1031^{f},74\ \frac{1}{6}.$$

Reste donc pour le prix de la première partie de la marchandise la différence suivante :

$$\begin{array}{lr} & 2035^{f},66\ \frac{7}{8} \\ & 1031^{f},74\ \frac{1}{6} \\ \hline \text{Reste.......} & 1003^{f},92\ \frac{17}{24} \end{array}$$

Nota. Le prix du mètre serait $1003^{f},92\ \frac{17}{24} : 162\ \frac{5}{6}$, ou $6^{f},16$.

CHAPITRE II.

DEVOIRS ÉCRITS. (MODÈLES.)

(Le maître y joindra un sujet de théorie.)

313. Les $\frac{3}{5}$ de l'ouvrage ont été payés 44f,15 ; ce prix doit donc être les $\frac{3}{5}$ du prix total; par conséquent celui-ci est les $\frac{5}{3}$ de 44f,15, ou 73f,58.

---

314. Un bec brûle en une heure 125 litres de gaz; il en brûlera en 3 heures $125^{l} \times 3$, ou 375 litres.

Le nombre de becs qu'on alimentera avec 28000 mètres cubes ou 28000000 de litres, sera donc 28000000 : 375, ou $74\,666\frac{2}{3}$.

---

315. Le franc pèse 5 grammes et contient $\frac{1}{10}$ de son poids, ou 0g,5 de cuivre, par conséquent 4g,5 d'argent (ancien titre).

Le poids d'un lingot d'argent pur valant 1257 fr. serait donc de $4^{g},5 \times 1257$; celui d'une masse d'or de même valeur est, par conséquent, $\frac{4^{g},5 \times 1257}{15,5}$.

L'eau pesant 1 gramme par centimètre cube, le même volume d'or en pèse 19 ; le nombre de centimètres cubes contenus dans le volume de la masse d'or précédente est donc égal à :

$$\frac{4,5 \times 1257}{15,5} : 19, \quad \text{ou à} \quad 19,207.$$

---

316 Le beurre est les $\frac{21}{100}$ de la crème employée à le fabriquer; la crème est donc les $\frac{100}{21}$ du beurre qu'elle fournit; ainsi, pour obtenir 540 kilogr. de beurre, il faut $540^k \times \frac{100}{21}$ de crème.

La crème est les $\frac{20}{100}$ du lait d'où on l'extrait; celui-ci est donc $\frac{100}{20}$ ou le quintuple de la crème obtenue; ainsi la quantité demandée de lait est $540^k \times \frac{100}{21} \times 5$.

Il faut $1^k,030$ de lait pour faire 1 litre; le nombre de litres demandé est donc $\frac{540 \times 100 \times 5}{21 \times 1,030}$, ce qui fait 12 483 litres.

---

317. 100 kilogr. de suif donnent 45 kilogr. de bougies; 1 kilogr. de suif donnerait $0^k,45$ de bougies; 54 kilogr. en donneront $0^k,45 \times 54$ ou $24^k,3$; chaque kilogr. contient 10 bougies; cela fera donc $10 \times 24,3$, ou 243 bougies.

---

318. Avec $0^k,9$ d'argent pur on fera 1 kilogr. d'argent monnayé chaque franc pesant 5 grammes, le nombre de francs qu'on fera sera 1000 : 5, ou 200.

Ainsi (façon à part) $0^k,9$ d'argent valent 200 fr.; par conséquent $0^k,9$ d'or valent $200^f \times 15\frac{1}{2}$, ou 3100 fr. En retranchant la façon, il restera pour $0^k,9$ d'argent, $200^f - 1^f,50$, ou $198^f,50$; pour $0^k,9$ d'or, $3100^f - 6^f,70$, ou $3093^f,30$.

Le rapport des valeurs demandé est donc $\frac{30\,933}{1985}$, ou 15,58.

Voir la remarque du n° **160**.

---

319. Chaque minute il parcourt $0^m,70 \times 120$, ou 84^m; pour parcourir 26 880 mètres, le nombre de minutes nécessaire sera donc 26 880 : 84, ou 320.

320^m font............................	$5^h\ 20^m$
Temps perdu aux stations...........	$1^h\ 45^m$
Total nécessaire pour faire sa tournée..	$7^h\ 5^m$

---

320. 1° La diligence parcourt 13200 mètres en 70 minutes; elle parcourt donc par heure $\frac{13200^m}{70} \times 60 = \ldots\ldots\ldots$ 11314^m.

2° Le bateau à vapeur parcourt dans le même temps $1854^m \times 12\frac{1}{2}$ ou.. **23175**^{m}.

3° La locomotive parcourt 75 mètres en 6 secondes, elle parcourt donc par heure $\frac{75^m}{6} \times 60 \times 60$, ou.......... 45000^m.

---

321. 5 rames et demie contiennent $25 \times 24 \times 5\frac{1}{2}$, ou 3300 feuilles.

Le prix de ces 3300 feuilles est....................	20^f,60
Plus le port..	1,25
Total................	21^f,85

Prix de la feuille $\frac{21^f,85}{3300}$; prix des 338 demi-feuilles $\frac{21^f,85 \times 169}{3300}$ pour 25 cahiers; prix du cahier $\frac{21^f,85 \times 169}{3300 \times 25}$, ou 0^f,0447....

Environ 4 centimes et demi.

---

322. Le prix de chaque exemplaire est de............. 4^f

sur lesquels il fait une remise de $\frac{1}{4}$ ou............... 1

Prix net................................ 3^f

Il livre 13 exemplaires pour 12; chaque exemplaire lui rapporte donc $3^f \times \frac{12}{13}$, ou $\left(\frac{36}{13}\right)^f$.

Il a dépensé..................	2000^f
Il a gagné....................	5200
Prix total............	7200^f

Le nombre d'exemplaires est donc égal à :

$$7200 : \frac{36}{13}, \quad \text{ou à} \quad 7200 \times \frac{13}{36}, \quad \text{ou à} \quad 2600.$$

---

323. Les 6 ouvriers ayant travaillé 5 jours, cela fait 30 journées.

5 ouvriers pendant 12 jours.........	60	»
4 ouvriers pendant 30 jours.........	120	»
Nombre total des journées de travail.	210	»

Le prix de chaque journée est donc 3400^f : 210, ou $\frac{340^f}{21}$.

Il revient donc à la première compagnie $\frac{340^f}{21} \times 30$, ou 485^f,71

à la seconde............ $\frac{340^f}{21} \times 60$, ou 971 ,43

à la troisième .... $\frac{340^f}{21} \times 120$, ou 1942 ,86

Total...... 3400^f,00

---

324. Le dividende 765 doit être égal au produit du diviseur par le quotient, plus le reste 11 ; par conséquent 765 — 11, ou 754, doit être le produit du diviseur par le quotient 26 ; d'où il résulte que le diviseur est égal à 754 : 26, ou à 29.

---

325. L'eau de mer contient 2 $\frac{1}{2}$ pour 100 de sel ; le rapport du poids du sel à celui de l'eau salée est donc $\frac{2,5}{100}$, ou $\frac{1}{40}$; l'eau de mer a donc un poids égal à 40 fois celui du sel qu'elle contient; pour obtenir 100 kilogr. de sel, il faut donc 100$^k \times 40$, ou 4000 kilogr. d'eau de mer.

Le litre de cette eau pèse 1^k,0263 ; le nombre de litres demandé est donc égal à 4000 : 1,0263, ou à 3897 litres, à 1 litre près.

CHAPITRE III.

SUJETS DE COMPOSITION. (Modèles.)

(Le maître y joindra un sujet de théorie).

326. Le nombre d'hommes en état de porter les armes étant les $\frac{4}{25}$ de la population, cette population était les $\frac{25}{4}$ de la partie en état de porter les armes, ou les $\frac{25}{4}$ de 1 070 000, ce qui fait 6 687 500 habitants.

---

327. Le tapis étant rectangulaire, son étendue en mètres carrés est $8{,}92 \times 6{,}75$, ce qui fait $60^{mq}{,}21$. Comme la doublure doit avoir la même surface, la longueur de cette doublure (en mètres), multipliée par 1,20, doit donner pour produit 60,21; cette longueur est donc :

$$60{,}21 : 1{,}2, \quad \text{ou} \quad 50{,}175.$$

Ainsi il faudra $50^m{,}175$ de doublure.

Remarque. Cette solution, bonne en théorie, ne convient pas dans la pratique, à cause de la perte provenant du découpage. La doublure ayant $1^m{,}20$, cinq largeurs ne couvriront par les $6^m{,}75$ de largeur de l'étoffe ; il en faudra six largeurs, ce qui exigera $8^m{,}92 \times 6$, ou $53^m{,}52$, et il y aura de reste une bande de $1^m{,}20 \times 6 - 6^m{,}75$, ou $0^m{,}45$ de large sur $8^m{,}92$ de long.

---

328. Il a été vendu en tout $\frac{1}{4} + \frac{1}{3} + \frac{1}{6}$, ou $\frac{9}{12}$, c'est-à-dire les $\frac{3}{4}$ de son achat.

La quantité achetée est donc le quadruple du reste, ou $2^h \frac{1}{5} \times 4$, ce qui fait $8^h \frac{4}{5}$.

329.

Loyer annuel..........	$60^f,00$
Impôts...............	$3^f,95$
Reste net.....	$56^f,05$

Ainsi 1950 francs rapportent... $56^f,05$;
1 » rapporterait.. $56^f,05 : 1950$;
100 » rapportent... $(56^f,05 : 1950) \times 100$.

J'effectue et je trouve $2^f,87$: c'est le revenu pour 100 demandé.

---

330. $38^g\frac{7}{15}$ par heure font, par soirée de $3^h\frac{1}{2}$, $134^g\frac{19}{30}$, et pour 30 soirées, 4039 gr., ou $4^k,039$. Comme le kilogramme d'huile coûte $1^f,40$, la dépense totale demandée s'élève à :

$$1^f,40 \times 4,039, \quad \text{ou à } 5^f,65.$$

331.

La 1re a travaillé pendant	16 jours de	10 heures.		160^h
La 2e »	18 »	8 »		144
La 3e »	17 »	9 »		153
Nombre total des heures de travail....				457^h

Le tout ayant été payé 400 francs, cela fait $\frac{400^f}{457}$ pour chaque heure de travail.

La 1re recevra	$\frac{400^f}{457} \times 160$......	$140^f,04$
La 2e »	$\frac{400^f}{457} \times 144$......	126 ,04
La 3e »	$\frac{400^f}{457} \times 153$......	133 ,92
	Total.......	$400^f,00$

---

332. Le 1er ouvrier pouvant faire l'ouvrage en 7 jours, en fait chaque jour $\frac{1}{7}$; le 2e $\frac{1}{9}$; le 3e $\frac{1}{4}$. A eux trois par jour, ils font $\frac{1}{7}+\frac{1}{9}+\frac{1}{4}$, ou les $\frac{127}{252}$ de l'ouvrage; par suite, $\frac{1}{252}$ de l'ouvrage en $\frac{1}{127}$ de jour; le total en $\frac{252}{127}$ de jour, ce qui fait $1^j \frac{125}{127}$; soit lie 2 jours.

Remarque. Quand on en est venu à dire que les $\frac{127}{252}$ de l'ouvrage sont faits en 1 jour, on peut terminer ainsi : autant de fois les $\frac{127}{252}$ de l'ouvrage seront contenus dans cet ouvrage que je représenterai par 1, autant il y aura de jours; en sorte que $\frac{1}{\left(\frac{127}{252}\right)}$, ou $\frac{252}{127}$, c'est-à-dire la fraction $\frac{127}{252}$ renversée, sera la réponse à la question proposée.

---

333. La recette se compose de :

1° 1250k,47 à 1f,40 le kilogramme......		1750f,66
2° 37k,8 à 3f,75 »		141 ,75
	Total de la recette........	1892f,41
	Dépense.................	1300
	Différence ou bénéfice...	592f,41.

---

334. 3 hectares 15 cent. font 300 ares 15 cent., ou 30015 mètres carrés. On a payé 27 000 francs, cela fait $\frac{27000^f}{30015}$, ou 0f,899..., soit 0f,90 par mètre carré.

On veut gagner 17 francs par are, ou par 100 mètres carrés, ce qui fait 0f,17 par mètre carré.

Le prix de vente du mètre carré se compose donc :

1° Du prix d'achat...........	0f,90
2° Du bénéfice..............	0 ,17
En tout..............	1f,07

La vente devra donc se faire à raison de 1f,07 le mètre carré.

---

335. Un carré de 15 centimètres de côté, a 15 × 15, ou 225 centimètres carrés de superficie. Le travail a duré 16^h30^m ou 990 minutes; cela fait donc $\frac{990^m}{225}$ par chaque centimètre carré.

D'autre part, $1^{mq},025$ font $10\,250^{cq}$; la durée de ce travail sera donc de $\frac{990^m}{225} \times 10250$, ou de 45 100 minutes, ou de $751^h\,40^m$.

---

336. Le pain de 4 kilogr. à 35 centimes le kilogr. coûterait $35^c \times 4$, ou $1^f,40$.

Le rabais doit être de 10 p. 100, ou de $\frac{1}{10}$ de $1^f,40$, ce qui fait 14 centimes: c'est la réduction demandée.

---

337. Prix d'achat........................... $2^f,50$

Bénéfice, $2^f,5 \times \frac{13}{100}$.................. $0^f,325$

Prix de vente................. $2^f,825$

---

338. L'année contient 52 semaines; l'ouvrière fait 5 bas par semaine, cela fait 5×52, ou 260 bas par an, ou 130 paires.

8 paires contiennent $1^k,05$, ou 1050 gr. de laine, ce qui fait $\frac{1050^g}{8}$, ou $131^g,25$ par paire, et pour 130 paires, $131^g,25 \times 130$, ou $17\,062^g,5$, ou $17^k,0625$; d'où résulte le compte suivant:

Recette, 130 paires à $2^f,80$ l'une.....	$364^f,$
Dépense, $17^k,0625$ à $3^f,20$ le kil.....	$54\,,60$
Différence ou bénéfice annuel.......	$309^f,40$

Bénéfice par paire $309^f,40 : 130$, ou $2^f,38$.

Rép. 1° $2^f,38$ par paire.
2° $309^f,40$ par an.

339.

57 kil. à $1^f,50$.............	$85^f,50$
18 kil. à 2 fr...............	36
$63^k,45$ à $1^f,45$...........	92
Bénéfice.....................	20
Prix total de vente.......	$33^f,50$

D'autre part, $57^k + 18^k + 63^k,45 = 138^k,45$.

Cela fait donc par kilogramme $\frac{233^f,50}{138^k,45}$, ou $1^f,69$.

Il doit donc vendre à raison de $1^f,69$ le kilogramme.

---

310. Le nombre de mètres qu'on peut avoir pour la somme de 1352 francs, à raison de $6^f,50$ le mètre, est de 1352 : 6,5, ou de 208 mètres. Le nombre de mètres composant la seconde vente est donc de 208 — 100, ou de 108.

Bénéfice réalisé :

Reçu pour 100 mètres............	875^f
Reçu pour 108 mètres à $7^f,25$	783
Total........	1658
Dépense.....	1352
Bénéfice.....	306^f

Rép. Le marchand a vendu 208 mètres et a fait un bénéfice de 306 francs.

---

311. Le poids en tonnes est............... 75 000 000;

ou en kilogrammes.......... .... 75 000 000 000.

Le volume en hectolitres est donc de 75 000 000 000 : 80, ou de 937 500 000 hectolitres, autrement dit, de 93 750 000 mètres cubes.

---

312. 1° Il faut 840 gr. de laine pour faire 6 paires de bas; pour chaque paire cela fait 840^g: 6, ou 140 grammes.

Le kilogramme de laine coûte $8^f,50$; cela fait par gramme $0^f,0085$, et pour 140 grammes :

$$0^f,0085 \times 140, \quad \text{ou} \quad 1^f,19.$$

Pour chaque paire de bas,

La laine coûte...........	$1^f,19$
On veut gagner.............. .	1 ,75
Il faut donc vendre la paire.....	$2^f,94$

2° On gagne par paire $1^f,75$; cela fait pour 2 paires $\frac{1}{2}$, ouvrage d'une semaine, $1^f,75 \times 2,5$, ou $4^f,375$, et par jour, $4^f,375 : 6$, ou $0^f,73$.

---

343. Poids de la caisse pleine.................. $112^k,036$
Poids de la caisse vide.................... 6 ,084

Poids net.............. $105^k,952$

D'autre part la caisse a coûté.... $146^f,00$
Le port........... 9 ,40
On veut gagner................ 10 ,60

Total du prix de vente... $166^f,00$

Ce qui fait par kilogramme $166^f : 105,952$, ou $1^f,57$.

---

344. 50 myriamètres $\frac{7}{10}$ équivalent à 507 kil.; le train parcourt cette distance en 10 heures; il parcourt donc par heure $50^k,7$, et en $2^h\,\frac{3}{4}$, $50^k,7 \times 2\,\frac{3}{4}$, ce qui fait $139^k,425$.

---

345. Si un même négociant avait apporté tous les capitaux, c'est-à-dire 100 000 fr., il aurait pris tout le bénéfice et aurait gagné 48 000 fr. pour 100 000 fr., ou $\frac{48\,000^f}{100\,000}$, ou $0^f,48$ pour 1 fr.; chaque négociant doit donc prendre $0^f,48$ pour chaque franc qu'il a apporté.

Le premier aura	....	$0^f,48 \times 50\,000$	ou	24 000
Le second »	....	$0,48 \times 25\,000$	ou	12 000
Le troisième »	....	$0,48 \times 15\,000$	ou	7 200
Le quatrième »	....	$0,48 \times 10\,000$	ou	4 800
		Total....		$48\,000^f$.

---

346. 650 mètres d'étoffe pour 16 250 fr., cela fait par mètre 16250 : 650, ou 25 fr.; elle a donc vendu à raison de 25 fr. le mètre;

et comme elle a gagné $2^f,50$, le prix d'achat était $25^f - 2^f,50$, ou $22^f,50$ par mètre.

347.

Prix d'achat..................	$333\,000^f$
Prix d'extraction.............	12 000
On veut réaliser un bénéfice de..	6 000
On doit vendre le tout pour.....	$351\,000^f$.

Or il y a 18 000 mètres cubes valant chacun 10 hectolitres, ou 180 000 hectol.; le prix de l'hectol. doit donc être $\frac{351\,000^f}{180\,000}$, ou $1^f,95$.

On gagne 6000 fr. sur 180 000 hectolitres; cela fait par hectolitre $\frac{6000^f}{180\,000}$, ou $0^f,03\frac{1}{3}$.

Rép. 1° On devra vendre à raison de $1^f,95$ l'hectolitre.

2° On gagnera $3^c\frac{1}{3}$ par hectolitre.

---

348. Dépense :

1°	17^m à $5^f,25$	$89^f,25$
2°	221^m à $8^f,75$	1933 ,75
	On veut gagner	210 ,00
	On doit donc vendre le tout.	$2233^f,00$

D'autre part, il y a $221^m + 17^m$, ou 238 mètres; cela fait donc pour le prix de vente par mètre, $\frac{2233^f}{238}$, ou $9^f,38$.

---

349. Le côté du carré en décimètres est 8,5; sa surface, en décimètres carrés, est donc $8,5 \times 8,5$, ou 72,25. Le décimètre carré est payé $0^f,27$; le prix total est donc de $0^f,27 \times 72,25$, ou de $19^f,51$.

Le travail a duré $11^j,5$; le salaire par jour est donc $19^f,51 : 11,5$, ou $1^f,70$.

Rép. Le salaire est 1° pour la broderie entière, $19^f,51$.

2° Par jour, $1^f,70$.

---

350. 15 mètres de drap vendus pour 525 fr., cela fait par mètre $\frac{525^f}{15}$, ou 35 fr.; on gagne 8 fr.; le prix d'achat du mètre est donc de $35^f - 8^f$, ou de 27 fr.

D'autre part, 66 mètres de drap à raison de 27 fr. le mètre ont coûté 27×66, ou 1782 fr.

Rép. 1° Prix total........... 1782^f.
2° Prix du mètre...... 27^f.

---

351. 27 pièces de drap de 60 mètres chacune font en tout $60^m \times 27$, ou 1620 mètres; 1620 mètres à $23^f,75$ le mètre donnent pour *prix d'achat* $23^f,75 \times 1620$, ou $38\,475^f$.

Le bénéfice est de $7^f,50$ pour 100 fr., ou de $7^f,50 : 100$ pour 1 fr. ou de

$(7^f,50 : 100) \times 38\,475$ pour 38475 fr., ce qui fait $2885^f,62$.

Le prix de vente se compose:

1° Du prix d'achat................	$38\,475^f,00$
2° Du bénéfice....................	$2\,885\,,62$
Total............	$41\,360^f,62$.

Rép.

1° Prix d'achat...........	$38\,475^f,00$
2° Prix de vente..........	$41\,360^f,62$
3° Bénéfice	$2\,885^f,62$.

---

352. $15^m,40$ de velours, à raison de $19^f,75$ le mètre, font $304^f,15$.

Les $\frac{4}{7}$ de cette somme valent $173^f,80$. Pour payer $173^f,80$ avec du drap à 12 fr., le nombre de mètres nécessaires est de $\frac{173,80}{12}$, ou de 14,48.

Le reste, c'est-à-dire les $\frac{3}{7}$ de $304^f,15$, ou $130^f,35$, doit être payé en numéraire.

Réponse. 1° Le nombre de mètres livrés par l'acheteur est 14,48.

2° Le solde à payer en argent est $130^f,35$.

---

353. On a acheté $342^m,45$ à $18^f,25$...... $6249^f,71$

Bénefice qu'on veut obtenir..... $500,00$

Total, ou prix de vente.... $6749^f,71$.

D'autre part, on a vendu les $\frac{7}{8}$ de $342^m,45$, ou $99^m,644$, à $19^f,40$; cela fait $5813^f,09$.

On doit donc vendre le reste pour $6749^f,71 - 5813^f,09$, ou $936^f,62$.

Or, le nombre de mètres restant est $342,45 - 299,644$, ou $42^m,806$. Le prix du mètre doit donc être $\frac{936^f,62}{42,806}$, ou $21^f,89$.

---

354. Un ouvrier dépense $2^f,75$ par jour.

Cela fait par an $2^f,75 \times 365$.... ... $1003^f,75$

En outre, il économise........... $198,35$

Il gagne donc en tout. .... $1202^f,10$.

D'autre part, il travaille 26 jours par mois, et par suite, 26×12, ou 312 jours par an. Le prix de la journée de travail est donc de $\frac{1202^f,10}{312}$, ou de $3^f,85$.

---

355. Chaque œuf contient 36 grammes de blanc renfermant 12 p. 100, ou $36^g \times \frac{12}{100}$, ou $4^g,32$ d'albumine. Dans l'opération, on perd $\frac{6}{100}$; on ne conserve donc que $\frac{94}{100}$; la quantité d'albumine de chaque œuf est donc $4^g,32 \times \frac{94}{100}$, ou $4^g,0608$.

Le nombre d'œufs nécessaires pour obtenir 100 kil., ou 100000 grammes, d'albumine est donc de 100000 : 4,0608, ou de 24626.

---

356. Le côté du carré est 1 myriamètre 4 kilomètres 55 mètres, ou 14055 mètres; sa surface, en mètres carrés, est donc

14055 × 14055, ou 197 543 025, ce qui fait 1 975 430 ares 25 centiares, qui, à raison de 100 fr. l'are, font...... 197 543 025f

rais 197 543 025f $\times \frac{7}{100}$ .... 13 828 011 ,75

Total de la somme payée............ 211 371 036f,75.

---

357. Le café, lorsqu'on le brûle, perd $\frac{1}{5}$ de son poids; il en conserve donc les $\frac{4}{5}$. Ainsi, le poids du café brûlé est les $\frac{4}{5}$ du café vert employé; le café vert est les $\frac{5}{4}$ du café obtenu. Pour avoir 1 kilogr. de café brûlé, il faut donc employer $\frac{5}{4}$ de kilogr.. ou 1 kilogr. $\frac{1}{4}$ de café vert; alors le prix de vente de 1 kilogr. de café se compose de :

1° 1 kilogr. $\frac{1}{4}$ de café vert à 3f,60......... 4f,50

2° Bénéfice les $\frac{20}{100}$ de 4f,50.............. 0 ,90

Total ou prix de vente.................... 5f,40

---

358. 275 gr. d'huile, ou 0k,275, à 1f,15 le kilogr., coûtent 1f,15 × 0,275, ou 0f,31625, ce qui fait par heure :

$$0^f,31625 : \left(9+\frac{1}{4}\right), \text{ ou } 0^f,034.$$

La seconde lampe, en 6h $\frac{1}{2}$, brûle 0k,195 à 1f,35, ce qui fait 0f,26325; et par heure :

$$0^f,26325 : \left(6+\frac{1}{2}\right), \text{ ce qui fait } 0^f,040\frac{1}{2}.$$

De l'emploi de la première lampe résulte donc une économie de 0f,006 $\frac{1}{2}$ par heure, ou de 6c $\frac{1}{2}$ pour 10 heures.

---

359. 1° Le tapis exige 12m,54 de la première étoffe qui a 0m,78 de large; la surface est donc (12,54 × 0,78)mq, ou 9mq,7812. La deuxième étoffe ayant $1^m,12$ de largeur, sa longueur, exprimée en mètres, doit être un nombre qui multiplié par 1,12 donnera pour produit 9,7812; cette longueur est donc égale à 9,7812 : 1,12, ou à 8,733. Il faudra donc $8^m,733$ de la seconde étoffe.

2° $12^m,54$ à $2^f,45$ coûteront..................	$30^f,72$
$8^m,733$ à $3^f,25$ coûteront..................	$28,38$
Différence..............	$2^f,34$

---

360. 18 litres de lait pur pèseraient $1^k,03 \times 18$, ou $18^k,54$; mais le lait acheté ne pèse que $18^k,45$; il y a donc $0^k,09$ de moins; or chaque litre de lait qu'on remplace par un litre d'eau diminue le poids total de $1^k,03 - 1^k$, ou de $0^k,03$; le nombre de litres de lait remplacés par la même quantité d'eau est donc $\frac{0,09}{0,03}$, ou 3; les 18 litres achetés se composent donc de 15 litres de lait et de 3 litres d'eau.

---

361. 1° 225 feuilles de papier font une épaisseur de $0^m,0223$; l'épaisseur de chaque feuille est $\frac{0^m,0223}{225}$; pour 1 mètre d'épaisseur, il en faut $1 : \frac{0.0223}{225}$, ou $\frac{225}{0,0223}$, ou 10089.

2° 225 feuilles pèsent $1^k,129$; le poids de chaque feuille est $\frac{1^k,129}{225}$; pour un poids de 10 kilogr., il faut $10 : \frac{1,129}{225}$, ou $\frac{2250}{1,129}$, ou 1993.

---

362. L'acheteur donne.................... $300^f,00$

On lui rend..........................		$90,25$
Le montant de la facture est donc.... ...		$209^f,75$
$12^m,8$ de mérinos à $4^f,25$....	$54^f,40$	
65^m de calicot à 95^f.........	$61,75$	
Total.......	$116^f,15$	$116^f,15$
Reste pour le prix du drap...............		$93^f,60$

Or il y en a $7^m,8$; le prix du mètre est donc de $\frac{93^f,60}{7,8}$, ou de 12 fr.

---

363. L'ouvrier a fait $\frac{1}{3}$ de l'ouvrage le premier jour, et $\frac{1}{5}$ le second; en tout $\frac{1}{3}+\frac{1}{5}$, ou $\frac{8}{15}$ de l'ouvrage; il en reste donc à faire les $\frac{7}{15}$; il les fait en 5 jours; il en fera donc chaque jour $\frac{7}{15}$: 5, ou $\frac{7}{75}$.

---

364. Chaque jour, la classe doit être éclairée pendant $2^h\frac{1}{2}$; il y a 22 jours dans le mois; cela fait $2^h\frac{1}{2}\times 22$, ou 55 heures par mois; en 4 mois cela fera $55^h\times 4$, ou 220 heures.

Chaque bec consomme par heure 120 litres; les 5 becs consomment $120^l\times 5$, ou 600 litres.

Cela fera donc en tout $600^l\times 220$, ou 132 000 litres, ou 132 mètres cubes.

132 mètres cubes à 40 centimes le mètre cube coûteront $40^c\times 132$, ou 5280 centimes, c'est-à-dire $52^f,80$.

---

365. Le titre des monnaies d'argent est 0,835, c'est-à-dire qu'elles contiennent $\frac{835}{1000}$ de leur poids d'argent, et par conséquent $\frac{165}{1000}$ de cuivre; le poids de l'argent est donc les $\frac{835}{165}$ de celui du cuivre.

1° A 80 grammes de cuivre il faut donc allier $80^g\times\frac{835}{165}$, ou $404^g,848$ d'argent.

2° L'alliage pèsera $404^g,848+80^g$, ou $484^g,848$; il faut 5 grammes pour 1 franc; la somme demandée est donc 484 : 5, ou $96^f,80$.

Il y aura $0^g,848$ d'argent monétaire de reste, parce qu'il n'y a pas de pièce d'argent dont le poids soit au-dessous de 1 gramme.

---

366. 100 gerbes donnent 7 hectolitres, ou 700 litres de blé; à chaque gerbe donne donc 700 : 100, ou 7 litres de blé.

Les 350 gerbes qu'on a obtenues fourniront donc $7^l \times 350$, ou 2450^l de blé.

Or on a semé 220 litres de blé; chaque litre de semence a donc donné $2450^l : 220$, ou $11^l \frac{3}{22}$.

---

367. La première lampe coûte par heure :

$0^k,065$ à $1^f,15$ le kilogr...............	$0^f,07475$
La seconde $0^k,050$ à $1^f,45$ le kilogr......	$0,07250$
La seconde économise par heure.......	$0^f,00225$

L'économie est par soirée chacune de 6 heures,

$$0^f,00225 \times 6, \quad \text{ou} \quad 0^f,0135.$$

L'économie sera par an de $0^f,0135 \times 365$, ou de $4^f,93$.

---

368. Poids du baril plein..................

Poids du baril plein..................	$24^k,580$
Poids du baril vide....................	$7,657$
Poids de l'huile contenue dans le baril. .	$16^k,923$

Chaque litre pesant $0^k,915$, le nombre de litres est :

$$16,923 : 0,915, \quad \text{ou} \quad 18,495.$$

---

369. Le vigneron ayant vendu 40 pièces de vin pour 1200 fr., cela fait pour chaque pièce $1200^f : 40$, ou 30 fr.

S'il avait récolté 25 pièces de plus, il les aurait vendues :

$$30^f \times 25, \quad \text{ou} \quad 750^f;$$

il aurait donc reçu en tout $1200 + 750^f$, ou 1950 fr.

---

370. La seconde pièce ayant $49^m,80$ de moins que la première, et coûtant $286^f,35$ de moins, le prix d'achat du mètre est de :

$$286^f,35 : 49,80, \quad \text{ou de} \quad 5^f,75.$$

Il veut gagner 15 pour 100; il doit donc revendre le mètre à raison de $5^f,75 + 5^f,75 \times \frac{15}{100}$, ou de $6^f,61$.

---

371. On a payé $17^f,40$ pour le transport de 750 kilogr.; cela fait par kilogramme :

$$\frac{17^f,40}{750}, \text{ et par quintal } \frac{1740^f}{750}, \quad \text{ou} \quad \frac{174^f}{75}.$$

La distance étant de 21 kilom., cela fait par quintal et par kilom.

$$\frac{174^f}{75} : 21, \quad \text{ou} \quad 0^f,1105.$$

Sur le chemin de fer de Gray, ce prix doit être augmenté de $1^f,25$, ce qui fait $1^f,3605$ par quintal et par kilom.; par conséquent $0^f,013605$ par kilogr. et par kilom.

Cela fait donc pour $1^{kg},780$ transportés à $38^{km}\frac{1}{2}$ un prix de

$$0^f,013605 \times 1,78 \times 38,5, \quad \text{ou de} \quad 0^f,93.$$

372. Prix d'achat, $18^f,25 \times 342,55$.......... . $6251^f,54$

Bénéfice........... 500

Total ou prix de vente.... .. $6751^f,54$

On a vendu en premier les $\frac{7}{9}$ de $342^m,55$, ou

$266^m,43$, à $19^f,40$.............................. $5168^f,74$

Différence. .... $1582^f,80$

Il faut donc revendre les $\frac{2}{9}$ de $342^m,55$ ou $76^m,12$ pour la somme de $1582^f,80$, ce qui fait pour prix du mètre :

$$1582^f,80 : 76,12, \quad \text{ou} \quad 20^f,79.$$

---

373. En achetant $48^m,55$ pour 970 fr., le prix du mètre est

$$970^f : 48,55, \quad \text{ou} \quad 19^f,98;$$

en vendant $18^{m},5$ pour $492^{f},10$, le prix du mètre est

$$492^{f},10 : 18,5, \quad \text{ou} \quad 26^{f},60.$$

Le bénéfice par mètre est donc de

$$26^{f},60 - 19^{f},98, \quad \text{ou de} \quad 6^{f},62.$$

---

374. $53^{m},20$ ont coûté 266 fr.; par suite, le prix du mètre est

$$266^{f} : 53,2, \quad \text{ou} \quad 5^{f}.$$

La seconde pièce ayant coûté $237^{f},50$, à raison de 5 fr. le mètre, le nombre de mètres est égal à 237,5 : 5, ou à 47,5. Cette seconde pièce a donc $47^{m},50$ de longueur.

---

375. Le nombre demandé doit exprimer combien de fois $\frac{7^{m}}{9}$ est contenu dans $18^{m}\frac{7}{15}$; il est donc égal à :

$$\left(18 + \frac{7}{15}\right) : \frac{7}{9}, \quad \text{ou à} \left(18 + \frac{7}{15}\right) \times \frac{9}{7};$$

or $$\left(18 + \frac{7}{15}\right) \times 9 = 162 + \frac{63}{15} = 166 + \frac{1}{5};$$

puis $$\left(166 + \frac{1}{5}\right) : 7 = 23 \text{ et une fraction.}$$

Il y aura donc 23 morceaux; le reste aura pour longueur :

$$18^{m}\frac{7}{15} - \frac{7^{m}}{9} \times 23, \quad \text{ou} \quad \left(18 + \frac{7}{15}\right)^{m} - \left(17 + \frac{8}{9}\right)^{m},$$

$$\text{ou} \left(\frac{22}{15} - \frac{8}{9}\right)^{m}, \quad \text{ou} \quad \frac{26}{45} \text{ de mètre,} \quad \text{ou} \quad 578^{mm} \text{ environ.}$$

---

376. Le son parcourant 340 mètres par seconde, en $7^{s}\frac{2}{3}$ il parcourra :

$$340^{m} \times \left(7 + \frac{2}{3}\right), \quad \text{ou} \quad 2606^{m},67.$$

Ce dernier nombre représente donc la distance de l'observateur au point d'où émane le bruit qu'il entend.

---

377. Avec 5000 fr. de plus, il payerait les $\frac{4}{7}$ de ses dettes au lieu des $\frac{31}{100}$; la somme de 5000 fr. représente la différence :

$$\frac{4}{7}-\frac{31}{100}=\frac{183}{700}.$$

5000 fr. sont donc les $\frac{183}{700}$ des dettes; par suite, le montant de celles-ci est les

$$\frac{700}{183} \text{ de } 5000^f, \quad \text{ou} \quad 5000^f \times \frac{700}{183}, \quad \text{ou} \quad 19\,125^f,68.$$

L'actif est les $\frac{31}{100}$ du passif 19 125^f,68,

$$\text{ou } 19\,125^f,68 \times \frac{31}{100}, \quad \text{ou} \quad 5928^f,96.$$

Rép. L'actif est de 5928^f,96.
Le passif est de 19 125^f,68.

---

378. L'hectolitre d'huile pèse 91^k $\frac{1}{2}$, ou 91^k,5; le litre pèse donc 0^k,915.

Les 115 litres contenus dans un baril pèsent

$$0^k,915 \times 115, \quad \text{ou} \quad 105^k,225.$$

Les 24 barils pèsent

$$105^k,225 \times 24, \quad \text{ou} \quad 2525,4.$$

On perd 5 litres par baril ; en tout

$$5^l \times 24, \quad \text{ou} \quad 120 \text{ litres},$$

qui pèsent $\quad 0^k,915 \times 120, \quad$ ou $\quad 109^k,8;$

il en reste donc pour la vente

$$2525^k,4 - 109^k,8, \quad \text{ou} \quad 2415^k,6.$$

Recette.....	2415^k,6 à 2^f,50 le kil....	6039^f,00
Dépense.. .	2525^k,4 à 2^f,20 le kil....	5555 ,88
	Bénéfice.........	483^f,12

---

379. 1° 4 ouvriers travaillant 7 heures par jour pendant 12 jours, cela fait $7^h \times 12 \times 4$, ou 336 heures de travail; ils on fait $1713^m,60$ d'ouvrage, cela fait par heure :

$$\frac{1713^m,60}{336}.$$

5 ouvriers travaillant 9 heures par jour pendant 17 jours, cela fait

$$9^h \times 17 \times 5, \quad \text{ou} \quad 765 \text{ heures de travail.}$$

Or ils font $\frac{1713^m,60}{336}$ par heure ; ils feront donc en tout

$$\frac{1713^m,60}{336} \times 765, \quad \text{ou} \quad 3901^m,5.$$

2° Chacun des 5 ouvriers faisant $\frac{1713^m,6}{336}$ par heure, et travaillant 9 heures par jour, fait chaque jour

$$\frac{1713^m,6}{336} \times 9,$$

et par mois $\frac{1713^m,6 \times 9}{336} \times 24\frac{1}{2}$,

ce qui fait par an

$$\frac{1713^m,6 \times 9}{336} \times \frac{49}{2} \times 12, \quad \text{ou} \quad \frac{1713^m,6 \times 9 \times 7}{4 \times 2}, \quad \text{ou} \quad 13\,494^m,6.$$

Il reçoit par mètre 21 centimes et en économise $\frac{1}{7}$, c'est-à-dire 3 centimes; son économie sera donc au bout de l'année :

$$3^c \times 13\,494,6 \quad \text{ou} \quad 40\,483^c,8, \quad \text{ou} \quad 404^f,84.$$

---

380. Les trois premières personnes ont reçu :

$$\frac{1}{3} + \frac{1}{5} + \frac{1}{7}, \quad \text{ou les} \quad \frac{71}{105}$$

de la somme totale. Il reste donc pour la quatrième les $\frac{34}{105}$ de cette somme ; par conséquent $105^f,74$ sont les $\frac{34}{105}$ de la somme ; celle-ci est donc les $\frac{105}{34}$ de $105^f,74$ u $326^f,55$.

La 1re a eu $\frac{1}{3}$ de 326f,55	108f,85
La 2e a eu $\frac{1}{5}$ de 326f,55	65 ,31
La 3e a eu $\frac{1}{7}$ de 326f,55	46 ,65
La 4e	105 ,74
Total..............	326f,55.

---

381. Le litre d'eau pèse 1 kilogr. par conséquent $2^l\,\frac{1}{2}$ pèsent :

$$2^k,5, \quad \text{ou} \quad 2500^g.$$

Le franc pèse 5 gr.; par conséquent le nombre de francs pesant autant que $2^l\,\frac{1}{2}$ d'eau est égal à :

$$2500 : 5, \quad \text{ou à} \quad 500.$$

---

382. 1° La profondeur du puits de Grenelle excède 28 mètres de

$$547^m - 28^m, \quad \text{ou de} \quad 519^m.$$

Pour $32^m,8$ la température augmente de 1°; pour 1 mètre elle augmenterait de $\frac{1°}{32,8}$; pour 519 mètres elle augmente de

$$\frac{1°}{32,8} \times 519, \quad \text{ou de} \quad 15°,8.$$

La température demandée est donc de :

$$11°,7 + 15°,8, \quad \text{ou de} \quad 27°,5.$$

2° 100° centigrades valent 80° Réaumur;

$$1° \text{ vaut} \ldots\ldots\ldots \frac{80°}{100}, \quad \text{ou } 0°,8,$$

$$27°,5 \text{ valent} \ldots\ldots \quad 0°,8 \times 27,5, \quad \text{ou} \quad 22°.$$

---

383. Une pièce de toile de 120 mètres de long sur $1^m,25$ de large a une surface égale à (120 × 1,25) mètres carrés, ou à 150 mètres carrés.

Elle a exigé l'emploi de $28^{k},5$ de fil; chaque mètre carré exige donc $\frac{28^{k},5}{150}$, ou $0^{k},19$.

Le nombre de mètres carrés qu'on pourra fabriquer avec 40 kilogr. de fil est donc égal à $\frac{40}{0,19}$; et comme cette toile doit avoir $0^{m},52$ de large, sa longueur sera :

$$\left(\frac{40}{0,19} : 0,52\right)^{m}, \quad \text{ou} \quad 404^{m},86.$$

---

384. 1° 254 mètres d'étoffe à $3^{f},50$ le mètre valent 889 fr. Cette somme partagée entre 14 ouvriers donne pour chacun $\frac{889^{f}}{14}$, ou $63^{f},50$.

Cette dernière somme étant le résultat de 8 jours de travail, cela fait par jour $63^{f},50 : 8$ ou $7^{f},93\ \frac{3}{4}$.

2° Dans la seconde partie du problème, les données étant les mêmes sauf le nombre d'ouvriers, il en résulte que :

10 ouvriers recevront le salaire que recevaient 14 ouvriers;

1 ouvrier recevra le salaire que recevraient $\frac{14}{10}$ d'ouvrier.

La journée d'un ouvrier sera donc de :

$$7^{f},93\ \frac{3}{4} \times \frac{14}{10}, \quad \text{ou de} \quad 11^{f},11\ \frac{1}{4}.$$

---

385. Un carré dont le côté est $2^{m},75$ a pour surface :

$$(2,75 \times 2,75)^{mq}, \quad \text{ou} \quad 7^{mq},5625, \quad \text{ou} \quad 756^{dmq},25.$$

$$756^{dmq},25 \text{ à } 0^{f},65 \text{ font } 491^{f},56\ \frac{1}{4}.$$

1° La première ouvrière recevra $491^{f},56\frac{1}{4} \times \frac{1}{2}$, ou $245^{f},78\ \frac{1}{8}$.

La deuxième » » $491^{f},56\frac{1}{4} \times \frac{1}{4}$, ou $122^{f},89\ \frac{1}{16}$.

La troisième » » $491^{f},56\frac{1}{4} \times \frac{1}{8}$, ou $61^{f},44\ \frac{17}{32}$.

2° La partie faite est égale à $\frac{1}{2} + \frac{1}{4}, + \frac{1}{8}$, ou aux $\frac{7}{8}$ du total; il reste donc à faire $\frac{1}{8}$ de l'ouvrage.

3° L'ouvrage restant à faire étant égal à la partie faite par la troisième ouvrière, coûtera le même prix, c'est-à-dire $61^{f},44\,\frac{17}{32}$.

---

386. 1° La consommation en 86 heures est de 27 000 litres,

en une heure........................ $\frac{27\,000^{l}}{86}$

en $5^{h}\,\frac{1}{2}$ ou $\frac{11^{h}}{2}$ .... $\frac{27\,000}{86} \times \frac{11}{2}$, ou $1726^{l},74$.

2° La dépense en 86 heures est $12^{f},15$;

La dépense en 1 heure serait $12^{f},15 : 86$, ou $0^{f},14$.

3° 27 000 litres ont coûté $12^{f},15$.

1 litre coûterait $12^{f},15 : 27\,000$;

1 mètre cube ou 1000 litres coûtera $12^{f},15 : 27$, ou 45 centimes.

---

387. 18 ouvriers faisant 135 mètres d'ouvrage, chacun en fait

$$\frac{135^{m}}{18}, \quad \text{ou} \quad 7^{m}\,\frac{1}{2}.$$

Les autres faisant 174^{m} dans le même temps, chacun en fait

$$\frac{174^{m}}{24}, \quad \text{ou} \quad 7^{m}\,\frac{1}{4}.$$

Les ouvriers de la première troupe sont donc plus habiles que ceux de la seconde.

---

388. 1° Le courrier faisant $595^{k},5$ en $23^{h},75$, il fait par heure $595^{k},5 : 23,75$, ou $\left(\frac{59\,550}{2375}\right)^{k}$, ce qui donne environ $25^{k},074$.

2° Le temps nécessaire pour parcourir 100 lieues de 4 kil., ou 400 kil., est égal à $\left(400 : \frac{59\,550}{2375}\right)^{h}$, ou à $15^{h}\,57^{m}$ environ.

---

389. 1° On vend pour 24 fr. ce qu'on a acheté 18 fr.; on gagne donc $24^f - 18^f$, ou 6 fr.; et comme il y a $4^m,8$, cela fait par mètre $6^f : 4,8$, ou $1^f,25$.

2° Le rapport du bénéfice au prix d'achat est $\frac{6}{18}$, ou $\frac{1}{3}$, qui, réduit en décimales, donne $0,33\frac{1}{3}$; c'est donc $33\frac{1}{3}$ pour 100 qu'on gagne sur le prix d'achat.

---

390. 1° La consommation de pain pendant un an est égale à $3^k,5 \times 365$, ou à $1277^k,5$.

125 kilogr. de pain exigent 100 kilogr. de farine; 1 kilogr. de pain exigerait $\left(\frac{100}{125}\right)^k$ de farine; $1277^k,5$ de pain exigeront $\left(\frac{100}{125}\right)^k \times 1277,5$ de farine, ou 1022 kilogr.

$162^k,5$ de farine coûtent 36 fr.; 1 kilogr. de farine coûterait $\frac{36^f}{162,5}$; 1022 kilogr. de farine coûteront $\frac{36^f}{162,5} \times 1022$, ou $226^f,41$.

La dépense annuelle se compose donc de :

Farine................................	$226^f,41$
Combustible : 200 fagots à $1^f,10$......	220
Total.......	$446^f,41$

2° 1 kilogr. de pain exige $\left(\frac{100}{125}\right)^k$ de farine; 5 kilogr. de pain exigent $\left(\frac{100}{125}\right)^k \times 5$, ou 4 kilogr.

3° 1 kilogr. de farine coûte $\frac{36^f}{162,5}$; 4 kilogr. de farine coûtent $\frac{36^f}{162,5} \times 4$, ou $0^f,89$.

Pour cuire 1022 kilogr. de farine, il faut pour 220 fr. de combustible; pour 1 kilogr. il en faudrait $\frac{220^f}{1022}$; pour 4 kilogr. il en faut $\frac{220^f}{1022} \times 4$, ou $0^f,86$; le prix de revient d'un pain de 5 kilogr. se compose donc de :

Farine................................	$0^f,89$
Combustible............	0 ,86
Prix total....... ..	$1^f,75$

---

391. Je prends pour unité linéaire le décimètre, et par suite le décimètre cube pour unité de volume et le litre pour unité de capacité. La capacité du tonneau est de $(7,5 \times 7,5 \times 7,5)^{\text{lit}}$, ou de $421^{\text{l}},875$.

1 litre d'huile pèse $0^{\text{k}},91$; par conséquent, le poids de l'huile contenue dans le tonneau est $0^{\text{k}},91 \times 421,875$, ou $383^{\text{k}},90625$.

Le tonneau pèse donc $383^{\text{k}},90625 + 50^{\text{k}}$, ou $433^{\text{k}},90625$.

Le prix du transport est, pour 100^{k}	$15^{\text{f}},25$
» pour 1^{k}	0 ,1525
Et pour $433^{\text{k}},91$	66 ,17

D'où résulte le compte suivant :

$421^{\text{l}},875$ d'huile à $0^{\text{f}},6575$	$277^{\text{f}},38$
Transport	66 ,17
Total de la dépense	$343^{\text{f}},55$
Bénéfice, 12 pour 100	41 ,23
Total du prix de vente	$384^{\text{f}},78$

Ce qui fait par litre $\frac{384^{\text{f}},78}{421,875}$, ou $0^{\text{f}},91$.

---

392. Le gain étant les $\frac{55}{100}$ de la mise de fonds, la fortune totale est égale à la mise de fonds augmentée de ses $\frac{55}{100}$, ou aux $\frac{155}{100}$ de la mise de fonds; celle-ci est donc les

$$\frac{100}{155} \text{ de la fortune totale, ou } 125\,000^{\text{f}} \times \frac{100}{155},$$

ce qui donne $80\,645^{\text{f}},16$.

---

393. Pour 100 kilogr. de blé, les frais sont. $4^{\text{f}},80$

Pour 1 kilogr.	0 ,048	
Pour 154 kilogr.	$0^{\text{f}},048 \times 154$ ou	$7^{\text{f}},39$
Achat des 154 kilogr		55 ,44
Total		$62^{\text{f}},83$.

Pour ce prix, on obtient $166^k,32$ de pain ; cela fait par kilogramme de pain

$62^f,83 : 166,32$, ou $0^f,38$.

---

394. Pour chaque hectare soufré deux fois, il faut :

20 kilogr. de soufre à $0^f,375$........ ..	$7^f,50$
2 journées de travail à $2^f,50$...........	5
Total............	$12^f,50$

Or la superficie de la vigne dont il s'agit est de $5^h,0936$; la dépense sera donc de

$12^f,50 \times 5,0936$, ou de $63^f,67$.

---

395. Recette : 30 chemises à $8^f,20$............ 246^f

Dépense : $1^m,9 \times 30$, ou 57 mètres de toile à $1^f,55$ le mètre.........	$88^f,35$	
Façon de 30 chemises à $1^f,85$.	55 ,50	
Total de la dépense..	$143^f,85$	$143^f,85$
Reste pour le bénéfice.....		$102^f,15$

---

396. Une année *commune* de 365 jours contient 52 semaines et 1 jour ; par suite, si elle commence par un dimanche, elle renferme 53 dimanches, sinon elle n'en renferme que 52. J'admets cette seconde hypothèse :

52 dimanches et 8 jours de fête, cela fait 60 jours de repos; restent $365^j - 60^j$, ou 305 jours de travail.

Recette : 305 journées à $3^f,50$........	$1067^f,50$
Économie...........................	250
Reste pour la dépense....	$817^f,50$

ce qui fait par jour $817^f,50 : 365$, ou $2^f,23$ et une fraction de centime; de sorte qu'en se bornant strictement à une dépense de $2^f,23$ par jour, il restera au bout de l'année $3^f,55$ à ajouter aux 250 francs d'économie.

397. 1° De $8^h 25^m$ du matin à $1^h 10^m$ après midi, il y a $13^h 10^m - 8^h 25^m$, ou $4^h 45^m$; la vitesse ou la distance parcourue en 1 heure est donc $228^k : 4\frac{45}{60}$, ou 48 kilom.

2° $25^f,55$ pour 228 kilom., cela fait par kilomètre $25^f,55 : 228$, ou $0^f,11$.

---

398. La fontaine fournit en une heure $\frac{1}{7}$ du bassin; le robinet en vide $\frac{1}{12}$ dans le même temps; par conséquent, les deux coulant à la fois pendant une heure rempliront $\frac{1}{7} - \frac{1}{12}$, ou les $\frac{5}{84}$ du bassin, ce qui fait en 8 heures, $\frac{40}{84}$. Il y aura donc au bout de 8 heures, dans le bassin, une hauteur d'eau égale aux $\frac{40}{84}$ de la hauteur totale, c'est-à-dire de $7^m,35$; ce qui fait $3^m,50$.

---

399. 1° Le marchand gagne 10 pour 100, ou $\frac{1}{10}$ du prix d'achat; le prix de vente est donc $1 + \frac{1}{10}$, ou les $\frac{11}{10}$ du prix d'achat; par suite, celui-ci est les $\frac{10}{11}$ du prix de vente, c'est-à-dire de 2475 francs, ce qui fait 2250 francs.

2° S'il avait gagné 10 pour 100 sur le prix de vente, c'est-à-dire $\frac{1}{10}$ de 2475 francs, ce qui fait $247^f,50$, il les aurait payés $2475^f - 247^f,50$, ou $2227^f,50$.

---

400. 28 275 hectolitres de charbon, cela fait $82^k \times 28\,275$, ou $2\,318\,550^k$, ou $2318^{ton},55$; chaque tonne transportée à 1 kilomètre coûte $0^f,097$; cela fait pour $2318^t,55$ la somme de $0^f,097 \times 2318,55$ par kilomètre, et pour 153 kilomètres :

$$0^f,097 \times 2318,55 \times 153, \quad \text{ou} \quad 34\,409^f,60.$$

---

401. La longueur du coupon est :

$$1^m,70 + 1^m,15 + 0^m,60, \quad \text{ou} \quad 3^m,45.$$

Par l'effet du décatissage, cette longueur se raccourcit de 15 millimètres par mètre, c'est-à-dire des $\frac{15}{1000}$ de sa longueur ; elle devient donc :

$$3^m,45 - 3^m,45 \times \frac{15}{1000}, \quad \text{ou} \quad 3^m,40.$$

---

402. Pour 4 habits, il faut $1^m,65 \times 4$ ou... .... $6^m,60$

Pour 8 pantalons, il faut $1^m,15 \times 8$ ou....... 9 ,20

Total.................... $15^m,80$

Le drap se raccourcissant de 16 millimètres par mètre, chaque longueur de 1 mètre, ou de 1000 millimètres, devient $1000^{mm} - 16^{mm}$, ou 984 millimètres ; ainsi la longueur nécessaire $15^m,80$ est les $\frac{984}{1000}$ de la longueur primitive ; celle-ci est donc les

$$\frac{1000}{984} \text{ de } 15^m,80, \quad \text{ou} \quad 16^m,06.$$

---

403. Un habit et un pantalon exigent ensemble

$$1^m,70 + 1^m,18, \quad \text{ou} \quad 2^m,88$$

de drap ; le nombre demandé s'obtiendra donc en cherchant combien de fois $73^m,25$ contiennent $2^m,88$.

En effectuant la division de 73,25 par 2,88, on obtient pour quotient 25 et pour reste 1,25 ; on en conclut qu'on pourra faire 25 habits et 25 pantalons, avec $1^m,25$ de drap de reste.

---

404. Le premier train, de 9 heures à midi, c'est-à-dire pendant 3 heures, s'éloignera du point de départ de

$$45^k \times 3, \quad \text{ou de} \quad 135^k.$$

Le second, de $10^h 15^m$ à midi, c'est-à-dire pendant $1^h 45^m$, ou $1^h \frac{3}{4}$, s'éloignera de

$$42^k \times 1\frac{3}{4}, \quad \text{ou de} \quad 73^k,5;$$

il sera donc en arrière du premier de

$$135^k - 73^k,5, \quad \text{ou de} \quad 61^k,50.$$

---

405. La distance de Paris à Lyon se compose :

Du chemin parcouru par le 1er : $925^m \times 180$	$166\,500^m$
Du chemin parcouru par le 2e : $930^m \times 180$	167 400
Et de la distance qui les sépare après 3 heures de marche	178 100
Total ou distance demandée	$512\,000^m$

ou 512 kilomètres.

---

406. La surface de cette pièce de terre (en ares) est

$12,22 \times 0,74$	9,0428
La vigne occupe	5,5
Reste pour l'autre partie.........	3,5428.

La superficie demandée est donc de $3^a,54$.

---

407. 46 mètres à $18^f,50$ le mètre font 851 fr.; cette somme suffira pour acheter autant de mètres de la seconde étoffe que 851 fr. contiennent de fois 24 fr., prix du mètre; le nombre de mètres demandé est donc:

$$851 : 24, \quad \text{ou} \quad 35^m,46.$$

---

408. Le blé nécessaire pour ensemencer un hectare est $304^{l}\frac{2}{3}$; pour 100 hectares, cela fait

$$\left(304\frac{2}{3}\times 100\right)^{lit}, \quad \text{ou} \quad \left(304\frac{2}{3}\times 100 : 1000\right)^{mc};$$

ce qui donne $30^{mc}\frac{7}{15}$.

---

409. Les surfaces des deux étoffes doivent être égales ; les longueurs doivent donc être inversement proportionnelles aux largeurs ; or la largeur de la seconde est les $\frac{65}{80}$ de celle de la première ; la longueur de la seconde sera donc les

$$\frac{80}{65} \text{ de } 14^{m}, \quad \text{ou} \quad 17^{m},23.$$

---

410. Le premier, en une heure, se rapproche de Paris de $\frac{1}{13}$ de leur distance ; le second se rapproche de Bordeaux de $\frac{1}{17}$ de la distance ; ils se rapprochent donc l'un de l'autre, en une heure de temps, de

$$\frac{1}{13}+\frac{1}{17}, \quad \text{ou de} \quad \frac{30}{221}$$

de la distance de Paris à Bordeaux.

---

411. 1° Le blé perdant à la mouture $\frac{1}{5}$ de son poids, la farine obtenue est les $\frac{4}{5}$ du blé employé ; le blé est donc les $\frac{5}{4}$ de la farine. On veut 100 kilogr. de farine, il faut donc

$$100^{k}\times\frac{5}{4}, \text{ ou } 125^{k} \text{ de blé.}$$

D'autre part, il faut 75 kilogr. pour 1 hectolitre ; chaque kilogramme est égal à $\frac{1}{75}$ d'hectolitre, et 125 kilogr. font

$$\frac{125}{75}, \quad \text{ou} \quad \frac{5}{3} \text{ d'hectolitre}, \quad \text{ou} \quad 1^{h}\frac{2}{3}.$$

2° Le prix est de :

$$21^{f},25 \times 1\frac{2}{3}, \quad \text{ou} \quad 35^{f},42.$$

---

412. La superficie étant de 52 ares, ou de 5200 mètres carrés, et la profondeur de $18^{m},25$, la largeur en mètres est exprimée par $\frac{5200}{18,25}$, ce qui fait $284^{m},93$.

La veuve aura :

$$\frac{284^{m},93}{3}, \quad \text{ou} \quad 94^{m},98,$$

et il restera :

$$284^{m},93 - 94^{m},98, \quad \text{ou} \quad 189^{m},95.$$

Le fils aîné aura :

$$\frac{189^{m},95}{3}, \quad \text{ou} \quad 63^{m},32,$$

et il restera :

$$189^{m},95 - 63^{m},32, \quad \text{ou} \quad 126^{m},63.$$

Chacun des trois autres enfants aura :

$$\frac{126^{m},63}{3}, \quad \text{ou} \quad 42^{m},21.$$

---

413. La superficie de la cour, exprimée en centimètres carrés, est égale à 528×273, ou à 144 144. Celle de chaque brique est 21×11, ou 231. Le nombre de briques à employer est donc $\frac{144\,144}{231}$, ou 624.

Remarque. Le nombre trouvé est exact tant au point de vue pratique que comme résultat du calcul ; le pavage proposé peut être effectué sans qu'il en résulte aucun déchet comme au problème n° 79 ; cela résulte de ce que les nombres 528 et 273 sont respectivement multiples des nombres 11 et 21 ; dans la longueur 528 centimètres, on pourra placer exactement 48 briques de 11 centimètres de large ; et dans la largeur 273, exactement 13 rangs de 48 briques, ce qui fera 48×13, ou 624 briques.

---

414. Le nombre de centimètres cubes contenus dans le volume demandé est égal à $255 \times 144 \times 92$, ou à 3 378 240; ce qui fait $3^{mc}\ 378^{dmc}\ 240^{cmc}$.

---

415. Le volume donné $13^{mc},18$ doit être numériquement égal au produit de trois facteurs : 1,50, 1,20, et la longueur démandée; celle-ci est donc numériquement égale à $\frac{13,18}{1,5 \times 1,2}$, ou à $7^m,32$.... ..

---

416. Par la même raison que dans le problème précédent, le nombre de mètres demandés est $\frac{24}{1,137 \times 8,5}$, ou 2,4833....

---

417. Le nombre de mètres cubes demandé est :

Pour le rez-de-chaussée.....	$45,53 \times 5,15 \times 0,6$,	ou	140,6877
Pour le premier...........	$45,53 \times 6,5 \times 0,5$,	ou	147,9725
Pour le second.............	$45,53 \times 10,25 \times 0,4$,	ou	186,6730
	Total.........		475,3332

---

418. Chaque jour, le père boit...................	$1^l,15$
la mère....................	$0^l,65$
le frère....................	$1^l,15$
les enfants : $0^l,35 \times 4$.........	$1^l,40$
Total de la consommation journalière.......	$4^l,35$

La pièce contenant 260 litres, le nombre de jours demandé sera le quotient de 260 par 4,35 ; en effectuant, on trouve 59 pour quotient et 3,35 pour reste. La pièce de vin durera donc 59 jours, et il y aura $3^l,35$ de reste.

---

419. L'année commune contient............		365 jours
Jours de congé, non compris les vacances.	50	108 jours
Vacances.	58	
Reste........		257 jours;

d'où résulte le calcul suivant du nombre de rations d'un jour :

72 élèves pendant 257 jours....	257 × 72, ou	18504
36 élèves pendant 50 jours....	50 × 36, ou	1800
12 élèves pendant 58 jours....	58 × 12, ou	696
Nombre total des rations.............		21000

Chaque ration étant de $0^l,45$, la consommation totale s'élève à $0^l,45 \times 21000$, ou à 9450 litres.

---

420. La capacité du réservoir, 12500 litres, ou $12^{mc},5$, est égale au produit de ses trois dimensions, c'est-à-dire au résultat de la multiplication du produit des deux dimensions connues, $4,8 \times 2,25$ par la profondeur inconnue. Celle-ci est donc le quotient de la division de 12,5 par $4,8 \times 2,25$, ou 1,1574. Ainsi, la profondeur du réservoir est de $1^m,157$, en négligeant les fractions de millimètre.

---

421. Le volume d'un cylindre est égal (comme celui du parallélipipède rectangle) au produit de sa base par sa hauteur; mais ici la base est un *cercle*, et la surface du cercle est égale au carré du demi-diamètre, multiplié par le rapport de la circonférence au diamètre, qui est 3,1416.

La capacité des deux réservoirs exprimée en litres est donc:

$$(7,5^2 \times 3,1416) \times 32 \times 2, \quad \text{ou} \quad 11\,309^l,76.$$

De même, la capacité des deux seaux qui composent une voie est $(1,25^2 \times 3,1416) \times 2,5 \times 2$, ou 24,54375.

Le nombre des voies contenues dans les deux réservoirs s'obtiendra donc en divisant 11309,76 par 24,54375; effectuant, on trouve pour quotient 460, et 19,635 pour reste.

Conclusion : Les deux réservoirs contiendront 460 voies, et environ 20 litres de plus.

---

422. Le volume du tas de charbon, exprimé en mètres cubes, est égal à $13,25 \times 4,3 \times 1,45$, ou à 82,61375 ; or un mètre cube contient 10 hectolitres ; il y a donc $826^h,1375$ de charbon.

---

423. La capacité en mètres cubes, ou 250, doit être le produit de $1,35 \times 1,15$ par la longueur demandée. Celle-ci est donc égale à $250 : (1,35 \times 1,15)$, ou à 161,03. Le silo doit donc avoir $161^m,03$ de longueur.

---

424. En prenant le décimètre pour unité linéaire, et par conséquent le décimètre cube pour unité de volume, et le litre pour unité de capacité, celle du panier doit être 1000 ; elle est égale au produit de la base inconnue par la hauteur 12 ; cette base est donc $\frac{1000}{12}$, ou 83,33 ; or elle est carrée ; il faut donc que son côté multiplié par lui-même donne 83,33, ou qu'il soit la *racine carrée* de 83,33 qui est 9,128.... Par conséquent ce côté doit être de $9^{dm},128...$, ou de 913 millimètres environ.

---

425. Les poids titrés en usage sont les poids décimaux, avec leurs doubles et leurs moitiés, savoir :

10^k, 5^k, 2^k, 1^k, 500^g, 200^g, 100^g, 50^g, 20^g, 10^g, 5^g, 2^g et 1^g.

Le plus grand de ces poids contenus dans $13^k,270$ est celui de 10^k.

id.	le reste $3^k,270$	»	2^k
id.	le reste $1^k,270$	»	1^k
id.	le reste 270^g	»	200^g
id.	le reste 70^g	»	50^g
	Et il reste :		20^g

Les poids demandés sont donc : 10^k ; 2^k ; 1^k ; 200^g ; 50^g ; 20^g.

---

426. Dans la série des poids en usage, rappelée dans le numéro précédent, je prends le poids de 2^k et les cinq suivants ; leur somme, $2^k + 1^k + 500^g + 200^g + 100^g + 50^g$, ou $3^k\ 850^g$, est le poids demandé.

---

427. La consommation journalière est égale à

$$0^k,750 + 0^k,510 + (0^k,212 \times 3), \quad \text{ou} \quad \text{à } 1^k,896.$$

Pour les 31 jours qui composent le mois d'août, cela fait :

$$1^k,896 \times 31, \quad \text{ou} \quad 58^k,776.$$

D'autre part, 133 kilogr. de pain exigent 100 kilogr. de farine,

$$1^k \text{ en exige.... } \frac{100^k}{133}.$$

$58^k,776$ en exigent donc $\frac{100^k}{133} \times 58,776$, ou $44^k,19$.
C'est la quantité demandée.

---

428. Poids du panier plein.............. $10^k,25$
Poids du panier vide............... $0^k,815$
Poids des œufs........ $9^k,435$

D'autre part, 10 œufs pèsent 510 gr.; chacun pèse donc en moyenne 51 gr.

Le nombre d'œufs est donc 9435 : 51, ou 185.

---

429. La hauteur de l'eau, qui était d'abord de 60 millimètres, est ensuite de 86 millimètres; elle a donc augmenté de 26 millimètres. Or une hauteur de $108^{mm},4$ occuperait 1 litre ; l'augmentation de volume est donc égale à $1^l \times \frac{26}{108,4}$, ou à $\frac{260^l}{1084}$; c'est le volume du plomb. Sa densité est donc $2,7 : \frac{260}{1084}$, ou 11,256....

---

430. Pour que le nombre des pièces soit le plus petit possible, il faut qu'elles aient la plus grande valeur possible ; or $555^f,70$ contiennent 20 fr. vingt-sept fois; il y aura donc 27 pièces de 20^f;

Ces 27 pièces valent 540 fr., le reste de la somme, ou $15^f,70$, contient 5 fr. trois fois ; il y aura donc.. 3 pièces de 5^f;

Ces 3 pièces valent 15 fr.; le reste de la somme, ou 70 centimes, contient 50 centimes une fois ; il y aura donc......................... 1 pièce de 50^c;

Le reste de la somme sera 20 centimes ; il y aura donc............................ 1 pièce de 20^c.

---

431. La somme à payer se compose de :

$2^f,15 \times 25$.................	$53^f,75$
$3^f,25 \times 13$.................	$42^f,25$
$65^c \times 24$..................	$15^f,60$
Total........	$111^f,60$
L'acheteur donne..........	150^f
Excès à lui rendre	$38^f,40$

38f,40 contiennent 20 fr. une fois; le marchand rendra donc........................ 1 pièce de 20f

Le reste, 18f,40, contient 10 fr. une fois; le marchand rendra donc........................ 1 pièce de 10f

Le reste, 8f,40, contient 5 fr. une fois; le marchand rendra donc........................ 1 pièce de 5f

Le reste, 3f,40, contient 2 fr. une fois; le marchand rendra donc........................ 1 pièce de 2f

Le reste, 1f,40, contient 1 fr. une fois; le marchand rendra donc........................ 1 pièce de 1f

Le reste, 40 centimes, vaut........................ 2 pièces de 20c

---

432. 1 fr. pour 100 fr., ou 1 centime par franc sur 45 fr., cela fait :

Pour le port........................	45c
Pour le timbre du mandat............	25c
Pour le port de la lettre............	25c
Montant du mandat...................	45f
Total.........	45f,95

---

433. Il dépense : Pour son loyer..........	300f
Pour sa nourriture, 2f,10 × 365......	766f,50
Pour son entretien.................	412f
Pour frais divers...................	188f
Total de la dépense...	1666f,50
Recette..............	2400f
Reste, ou économie annuelle..	733f,50

---

434. Le sac pèse........................	969g
L'argent pèse 5g × 53,8..............	269g
Reste pour le poids de l'or..	700g

La somme totale se compose de :

700^g d'or valant $15^f,50 \times \frac{700}{5}$.....	2170^f
Monnaies d'argent...............	53^f,80
Total........	2223^f,80

---

435. Poids du vase plein d'eau........... 3000^g
Poids du vase plein d'huile.......... 2808^g,75
Excès du poids de l'eau sur celui de l'huile. 191^g,25

Mais cet excès doit être 1000^g — 915^g, ou 85 gr. par litre, ce qui donne pour le nombre de litres $\frac{191^f,25}{85}$, ou 2,25.

La *capacité* du vase est donc 2^l,25.

Poids du vase plein d'eau...........	3000^g
Poids de l'eau.....................	2250^g
Différence ou *poids du vase vide*...	750^g
Poids du vase plein d'huile.........	2808^g,75
Poids du vase vide................	750^g
Différence, ou *poids de l'huile*....	2058^g,75

---

436. Le fer pèse 7^g,788 par centimètre cube; le morceau dont il s'agit pèse 2300 gr.; son volume, en centimètres cubes, est donc $\frac{2300}{7,788}$. Ce volume doit être le produit de son épaisseur par celui (65$\times$3) des deux dimensions connues.

Cette épaisseur est donc le quotient du volume connu :

$$\frac{2300}{7,788} \text{ par } 65 \times 3, \text{ ou } \frac{2300}{7,788 \times 65 \times 3}, \text{ ou } 1,5....$$

L'épaisseur demandée est donc de 1^{cm},5, ou de 15 millimètres.

---

437. 75^k coûtent 18^f,50,

1^k coûterait $\frac{18^f,50}{75}$,

1000^k coûteront $\frac{18^f,50 \times 1000}{75}$, ou 246^f,666....

---

438. 1000^k coûtent 42^f,

1^k coûterait $\frac{42^f}{1000}$,

l'hectolitre ou 82^k coûteraient $\frac{42^f \times 82}{1000}$,

15^h coûteront $\frac{42^f \times 82 \times 15}{1000}$, ou $51^f,66$.

---

439. La somme de 6980^f se compose de la somme en argent et de la somme en or; cette dernière est triple de la première; 6980 fr. contiennent donc quatre fois la somme d'argent; celle-ci est donc :

$$\frac{6980^f}{4}, \text{ ou } 1745 \text{ fr.};$$

la somme en or est $1745^f \times 3$, ou 5235 fr.

---

440. La pièce de 20 fr. pèse.................... $6^g,45$
celle de 10 fr. » .... 3 ,225
celle de 5 fr. » (or).................. 1 ,6125
celle de 5 fr. » (argent)............ 25
celle de 2 fr. » 10
celle de 1 fr. » 5
celle de » 50 cent................. 2 ,5
celle de » 20 cent................. 1
celle de » 10 cent................. 10
celle de » 5 cent................. 5
Total........ 43 fr. 85 Total........... $69^g,7875$

---

441. La production totale est de $5^h,2 \times 9250000$,
ou 48 100 000 hectolitres de vin........................ 48100000^h
On exporte 2 000 000 }
On distille 9 500 000 } 11 500 000
Reste pour la consommation............ 36600000^h

442.

3200 fr. en argent pur pèseraient.......... $4^g,5 \times 3200$,

3200 fr. en or pur pèseraient.............. $\frac{4^g,5 \times 3200}{15,5}$,

3200 fr. en or et cuivre par moitiés pèseront $\frac{4^g,5 \times 3200 \times 2}{15,5}$,

ce qui fait $1858^g,064$....

N. B. On n'a pas tenu compte de la valeur du cuivre.

Voir la remarque du n° **160.**

---

443. Poids du vase plein .... $5^k,25$

Poids du vase vide.......................... $0^k,412$

Différence ou poids de l'alcool........ $4^k,838$

Le litre d'alcool pèse 794 gr.; le nombre de litres d'alcool est donc

$$\frac{4838}{794}, \quad \text{ou} \quad 6,09,$$

et la capacité demandée : $6^l,09$.

---

444. Poids du vase plein d'eau.................... $5^k,374$

Poids du vase vide......................... $1^k,32$

Différence, ou poids de l'eau.......... $4^k,054$

Or le kilogr. d'eau occupe 1 litre; la capacité du vase est donc de $4^l,054$.

Poids du vase plein de liquide.................... $4^k,817$

Poids du vase vide................................ $1^k,32$

Différence ou poids du liquide............ $3^k,497$

Ainsi $4^l,054$ du liquide en expérience pèsent $3^k,497$; le *poids d'un litre* est donc $\frac{3497^g}{4,054}$, ou $862^g,6$.

---

445. En prenant l'are ou le décamètre carré pour unité d surface, et par suite le décamètre pour unité linéaire, on obtient les résultats suivants :

Longueur de la pièce de terre..........................	50
Largeur..	4,3
Surface : 50 × 4,3, ou................................	215

215 ares à 38 fr. font $38^f \times 215$, ou 8170 francs.

---

446. Prix de vente du mètre........................ 18^f
Prix d'achat.................................. $13^f,25$
Différence ou bénéfice par mètre.......... $4^f,75$

Bénéfice total : $4^f,75 \times 180$, ou 855 fr.

---

447. Le réservoir contenant 3500 kilogr. d'eau, sa capacité est de 3500 litres, puisque le litre d'eau pèse 1 kilogr.

L'eau de mer contenue dans le même réservoir pèsera donc

$$1^k,026 \times 3500, \quad \text{ou} \quad 3591 \text{ kilogrammes.}$$

---

448. Le baril contient................. 136^l
Le litre d'huile pèse................ $0^k,915$
Le poids de l'huile est donc........ $0^k,915 \times 136$
Le prix est par conséquent......... $1^f,30 \times 0,915 \times 136$

ce qui donne $161^f,772$.

---

449. $7^k,25$ de l'alliage contiennent........ $6^k,5$ d'argent

1^k en contiendrait.................. $\dfrac{6^k,5}{7,25}$

4^k en contiendront.................. $\dfrac{6^k,5 \times 4}{7,25}$

ce qui fait $3^k,5862$, ou $3586^g,2$; or l'argent pur contenu dans un franc est les 0,835 de 5 gr., ou $4^g,175$; le nombre de francs demandé s'obtiendra donc en divisant 3586,2 par 4,175 ; cette division donne pour quotient 858 et pour reste 4,05.

On pourra donc faire 858 francs, et il restera $4^g,05$ d'argent pur.

---

450. Le stère, ou le mètre cube, contient 1000 décimètres cubes ; cela fait donc :

Pour la consommation d'un jour..............	$0^{st},045$
Pour les 31 jours de janvier, $0^{st},045 \times 31$, ou...	$1^{st},395$
A $13^{f},50$ le stère, cela fait $13^{f},50 \times 1,395$, ou....	$18^{f},83$....

---

451. Prix d'achat de la pièce..........	130^{f}
Octroi : $2^{f},50 \times 2,45$.....................	$6^{f},13$
Transport et encavage.................	$3^{f},50$
Dépense totale................	$139^{f},63$
Bénéfice : 20 pour 100, ou $\frac{1}{5}$ de $139^{f},63$..	$27^{f},92$
Prix de vente................	$167^{f},55$

Le nombre de litres à vendre est 245 — 7, ou 238; le prix de vente du litre est donc $\frac{167^{f},55}{238}$, ou $0^{f},703$....

---

452. Le produit total est $185^{h},7$, ou 18570 litres; chaque are produit $17^{l},5$; le nombre d'ares est donc $\frac{18570}{17,5}$, ou 1061,14; la surface demandée est donc de 10 hectares 61 ares et 14 centiares.

---

453. La quantité de gaz à produire est de 245000 mètres cubes, ou de 245000000 de litres; or chaque kilogr. en produit 230; le nombre de kilogrammes de houille nécessaire est donc de $\frac{245\,000\,000}{230}$; par suite, le nombre d'hectolitres est $\frac{245\,000\,000}{230} : 80$, ou $\frac{245\,000\,000}{230 \times 80}$, ou $\frac{2\,450\,000}{184}$, ce qui donne $13315^{h},21$.

---

454. Prix d'achat de 16 hectolitres, à raison de 53 fr. l'hectolitre :

$53^{f} \times 16$, ou..................	848^{f}
Bénéfice : 25 pour 100, ou $\frac{1}{4}$...........	212^{f}
Total du prix de vente........	1060^{f}

Or le nombre d'hectolitres à vendre est 16 + 3, ou 19; le prix de vente par hectolitre est donc $\frac{1060^{\text{f}}}{19}$, ou 55f,78..., ce qui fait par litre, 56 centimes.

---

455. 1° Dépense par semaine......... $1^{\text{f}} \times 2$, ou 2f,

» par jour............ $\frac{2^{\text{f}}}{7}$,

» par an.............. $\frac{2^{\text{f}} \times 365}{7}$

» pour 60 — 25 ou 35 ans $\frac{2^{\text{f}} \times 365 \times 35}{7}$,

ce qui fait 3650 fr., sans compter les intérêts, qui doubleraient au moins la somme.

2° La dépense annuelle étant $\frac{2^{\text{f}} \times 365}{7}$, le nombre de kilogr. de pain qu'on pourrait acheter avec cette somme, à raison de 45 centimes le kilogr., serait $\frac{2 \times 365}{7} : 0{,}45$, ou $\frac{2 \times 365}{7 \times 0{,}45}$; ce qui donne 231 kilogrammes.

---

456. 1° Nos monnaies d'or étant au titre de 0,900, le poids de l'or pur qu'elles renferment est 9 fois le poids du cuivre; or, le lingot contient 145 gr. de cuivre; par suite il doit contenir $145^{\text{g}} \times 9$, ou 1305 gr. d'or; il en contient déjà 1348 — 145, ou 1203; il faut donc en ajouter 1305 — 1203, ou 102.

2° Le lingot pèsera 1348g + 102g, ou 1450 gr.; il faut 6g,45 pour une pièce de 20 fr.; le nombre de pièces s'obtiendra donc en divisant 1450 par 6g,45; le quotient est 224 et le reste 5,2; par conséquent on pourra fabriquer 224 pièces de 20 fr., et il restera 5g,2 d'or monétaire.

3° Le lingot contenait 1203 gr. d'or et pesait 1348 gr.; son titre était donc $\frac{1203}{1348}$, ou 0,8924....

---

457. L'are ou 100 mètres carrés produisent..... $45^{st},6$;

1 mètre carré produirait............ $\frac{45^{st},6}{100}$;

75 mètres carrés produiront.......... $\frac{45^{st},6}{100} \times 75$;

ce qui donne $34^{st},2$.

---

458. 135^f est le prix de.................... 1 stère;

1^f serait le prix de.................. $\frac{1}{135}$ de stère;

81^f seront le prix de................ $\frac{81}{135}$ de stère;

Or $\frac{81}{135} = 0,6$; le volume demandé est donc de 6 décistères.

---

459. En prenant pour unité de volume le mètre cube :

Le volume d'une brique est :

$$0,25 \times 0,14 \times 0,06;$$

celui des briques obtenues en 1 heure,

$$0,25 \times 0,14 \times 0,06 \times 1550;$$

et en une journée de 12 heures,

$$0,25 \times 0,14 \times 0,06 \times 1500 \times 12.$$

Le poids demandé est donc :

$2170^k \times 0,25 \times 0,14 \times 0,06 \times 1500 \times 12$, ou 82026 kilogrammes.

---

460. $19^k,26$ est le poids de....... 1^{dmc} d'or;

1^k serait le poids de....... $\frac{1^{dmc}}{19,26}$;

30^k sera le poids de........ $\frac{30^{dmc}}{19,26}$, ou $1^{dmc},557$....

---

461. Le piéton étant parti deux heures avant le cavalier, a une avance de $5^k \times 2$, ou 10 kilom.

Le cavalier fait 11 kilom. par heure au lieu de 5; il se rapproche donc du piéton de $11^k - 5^k$, ou de 6 kilom. par heure; il lui faudra donc, pour l'atteindre, un nombre d'heures égal au quotient de 10 par 6; or $\frac{10}{6}$ d'heure $= 1^h \frac{4}{6}$, ou $1^h 40^m$; et comme il est parti à 8 heures, la rencontre aura lieu à $9^h 40^m$.

---

462. 1° $1^f,25$ par journ. de 8^h, cela fait par h. $\frac{1^f,25}{8}$, ou $15^c \frac{5}{8}$;

1 ,75 par journée de 9^h, cela fait par heure $\frac{1^f,75}{9}$, ou $19^c \frac{4}{9}$,

Différence.............. $3^c \frac{59}{72}$.

2° Pour faire un même ouvrage, le nombre de jours employés est inversement proportionnel au nombre d'heures de travail de chaque jour; or le dernier nombre d'heures est les $\frac{9}{8}$ du premier; le nombre de jours demandé est donc les $\frac{8}{9}$ de $21^j \frac{1}{2}$; or $21 \frac{1}{2} \times \frac{8}{9} = 19 \frac{1}{9}$; par conséquent le nombre demandé est 19 jours $\frac{1}{9}$, ou 19 jours et 1 heure.

3° Dans le premier cas on aura à payer $1^f,25$ pendant $21^j \frac{1}{2}$ à 6 ouvriers, ce qui fait :

$1^f,25 \times 21 \frac{1}{2} \times 6$, ou .... $161^f,25$

Et dans le second cas:

$1.75 \times 19 \frac{1}{9} \times 6$, ou .... $200^f,67$

Différence.............. 39,42

---

463. Le premier jour, il fait $\frac{1}{4}$ de l'ouvrage; il en reste les $\frac{3}{4}$; le second jour, il fait la moitié de ce reste ou les $\frac{3}{8}$ de l'ouvrage, et il en reste encore les $\frac{3}{8}$; le troisième jour, il fait le tiers de ce dernier reste, ou $\frac{1}{8}$, et il reste encore à faire les $\frac{2}{8}$, ou $\frac{1}{4}$ de l'ouvrage total; le quatrième jour, il exécute ce quart, et reçoit pour salaire 6 fr.; l'ouvrage total vaut donc $6^f \times 4$, ou 24 fr.

Le premier jour, il a fait $\frac{1}{4}$; il reçoit donc $\frac{1}{4}$ de 24 fr..... 6^f;

Le second jour, il fait $\frac{3}{8}$; il reçoit donc $\frac{3}{8}$ de 24 fr..... 9^f;

Le troisième jour, il fait $\frac{1}{8}$ et par suite reçoit $\frac{1}{8}$ de 24 fr. 3^f;

Le quatrième jour, il reçoit........................ 6^f.

---

464. Il y a :

De Paris à Versailles...................... 18000^m;
De Paris à Clamart le tiers de 18000^m, ou 6000^m;
De Paris à Bellevue la moitié de 18000^m, ou 9000^m.

Le train parcourt 9525 mètres en 15 minutes, ce qui fait $\frac{9525^m}{15}$, ou 635 mètres par minute.

Il emploiera donc :

Pour aller à Clamart : $\frac{6000}{635}$, ou............. $9^m\ 27^s$

Pour aller à Bellevue : $\frac{9000}{635}$, ou............. $14^m\ 10^s$

Pour aller à Versailles : $\frac{18000}{635}$, ou............. $28^m\ 21^s$

Les heures d'arrivée seront donc :

Pour Versailles : $11^h 38^m + 28^m 21^s$, ou $12^h\ 6^m 21^s$;
Pour Clamart : $11^h 38^m + 9^m 27^s$, ou $11^h 47^m 27$;
Pour Bellevue : $11^h 38^m + 14^m 10^s$, ou $11^h 52^m 10$.

---

465. Ils auront par hectolitre :

1° Sur le froment : $\frac{100^l}{11}$, ou....... $9^l\ \frac{1}{11}$;

2° Sur l'avoine : $\frac{100^l}{18}$, ou....... $5^l\ \frac{5}{9}$;

3° Sur le sarrasin : $\frac{100^l}{25}$, ou....... 4^l.

---

466. 1° Prix d'achat de 1 kilogr., $\frac{112^{f},50}{100}$, ou.... **1^f,125**

Bénéfice, $1^{f},125 \times \frac{19}{100}$, ou.................... 0,21375

Total ou prix de vente.................. $1^{f},33875$

Les centimes ne pouvant pas être fractionnés, je suppose qu'il l'a vendra $1^{f},34$ le kilogr.

2° Prix d'achat de 58 kilogr.. $\frac{112^{f},5}{100} \times 58$, ou...... $65^{f},25$

Prix de vente de 58 kilogr. à $1^{f},34$................. $77^{f},72$

Différence ou bénéfice total............ $12^{f},47$

---

467. L'or est les $\frac{86}{100}$ du poids total; le poids total est donc les $\frac{100}{86}$ du poids de l'or, ou de 17 gr., c'est-à-dire $17^{g} \times \frac{100}{86}$, ou $19^{g},767$....

---

468. Le litre d'huile pèse 915 gr.; par conséquent le nombre de litres contenus dans $48^{k},529$, ou 48529 gr., est le quotient de 48529 par 915, ce qui donne $53^{l},037$...., ou, ce qui revient au même, $53^{dc},037$....

---

469. $2^{k},25$ à $3^{f},50$ le kilogr............... $7^{f},875$

$5^{k},6$ à $2^{f},70$ le kilogr................ 15,12

Frais de fabrication................ 2,75

Total du prix de revient....... $25^{f},745$

D'autre part :

Poids du premier métal............ $2^{k},25$

Poids du second métal............. $5^{k},6$

Poids total............ $7^{k},85$

Déchet $7^{k},85 \times \frac{2}{100}$, ou. 0,157

Poid net. .... $7^{k},693$

$7^k,693$ d'alliage reviennent donc à $25^f,745$; cela fait pour prix du kilogr. $\frac{25^f,745}{7,693}$, ou $3^f,35$.

---

470. Le premier train part 3 heures avant le second; pendant ce temps, il prendra une avance de $36^k \times 3$, ou de 108 kilom. Le second faisant 48 kilom. par heure tandis que le premier n'en fait que 36, il se rapprochera du premier de $48^k - 36^k$, ou de 12 kilom. par heure; il lui faudra donc pour rattraper le premier autant d'heures que 12 kilom. est contenu de fois dans 108 kilom., c'est-à-dire 9 heures. Or il est parti à 11 heures; c'est donc à $11^h + 9^h$, ou à 20 heures que cette rencontre aura lieu; mais 20 heures après minuit revient à 8 heures après midi. Ainsi, 1° la rencontre aura lieu à 8 heures du soir.

Pendant ses 9 heures de marche, le second train a parcouru $48^k \times 9$, ou 432 kilom.; sa distance de Paris aura donc diminué d'autant, et sera réduite à $857^k - 432^k$, ou à 425 kilom. Ainsi, 2° la rencontre aura lieu à 425 kilom. de Paris.

---

471. 1° Les $\frac{2}{3}$ de $\frac{6}{9}$, ou $\frac{6}{9} \times \frac{2}{3}$ font $\frac{12}{27}$, ou $\frac{4}{9}$. D'autre part, à 5 centimes pièce, le nombre d'œufs vendus pour $1^f,40$, ou 140 centimes, sera $\frac{140}{5}$, ou 28 ; 28 est donc les $\frac{4}{9}$ du nombre total; par suite celui-ci est les $\frac{9}{4}$ de 28, ou 63.

2° 63 œufs à 5 centimes produiront une recette totale de $5^c \times 63$, ou de 315 centimes, ou de $3^f,15$.

---

472 La capacité de la chambre en mètres cubes est exprimée par le produit $6,24 \times 3,18 \times 3,20$, ce qui donne $63^{mc},49824$.

Chaque litre d'air pèse $1^g,3$; chaque mètre cube valant 1000 litres pèse donc $1^k,3$; et les $63^{mc},49824$ que contient la chambre pèsent $1^k,3 \times 63,49824$, ou $82^k,547712$.

---

473. $17^f,50$ augmentés de 10 p. 100, ou de $\frac{1}{10}$, c'est-à-dire de

$1^f,75$, font $17^f,50 + 1^f,75$, ou $19^f,25$ pour prix de chacun des 85 autres hectares.

125 hectares à $17^f,50$ coûteront $17^f,50 \times 125$, ou	$2187^f,50$
85 hectares à $19^f,25$	$1636\ ,25$
Total du prix d'achat...........	$3823^f,75$
$125^h + 85^h$, ou 210^h à $22^f,50$ font.............	$4725\ ,00$
Différence ou bénéfice...........	$901^f,25$

Une dépense de $3823^f,75$ donne un bénéfice de $901^f,25$

1 franc donnerait.......................... $\dfrac{901\ ,25}{3823^f,75}$

Et 100 francs donneront.................... $\dfrac{901^f,25 \times 100}{3823^f,75}$

Effectuant, on trouve $23^f,57$.

---

474. Le zinc pèse $7^g,2$ par centimètre cube; le nombre de centimètres cubes occupés par une plaque du poids de $2^k,926$, ou de 2926 gr., est donc le quotient de 2926 par 7,2; ce qui donne 406 centimètres cubes $\frac{7}{18}$, ou, en décimales, $406^{cmc},3888$...

---

475. Le stère ayant été vendu $8^f,45$ et le prix total étant de $18\,336^f,50$, le nombre de stères est le quotient de $18336^f,5$ par $8^f,45$; ce qui donne 2170 stères; chaque hectare a fourni 70 stères; le nombre d'hectares demandé est donc $\frac{2170}{70}$, ou 31.

TROISIÈME PARTIE

EXAMEN DU DEGRÉ SUPÉRIEUR

CHAPITRE I.

EXAMENS ORAUX.

476. 1° Un carré, de même qu'un rectangle, est égal au produit de sa base par sa hauteur, avec cette circonstance particulière, que la base est égale à la hauteur.

La base du nouveau carré est les $\frac{2}{3}$ de la base du premier, et la hauteur est aussi les $\frac{2}{3}$ de la hauteur; mais, multiplier un facteur d'un produit, c'est multiplier ce produit; la nouvelle surface est donc égale à la première multipliée par $\frac{2}{3} \times \frac{2}{3}$, ou par $\frac{4}{9}$.

2° S'il s'agit d'un cube, un raisonnement semblable prouvera qu'il est multiplié par $\frac{2}{3} \times \frac{2}{3} \times \frac{2}{3}$, ou par $\frac{8}{27}$.

---

477. Trouver une *quatrième proportionnelle* à trois nombres donnés, signifie : trouver un nombre qui soit le quatrième terme d'une proportion dont les trois premiers sont les nombres donnés.

En représentant par x le nombre demandé, on aura :

$$\frac{1728}{322,5} = \frac{1511}{x}.$$

Le produit des extrêmes $1728 \times x$ doit être égal au produit de moyens $322,5 \times 1511$; le nombre demandé est donc un nombre qui, multiplié par 1728, donnera un produit égal à $322{,}5 \times 1511$; il est donc, d'après la définition générale de la division, le quotient de $322{,}5 \times 1511$ par 1728 :

$$x = \frac{322{,}5 \times 1511}{1728};$$

ce qui donne $$x = 282\,\frac{1}{1152}.$$

478. On nomme *moyenne proportionnelle* entre deux nombres, un nombre égal à chacun des moyens d'une proportion dont les extrêmes sont les nombres donnés.

En représentant par x le nombre demandé, on aura $\frac{3}{x} = \frac{x}{27}$.

Le produit des moyens $x \times x$, ou x^2, doit être égal au produit des extrêmes 3×27; le nombre demandé est donc un nombre dont le carré doit être égal au produit des deux nombres donnés; il est donc ce qu'on appelle la *racine carrée* de ce produit, racine qu'on représente par le symbole $\sqrt{}$.

On a donc $$x = \sqrt{3 \times 27}, \quad \text{ou} \quad 9.$$

479. Le prix d'une certaine quantité de marchandise est proportionnel à cette quantité; j'ai donc :

$$\frac{57{,}7}{279{,}17} = \frac{2748^{f}{,}75}{x};\ \text{d'où}\ x = \frac{2748^{f}{,}75 \times 279{,}17}{57{,}7},\ \text{ou}\ 13\,299^{f}{,}28.$$

480. Le temps employé à parcourir une même distance est inversement proportionnel à la vitesse; les deux rapports :

$$\frac{48{,}17}{54{,}12} \text{ et } \frac{7^{h}\,\frac{1}{2}}{x}$$

sont donc inverses l'un de l'autre et j'ai :

$$\frac{54{,}12}{48{,}17} = \frac{7^{h}\,\frac{1}{2}}{x};\quad x = \frac{7^{h}\,\frac{1}{2} \times 48{,}17}{54{,}12};\quad x = \frac{7^{h}\,\frac{1}{2} \times 4817}{5412},$$

ce qui donne $x = 6^{h}\,40^{m}\,\frac{475}{902}$.

481. L'ouvrage à exécuter restant le même, la quantité d'étoffe ne doit pas changer; il faut donc que les longueurs soient inversement proportionnelles aux largeurs.

Les deux rapports : $\dfrac{\frac{5}{6}}{\frac{7}{9}}$, $\dfrac{17}{x}$ doivent être inverses l'un de l'autre,

et j'ai

$$\frac{\frac{7}{9}}{\frac{5}{6}}=\frac{17}{x}, \quad \text{d'où } x=\frac{17^m\times\frac{5}{6}}{\frac{7}{9}}=18^m,214....$$

---

482. Je dispose d'abord les données et l'inconnue deux à deux, en plaçant les quantités homologues l'une sous l'autre :

Ouvriers.	Heures.	Jours.	Hauteurs.	Longueurs.	Épaisseurs.
50	$5\frac{1}{2}$	18	3^m	215^m	$0^m,50$
33	10	x	4^m	210^m	$0^m,15$

1° Le nombre des jours est *inversement* proportionnel au nombre d'ouvriers, d'où je conclus :

50 ouvriers ont employé.................. 18 jours
1 ouvrier en emploierait................ 18×50
33 ouvriers en emploieront............... $\dfrac{18\times50}{33}$

toutes choses égales d'ailleurs.

2° Le nombre de jours est *inversement* proportionnel au nombre d'heures de travail; donc :

En travaillant $5^h\frac{1}{2}$ il fallait........... $\dfrac{18\times50}{33}$ jours

En travaillant 1 heure il en faudrait... $\dfrac{18\times50\times5\frac{1}{2}}{33}$

En travaillant 10 heures il en faudra... $\dfrac{18\times50\times5\frac{1}{2}}{33\times10}$

en supposant que l'ouvrage n'ait pas changé.

3° Le nombre de jours doit être *directement* proportionnel à la hauteur du mur; donc :

Pour 3 mètres de hauteur, il fallait... $\dfrac{18\times 50\times 5\frac{1}{2}}{33\times 10}$ jours.

Pour 1 mètre » il en faudrait. $\dfrac{18\times 50\times 5\frac{1}{2}}{33\times 10\times 3}$,

Pour 4 mètres » il en faudra. $\dfrac{18\times 50\times 5\frac{1}{2}\times 4}{33\times 10\times 3}$.

4° Je raisonne de même pour la longueur, et j'obtiens :

$$\frac{18\times 50\times 5\frac{1}{2}\times 4\times 210}{33\times 10\times 3\times 215}\ \text{jours.}$$

5° De même pour l'épaisseur, et j'ai définitivement :

$$x=\frac{18\times 50\times 5\frac{1}{2}\times 4\times 210\times 0{,}15}{33\times 10\times 3\times 215\times 0{,}50}\ \text{jours.}$$

Avant d'exécuter les calculs indiqués, il convient d'avoir égard aux simplifications; j'opère celles qui peuvent s'exécuter à vue: je divise les premiers facteurs par 3, les seconds par 10; je multiplie les troisièmes par 2; je multiplie les derniers par 100 et j'ai :

$$x=\frac{6\times 5\times 11\times 4\times 210\times 15}{11\times 1\times 6\times 215\times 50}\ \text{jours;}$$

puis $$x=\frac{5\times 4\times 21\times 15}{215\times 5}\ \text{jours} = 5^{j}\,\frac{37}{43}.$$

Si on veut réduire la fraction de jour en heures, il faut observer qu'il s'agit de journées de 10 heures, et alors on obtient $5^{j}\ 8^{h}\ 36^{m}$, en négligeant les fractions de minute.

Remarque sur ce problème et quelques-uns des suivants.—Dans ce genre de problème, qu'on nomme *règle de trois composée*, souvent on préfère, par un calcul préalable, diminuer le nombre des rapports à considérer; c'est ce que nous avons presque toujours fait dans les deux premières parties; on ne diminue pas par là le nombre des opérations à effectuer, elles restent les mêmes; mais on est moins exposé à s'embarrasser dans la considération de nombreux rapports, les uns directs, les autres inverses ; par exemple, dans le problème actuel, on calcule d'abord le volume du mur :

1er mur : $(3 \times 215 \times 0{,}50)$ mètres cubes, ou $322^{mc},5$;

2e mur : $(4 \times 210 \times 0{,}15)$ mètres cubes, ou 126^{mc}.

On réduit d'autre part le temps de travail en heures :

$$5^h \frac{1}{2} \times 18 = 99^h ;$$

et on a à résoudre la règle suivante :

Ouvriers.	Heures de travail.	Volume du mur.
50	99	$322^{mc},5$
33	x	126^{mc} ;

ce qui donne $x = \dfrac{99 \times 50 \times 126}{33 \times 322{,}5}$ heures $= 58^h\ 36^m$.

Cela fait, à raison de 10 heures par jour, $5^j\ 8^h\ 36^m$.

---

483. La somme à payer est 8500 fr., chaque payement est donc de $\frac{8500^f}{25}$, ou de 340 fr. On a payé 4420 fr., par conséquent le nombre des payements effectués est $\frac{4420}{340}$, ou 13 ; il en reste donc à faire $25 - 13$, ou 12.

---

484. En résolvant ce problème par le moyen indiqué dans la remarque du n° **482**, on obtient successivement :

Volume de la 1re pierre $= (5 \times 1{,}2 \times 0{,}6)^{mc} = 3^{mc},6$;

Volume de la 2e pierre $= (2{,}2 \times 0{,}95 \times 1{,}1)^{mc} = 2^{mc},299$.

Les poids devant être proportionnels aux volumes, on a :

$$\frac{3{,}6}{2{,}299} = \frac{7320^k}{x} ; \; x = \frac{7320^k \times 2{,}299}{3{,}6} = 4674^k,633\ldots$$

---

485. La longueur de la 1re chambre étant de 18 mètres et sa largeur de 5 mètres, le développement du contour, ou le ***périmètre***, est de

$$18^m + 18^m + 5^m + 5^m, \quad \text{ou de } 46^m.$$

Pour la seconde chambre, la longueur ayant 5 mètres de plus, elle a 56 mètres de périmètre.

La surface des murs de la 1re est donc (46 × 4) mètres carrés, ou 184 mètres carrés, et celle des murs de la seconde (56 × 8,25) mètres carrés, ou 462 mètres carrés.

Le nombre de rouleaux à employer étant proportionnel à la surface à couvrir; on a :

$$\frac{184}{462} = \frac{46^r}{x}; \quad x = 115 \text{ rouleaux } \frac{1}{2}.$$

---

486. La 1re machine fait 728 tours en $4^m \frac{1}{2}$, cela fait :

$$728 : 4\frac{1}{2}, \quad \text{ou } \frac{728 \times 2}{9} \text{ tours par minute.}$$

La 2e fait 486 : $4\frac{1}{4}$, ou $\frac{486 \times 4}{17}$ tours par minute; cela posé, je dispose les données et l'inconnue de la manière suivante :

Vitesses.	Longueurs de fil.	Temps.
$\frac{728 \times 2}{9}$ tours	352^m	$1^h \frac{2}{3}$ ou $\frac{5^h}{3}$,
$\frac{486 \times 4}{17}$ tours	847^m	x;

puis, observant que le temps est *inversement* proportionnel à la vitesse et *directement* proportionnel à l'ouvrage fait, j'ai :

$$x = \frac{\frac{5^h}{3} \times \frac{728 \times 2}{9} \times 847}{\frac{486 \times 4}{17} \times 352}$$

$$\text{ou } x = \frac{5^h \times 728 \times 2 \times 17 \times}{3 \times 9 \times 486 \times 4 \times 352}$$

ce qui donne $5^h\ 40^m$.

	Temps.	Produit en litres.
487.	$2^h\ 8^m$, ou 128^m	95
	$16^h\ 40^m$, ou 1000^m	x

La quantité d'eau fournie par la fontaine est *directement* proportionnelle au temps pendant lequel elle coule; j'ai donc :

$$\frac{128}{1000}=\frac{95^l}{x};\ \text{d'où}\ x=\frac{95^l\times 1000}{128}=742^l,187\ldots.$$

	Longueurs.	Largeurs.	Poids du fil.
488.	65^m	$1^m,12$	$13^k,75$
	41^m	$1^m,24$	x

La quantité de fil employée est *directement* proportionnelle à la longueur et à la largeur de l'étoffe ; j'ai donc :

$$\frac{x}{13^k,75}=\frac{41\times 1,24}{65\times 1,12};\ \text{d'ou}\ x=\frac{13^k,75\times 41\times 1,24}{65\times 1,12};$$

ce qui donne $9^k,602$.

---

489. Volume du 1er mur : $(18\times 4,3\times 0,45)^{mc}$, ou $34^{mc},83$;

Volume du 2e mur : $(24\times 3,5\times 0,5)^{mc}$, ou 42^{mc}.

Je dispose les données et l'inconnue de la manière suivante :

Ouvriers.	Temps.	Quantités d'ouvrage.
25	76^h	$34^{mc},83$
53	x	42^{mc}

Le temps est *inversement* proportionnel au nombre d'ouvriers et *directement* proportionnel à la grandeur de l'ouvrage, d'où je conclus :

$$\frac{x}{76^h}=\frac{25\times 42}{53\times 34,83},$$

d'où
$$x=\frac{76^h\times 25\times 42}{53\times 34,83}=43^h\ 13^m,7\ldots.$$

---

490. L'*année financière*, suivant les usages de la banque, est 360 jours, de sorte qu'un taux de 6 pour 100, en termes de banque, ne signifie pas 6 pour 100 par an, mais 6 pour 100 pour 360 jours.

La question actuelle est une règle de trois composée ; je pose donc :

Capital.	Intérêt.	Nombre de jours.
100	6	360
4000	x	50

D'où $x = \dfrac{6^f \times 4000 \times 50}{100 \times 360} = 33^f,33.$

Remarque. La formule qui précède est donnée dans notre *Arithmétique* (n° **271**, V ; sixième édition).

---

491. La formule précédente donne :

$$x = \frac{4^f,50 \times 6875 \times 30}{36\,000} = 25^f,78.$$

---

492. Pour calculer l'intérêt demandé conformément aux usages de la banque, il faudrait savoir quels sont les deux mois dont il s'agit, et le nombre de jours serait, suivant les cas :

$$31 + 28 + 3, \text{ ou } 62 ; \; 31 + 31 + 3, \text{ ou } 65.$$

Faisons le calcul comme on le fait en dehors des usages de la banque, en comptant chaque mois pour 30 jours, et nous aurons (*Arithmétique*, n° **271**, IV) :

$$x = \frac{6^f \times 750 \times 2\frac{3}{30}}{1200} = 7^f,87.$$

---

493. $x = 600^f + \dfrac{5^f \times 600 \times 8}{100} = 840^f.$ (*Arithmétique*, n° **271**, I.)

494.

Capital.	Intérêt.	Nombre d'années.
30 080^f	4512^f	3
100	x	1

$$x = \frac{4512^f \times 100}{30\,080 \times 3} = 5^f.$$

495.

Capital.	Intérêt.	Nombre d'années.
100^f	5^f	1
$34\,911^f$	$2327^f,40$	x

$$x = \frac{1^{an} \times 100 \times 2327,4}{34\,911 \times 5} = 1^{an}\frac{1}{3} = 1^{an}\ 4^{m}.$$

496.

Capital.	Intérêt.	Nombre d'années.
100^f	5^f	1
x	2436^f	$3\frac{5}{12}$.

$$x = \frac{100^f \times 2436}{5 \times 3\frac{5}{12}} = \frac{100^f \times 2436 \times 12}{5 \times 41} = 14\,259^f,51.$$

---

497. Pour qu'un capital soit doublé, il faut qu'il produise un intérêt égal à ce capital ; il faut donc que 100 fr. produisent 100 fr. d'intérêts ; or l'intérêt est égal à 6 fr. multipliés par le nombre d'années ; ce dernier nombre est par conséquent le quotient du produit de 100 par le facteur connu 6 :

$$x = \left(\frac{100}{6}\right)^{ans} = 16^{ans}\ \frac{2}{3} = 16^{ans}\ 8^{m}.$$

---

498. Le capital devenant les $\frac{33}{31}$ de ce qu'il était, il augmente des $\frac{2}{31}$ de sa valeur ; je suppose (pour éviter les fractions) que le capital soit de 31 fr.; j'ai alors à résoudre la règle de trois suivante :

Capital.	Intérêt.	Nombre de mois.
31^f.	2^f	$14\frac{2}{3}$
100^f	x^f	12

$$x = \frac{2^f \times 100 \times 12}{31 \times 14\frac{2}{3}} = \frac{2^f \times 100 \times 12 \times 3}{31 \times 44} = 5^f,278.\ ..$$

---

499. Ce problème se résout de la même manière que le précédent :

Capital.	Intérêt.	Nombre de mois.
16^f	1^f	15
100^f	x^f	12

$$x = \frac{1^f \times 100 \times 12}{16 \times 15} = 5 \text{ pour } 100.$$

---

500. Le premier placement rapporte $192^f,70$ pour un an; cela fait pour 5 mois $192^f,70 \times \frac{5}{12}$, ou $80^f,29$, au lieu de $72^f,50$ que rapporterait le second; il y a donc avec celui-ci une perte de $7^f,79$ au bout de 5 mois.

---

501. 5000 fr. à 5 p. 100 rapportent......... 250 fr.
3000 fr. à 7 » » 210
2000 fr. à 3 1/2 » » 70

Somme des deux derniers nombres.. 280 fr.

Donc le second placement est plus avantageux que le premier.

---

502. Pour avoir le rapport des capitaux, il suffit de calculer le rapport de leurs intérêts dans le même temps, 1 mois par exemple (on suppose le même taux).

$$\frac{834,25}{18\frac{1}{2}} : \frac{1235}{24},$$

ou

$$\frac{834,25 \times 24}{18,5 \times 1235}.$$

Ce qui donne 0,876....

---

503. Le dernier placement, fait à 8 p. 100, a rapporté 2950 fr.; cette somme étant les $\frac{8}{100}$ du capital placé, celui-ci est les $\frac{100}{8}$ de 2950 francs, ou 36 875 francs. Cette somme doit renfermer les intérêts et le capital du premier placement.

Le premier placement ayant été fait à raison de 4 p. 100 par an et ayant duré $3^a \frac{1}{2}$, le revenu p. 100 fr. a été de $4^f \times 3\frac{1}{2}$ ou de 14 francs. L'intérêt a été les $\frac{14}{100}$ du capital; le capital est les $\frac{100}{100}$ de lui-même; par conséquent, le capital et les intérêts réunis font une somme égale aux $\frac{114}{100}$ du capital. D'après cela, le capital est les $\frac{100}{114}$ de 36 875 francs, ou 32 346f,49.

---

504. 1° Le capital demandé valant 26 000 francs au bout de 6 ans, et 30 000 francs au bout de 10 ans, la différence, qui est de 4000 francs, représente l'intérêt du capital pendant 4 ans. L'intérêt annuel est donc de 1000 francs; par suite, le capital primitif était :

$$26\,000^f - (1000^f \times 6), \quad \text{ou} \quad 20\,000 \text{ fr.}$$

2° Ces 20 000 francs rapportent 1000 francs par an ; le taux demandé est donc :

$$\frac{1\,000}{20\,000} \times 100,$$

ou 5 p. 100.

---

505. L'intérêt devant être payé au bout de chaque année, chaque à-compte de 1000 fr. sera employé en partie à solder cet intérêt; avec le surplus on payera une partie du capital qui diminuera d'autant, d'où résulte le compte suivant :

Capital		3000f
Intérêt de la première année	150f	
Payé 1000f, savoir : pour intérêts échus	150f	
A compte sur le capital		850
Capital restant dû		2150f
Intérêts de la seconde année	107f,50	
Payé 1000f, savoir : pour intérêts échus	107 ,50	
A compte sur le capital		892f,50
Capital restant dû		1257f,50
Intérêts de la troisième année	62f,87	
Payé 1000f, savoir : pour intérêts échus	62 ,87	
A compte sur le capital		937f,13
Reste dû pour solde		320f,37

---

506. Le capital se compose de :

1°........	450^f
2°................	270
3°................	540
Capital total......	1260^f

Le revenu se compose de :

1° 450^f à 6 pour 100.............	27^f
2° 270 à 7 1/2....................	20,25
3° 540 à 4 1/2..........	24,30
Revenu total..........	71^f,55

Le même capital 1260^f placé à 5 pour 100 rapporte :

63^f pour................	1 an;
1^f....................	$\frac{1^a}{63}$;
71^f,55..................	$\frac{1^a}{63}\times 71,55$.

Ce qui fait 1^{an} 1^m 19^j.

---

507. 1° Le capital ayant augmenté de ses $\frac{5}{11}$, la somme résultante est les $\frac{16}{11}$ du capital primitif. Celui-ci est donc les $\frac{11}{16}$ de 272000 fr., ou 187 000 fr.

2° Le revenu est 272 000 — 187 000, ou 85 000 fr. Ce revenu a été obtenu au bout de 3 ans; cela fait par année 85 000 : 3, ou 28 333^f,33. Ainsi, 187 000 fr. rapportent 28 333^f,33 par an; 1 fr. rapporterait $\frac{28\,333^f,33}{187\,000}$ par an; 100 fr. rapporteront

$$\frac{28\,333^f,33}{187\,000}\times 100, \text{ ou } 15^f,15\,\frac{5}{33}; \text{ c'est le taux demandé.}$$

508.

100 kilogr. à 5^f,60 coûtent.................	560^f
Les 5 pour 100 de 560 fr. sont.............	28
Somme totale déboursée.................	588^f
Bénéfice : les 8 p. 0/0 de 560 fr..............	44^f,80
Prix total de la vente......................	632^f,80

Ce qui fait par kilogramme : $\frac{632^f,80}{100}$, ou 6^f,33.

509. 1° Le bénéfice est les $\frac{2}{5}$ du capital; le capital est les $\frac{5}{5}$ de lui-même; les deux ommes réunies, ou 19 200 fr., sont les $\frac{7}{5}$ du capital; celui-ci est donc les $\frac{5}{7}$ de 19200 fr., ou 13 714f,29.

2° Le bénéfice est $13\,714^f,29 \times \frac{2}{5}$, ou 5485f,71.

3° Le bénéfice étant de 5485f,71 pour 5a 2m, ou pour $\frac{62}{12}$ d'année, le bénéfice pour 1 an est $5485^f,71 : \frac{62}{12}$, ou 1061f,75. Le taux a donc pour expression :

$$\frac{1061^f,75}{13714,29} \times 100;$$

ce qui donne 7f,74.

---

510. Chaque somme de 100 fr. placée rapporte :

1° L'intérêt des $\frac{4}{5}$ de 100 fr., ou de 80 fr. à 4 p. 100.. 3f,20

2° L'intérêt de $\frac{1}{5}$ de 100 fr., ou de 20 fr. à 5 p. 100.. 1

Total......... 4f,20.

Le capital placé à 4f,20 rapportant 2940 fr., ce capital est exprimé par :

$$\frac{2940^f}{4,20} \times 100;$$

ce qui donne 70 000 fr.

---

511. 100 fr. à 6 pour 100 rapporteraient en 2 ans 8 mois $6^f \times 2\frac{8}{12}$, ou 16 fr., ce qui ferait 116 fr. capital et intérêt réunis; j'ai donc :

$$\frac{x}{100} = \frac{4015,5}{116}; \text{ d'où } x = \frac{100^f \times 4015,5}{116} = 3461^f,64.$$

---

512. Dans l'escompte en dedans, la retenue est égale à l'intérêt de la somme déboursée comptant en échange de la somme à recevoir à l'échéance. Cette dernière contient donc la première augmentée de ses intérêts.

Or, si la somme déboursée comptant était 100 francs, la somme à recevoir à l'échéance serait 106 fr.; j'ai donc :

$$\frac{x}{100^{f}} = \frac{2544}{106}; \quad \text{d'où} \quad x = \frac{100^{f} \times 2544}{106} = 2400 \text{ fr.}$$

---

513. En raisonnant comme au numéro précédent, on trouverait pour la somme à payer :

$$x = \frac{100^{f} \times 3552}{148} = 2400^{f}$$

La somme à retenir est donc :

$$3552^{f} - 2400^{f}, \quad \text{ou} \quad 1152^{f}.$$

---

514. Dans l'escompte en dehors, la retenue est l'intérêt de la somme à recevoir à l'échéance; ici, elle est donc l'intérêt de 2500 fr. pendant $3^{m}\frac{1}{2}$ ou (*Arith.*, n° **271**) $\frac{2500^{f} \times 5 \times 3\frac{1}{2}}{1200}$, ce qui fait $36^{f},46$.

La valeur actuelle est donc $2500^{f} - 36^{f},46$, ou $2463^{f},54$.

---

515. 1° Pour l'escompte en dehors, je retiens l'intérêt de la somme à recevoir dans un an, ce qui fait 5 fr.; je donne donc comptant 95 fr.

2° Pour l'escompte en dedans, raisonnant comme au n° **512**, on a :

$$\frac{x}{100^{f}} = \frac{100}{105}; \quad \text{d'où} \quad x = \frac{100^{f} \times 100}{105} = 95^{f},24.$$

---

516. En supposant que le bénéfice ait été les 20 pour 100 du prix de *vente*, c'est-à-dire $840^{f} \times \frac{20}{100}$, ou 168 fr., le prix d'*achat* été de 840 — 168, ou de 672 fr.

En supposant que le bénéfice ait été les 20 pour 100 du prix

d'achat, le prix de ***vente*** devra être les $\frac{120}{100}$ du prix d'achat. Ce prix d'achat est donc les $\frac{100}{120}$ de 840 fr., ou 700 fr.

Observation. La première hypothèse (prix de vente) correspond à l'escompte ***en dehors***, tandis que la seconde (prix d'achat) correspond à l'escompte ***en dedans***.

En effet, dans l'escompte en dehors, la différence entre la somme payée par le banquier et la somme qu'il touchera à l'échéance est comparée à cette dernière somme, de même que dans la première hypothèse relative au problème ci-dessus, on a supposé que la différence, appelée *bénéfice*, était les 20 pour 100 de la somme à recevoir, 840 fr., ou prix de vente.

Dans l'escompte ***en dedans***, au contraire, on compare la différence à la somme déboursée, de même que dans la seconde hypothèse ci-dessus on a supposé que la différence, appelée *bénéfice*, était les 20 pour 100 du prix d'achat, c'est-à-dire de la somme déboursée.

---

517. L'escompte en dehors est les $\frac{5}{100}$ de 1500 fr., ou 75 fr. **La somme a payer comptant est donc de 1425 fr.**

Autrement : **Le banquier devant retenir les** $\frac{5}{100}$ **du billet, le reste,** c'est-à-dire la somme à payer, sera les $\frac{95}{100}$ de 1500 fr., ou 1425 fr.

---

518. L'escompte en dehors est :

6 fr. . . . . pour 100^f et 12 mois;

$\frac{6^f}{100}$ . . . . pour 1^f Id.

$\frac{6^f}{100} \times 849,30$ . . . pour $849^f,30$ Id.

$\frac{6^f \times 849,30}{100 \times 12}$ . . . . pour $849^f,30$ et 1 mois;

$\frac{6^f \times 849,30 \times 28}{100 \times 12}$ pour $849^f,30$ et 28 mois;

Ce qui fait pour l'escompte $118^f,90$. La somme à payer est donc $849^f,30 - 118^f,90$, ou $730^f,40$.

---

519. 1° L'escompte en dehors a pour expression :

$$\frac{318^f \times 6 \times 17}{100 \times 360};$$

ce qui donne 0,901.

2° L'escompte en dedans s'obtiendra par le raisonnement suivant :

100 fr. au bout de 17 jours, deviendraient $100^f + \frac{6 \times 17}{360}$;

$\frac{100^f}{100 + \frac{6 \times 17}{360}}$ au bout de 17 jours deviendraient 1 fr.,

$\frac{100}{100 + \frac{6 \times 17}{360}} \times 318$ au bout de 17 jours deviendront 318 fr.

Cette somme à payer argent somptant revient à :

$$\frac{318^f \times 36000}{36000 + 6 \times 17}. \quad \text{ou} \quad \text{à } 317^f,102.$$

Quant à l'escompte en dedans, c'est l'excès de 318 fr. sur la somme obtenue par le calcul qui précède, ou $0^f,898$.

Question d'examen. Commencez par calculer l'escompte en dedans, au lieu de l'obtenir par soustraction.

Rép. 100 fr. au bout de 17 jours deviennent :

$$100^f + \frac{6 \times 17}{360},$$

Par conséquent,

Sur un billet à 17 jours de $100^f + \frac{6 \times 17}{360}$. on retient $\frac{6 \times 17}{360}$.

Sur un billet à 17 jours de 1 fr. on retiendrait :

$$\frac{\frac{6 \times 17}{360}}{100 + \frac{6 \times 17}{360}},$$

Sur un billet à 17 jours, de 318 fr., on devra donc retenir :

$$\frac{\frac{6\times 17}{360}}{100+\frac{6\times 17}{360}}\times 318,$$

ou

$$\frac{6\times 17\times 318}{36000+6\times 17}, \quad \text{ou} \quad 0,898.$$

---

520. Le billet est de........................ 412f,75
Le banquier a payé.................... 401 ,15
Différence ou escompte....... 11f,60

Si l'escompte est en dehors, je dois comparer ces 11f,60 au montant du billet 412f,75; je dis alors :

11f,60 pour 412f,75 à 3 mois,

46f,40 pour 412f,75 à 1 an,

$\frac{46^f,40}{412,75}$ pour 1 franc par an,

$\frac{46^f,40\times 100}{412,75}$ pour 100 francs par an, ou **11f,24.**

Quant au taux d'escompte en dedans, ce serait :

$$\frac{46^f,40\times 100}{401,15}, \quad \text{ou} \quad 11^f,57.$$

---

521. L'escompte en dehors étant de 6 pour 100 par an, il sera de $\frac{6^f\times 28}{12}$, ou de 14 pour 100 pour 28 mois. Cela posé,

Un billet de 100 fr. vaudrait actuellement :

$$100^f-14^f, \quad \text{ou} \quad 86^f.$$

Un billet de $\frac{100^f}{86}\times 730,40$ vaut actuellement 730f,4.

Le résultat demandé est donc :

$$\frac{100^f\times 730,4}{86}, \quad \text{ou} \quad 849^f,30.$$

---

522. Le montant du billet est de........... 849f,30
La valeur actuelle est de.............. 730,40

Différence ou escompte...... 118f,90

Pour 100 fr., l'intérêt est de 6 fr. pour 360 jours;

Pour 1 fr., l'intérêt serait de 6 fr. pour $360^j \times 100$;

Pour 849f,30, l'intérêt est de 6 fr. pour $\frac{360^j \times 100}{849,30}$;

Pour 849f,30, l'intérêt serait de 1 fr. pour $\frac{360^j \times 100}{849,30 \times 6}$;

Pour 849f,30, l'intérêt sera de 118f,90 pour $\frac{360^j \times 100 \times 118,90}{849,30 \times 6}$.

En résumé, le nombre de jours demandé est

$$\frac{360^j \times 100 \times 118,90}{849,3 \times 6};$$

ce qui donne 840 jours, ou 28 mois, ou 2 ans 4 mois.

---

523. Pour 648 fr. à 1 an, l'intérêt est de.... 28f,26;

Pour 1 fr., à 1 an, l'intérêt serait de... $\frac{28^f,26}{648}$;

Pour 100 fr., à 1 an, l'intérêt sera de.. $\frac{28^f,26 \times 100}{648}$;

ou 4f,36.

---

524. Pour 100 fr., l'intérêt est de 6 fr. pour..... 360^j,

Pour 1 fr., l'intérêt serait de 6 fr. pour... $360^j \times 100$,

Pour 387f,35, l'intérêt serait de 6 fr. pour $\frac{360^j \times 100}{387,35}$;

Pour 387f,35, l'intérêt serait de 1 fr. pour. $\frac{360^j \times 100}{387,35 \times 6}$;

Pour 387f,35, l'intérêt sera de 4f,42 pour

$$\frac{360^j \times 100 \times 4,42}{387,35 \times 6}, \quad \text{ou} \quad 68 \text{ jours.}$$

---

525. On entend par valeur nominale, la somme indiquée sur le billet.

5^f sont les intérêts pour......... 360^j.... de 100^f;

1^f serait l'intérêt pour............ 360^j.... de $\frac{100^f}{6}$;

$7^f,50$ seraient les intérêts pour.... 360^j.... de $\frac{100^f \times 7,50}{6}$;

$7^f,50$ seraient les intérêts pour 1^j.... de $\frac{100^f \times 7,50 \times 360}{6}$;

$7^f,50$ seront les intérêts pour 48^j....... de $\frac{100^f \times 7,50 \times 360}{6 \times 48}$;

ce qui donne $937^f,50$ pour la valeur demandée.

---

526. $3^f,50$ sont les intérêts de 100^f pour 360^j;

1^f serait l'intérêt de 100^f pour $\frac{360^j}{3,50}$;

$12^f,20$ seraient les intérêts de 100^f pour $\frac{360^j \times 12,20}{3,50}$;

$12^f,20$ seraient les intérêts de 1^f pour $\frac{360^j \times 12,20 \times 100}{3,50}$;

$12^f,20$ seront les intérêts de 450^f pour $\frac{360^j \times 12,20 \times 100}{3,50 \times 450}$;

ce qui donne 279 jours.

---

527. Le nombre de jours se compose de :

Avril 30—4, ou	26^j
Mai....................................	31
Juin....................................	30
Juillet..................................	2
Total............	89^j

Nota. Nous n'avons pas compté le jour de la négociation; mais nous avons tenu compte de celui de l'échéance.

Pour 100^f à 360^j d'échéance, l'escompte est de 7^f;

Pour 1^f à 360^j .... serait de $\frac{7^f}{100}$;

Pour 500^f à 360^j .... de $\frac{7^f \times 500}{100}$,

Pour 500^f à 1^j .... de $\frac{7^f \times 500}{100 \times 360}$;

Pour 500^f à 89^j, ... sera de $\frac{7^f \times 500 \times 89}{100 \times 360}$.

La valeur actuelle du billet est donc l'excès de 500 fr. sur la somme qu'on obtiendra en exécutant le calcul qui précède ce qui donne

$491^f,35$.

---

528. L'énoncé n'indique pas les mois; nous supposerons l'un de 30 jours et les deux autres de 31 jours; alors le nombre de jours sera de 92 + 6, ou de 98.

Pour 360^j, l'intérêt est de 6^f pour 100^f;
Pour 1^j, » il serait de 6^f pour $100^f \times 360$;
Pour 98^j, » » .... $\frac{100^f \times 360}{98}$;
Pour 98^j, l'intérêt serait de 1^f pour $\frac{100^f \times 360}{98 \times 6}$;
Pour 98^j, l'intérêt sera de $7^f,45$ pour $\frac{100^f \times 360 \times 7,45}{98 \times 6}$.
Telle est l'expression du montant du billet.
En effectuant le calcul, on trouve $456^f,12$.

---

529. Chaque payement est de $15\,620^f : 5$, ou de 3124 fr. exigibles au bout de chaque trimestre.

Au lieu de cela, on a payé au bout de 2 mois

$15\,620^f : 2$, ou 7810 fr.,

somme égale à 2 fois $\frac{1}{2}$ le montant de l'un des payements; il y a donc à déduire pour escompte :

1° L'intérêt de 3124^f	pendant 1 mois..		$15^f,62$
2° L'intérêt de 3124	» 4 » ..		62 ,48
3° L'intérêt de 3124 : 2, ou de 1562	7 » ..		54 ,67
	Total.........		$132^f,77$

On paye ensuite 7810 francs au bout de 4 mois ; cette somme équivaut à 2 fois $\frac{1}{2}$ le montant de l'un des payements qu'on devait faire ; il y a donc à déduire pour escompte :

1° L'intérêt de 1562f pendant 5 mois..	39f,05
2° L'intérêt de 3124 » 8 » ..	124 ,96
3° L'intérêt de 3124 » 11 » ..	171 ,82
Total.........	335f,83
En y joignant....................	132 ,77
Cela fait pour l'escompte total......	468f,60.

C'est le résultat demandé.

---

530. Sur les 5 mois dont il s'agit, il y en a 3 de 31 jours et 2 de 30 jours, ce qui fait un total de 153 jours. Cela posé, j'applique la règle pratique indiquée (*Arith.*, n° **271**), et j'ai immédiatement pour l'expression de la valeur demandée :

$$2460^{f} - \frac{2460^{f} \times 6 \times 153}{36000};$$

ce qui donne 2397f,27.

531.

Mai 31 — 12........................	19j
Juin............................	30
Juillet..........................	31
Août............................	31
Septembre	30
Octobre.........................	31
Novembre.......................	30
Décembre	25
Total...........	227j

La valeur demandée a donc pour expression

$$3600^{f} - \frac{3600^{f} \times 4 \times 227}{36000};$$

ce qui donne 3509f,20.

532.

1er billet	602f
2e »	870
3e »	968
Total	2440f

Escompte du 1er, 602f	pendant	17j	1f,28
Escompte du 2e, 870	»	142	15,44
Escompte du 3e, 968	»	212	25,65
Total			42f,37

Valeur totale actuelle :

2440f — 42f,37, ou 2397f,63.

533.

1er billet	3450f
2e »	2375
3e »	2400
4e »	145,20
Total	8370f,20.

Escompte du 1er, 3450f	pendant	10j	4f,31
» du 2e, 2375	»	30	8,90
» du 3e, 2400	»	35	10,50
» du 4e, 145,20	»	55	1,00
Total			24f,71

Somme à recevoir :

8370f,20 — 24f,71, ou 8345f,49.

---

534. 98f,50 rapportent 4f,50

1f rapporterait .... $\frac{4,50}{98^f,50}$

100f rapporteront .... $\frac{4^f,50 \times 100}{98^f,50}$

ou 4f,56.

---

535. 3f de rente coûtent 69f,80

1f coûterait .... $\frac{69,80}{3}$

175f coûteront .... $\frac{69^f,80 \times 175}{3}$

ou 4071f,66.

---

536. Pour $69^f,80$ on a.............. 3^f de rente;

Pour 1^f on aurait.............. $\frac{3^f}{69,80}$ de rente;

Pour 1570^f on aura............. $\frac{3^f \times 1570}{69,80}$ de rente,

ou $67^f,47$.

---

537. En achetant du $4\frac{1}{2}$,

le revenu de 1^f est de $\frac{4^f,50}{94,15}$, ou de $0^f,04779$.

Celui de 100^f est de $4^f,78$.

En achetant du 3,

le revenu de 1^f est de $\frac{3^f}{68,60}$, ou de $0^f,04373$.

Celui de 100^f est de $4^f,37$.

Le $4\frac{1}{2}$ est donc plus avantageux, si on ne considère que l'intérêt de l'argent.

---

538. Pour que l'un soit aussi avantageux que l'autre, il faut que le 3 p. 100 rapporte $4^f,50$ pour 100,

ou 1 fr. pour $\frac{100^f}{4,50}$, ou 3 fr. pour $\frac{300^f}{4,50}$, ou $66^f,66$.

Le cours du 3 p. 100 doit donc être de $66^f,66$.

---

539. Elle revend pour $93^f,10$ ce qui lui coûte $97^f,50$; elle perd donc $4^f,40$ pour $97^f,50$, ou $\frac{4^f,40}{97,50}$ pour 1 fr., ou $\frac{4^f,40 \times 25\,000}{97,50}$ pour 25000 fr. Cette dernière expression indique la perte demandée, et donne pour résultat $1128^f,20$.

---

540. Le $4\frac{1}{2}$ à $91^f,50$ rapporte $\frac{4^f,50}{91,50}$ pour 1 fr.; le 3 à $66^f,60$, rapporte $\frac{3^f}{66^f,60}$ pour 1 fr. Or le premier nombre est plus grand que le second, donc le $4\frac{1}{2}$ rapporte plus que le 3.

Puisque, en $4\frac{1}{2}$, 1 fr. rapporterait $\frac{4^f,50}{91,50}$,

$$1000 \text{ fr. rapporteront } \frac{4^f,50 \times 1000}{91,50}, \text{ ou } 49^f,18.$$

Puisque, en 3 p. 100, 1 fr. rapporterait $\frac{3^f}{66,60}$,

$$1000 \text{ fr. rapporteront } \frac{3^f \times 1000}{66,60}, \text{ ou } 45^f,04.$$

---

541. Une somme de 147 fr. par trimestre en représente une de 588 fr. par an. Or $69^f,80$ rapportent 3 fr.; $\frac{69^f,80}{3}$ rapporteraient donc 1 fr.; par suite, $\frac{69^f,80}{3} \times 588$ rapporteront 588 fr. par an, ou 147 fr. par trimestre.

La somme demandée est donc $\frac{69^f,80 \times 588}{3}$, ou $13\,680^f,80$.

---

542. Les fractions sont entre elles comme leurs numérateurs, lorsqu'elles ont le même dénominateur; or les fractions données sont respectivement égales à $\frac{8}{12}$, $\frac{9}{12}$, $\frac{10}{12}$; le problème revient donc à partager le nombre donné en parties proportionnelles aux nombres 8, 9, 10.

En appliquant la règle pratique donnée dans le n° **285** de l'*Arithmétique*, on conclut qu'il faut multiplier le nombre à partager par les fractions :

$$\frac{8}{8+9+10}, \quad \text{ou} \quad \frac{8}{27};$$

$$\frac{9}{8+9+10}, \quad \text{ou} \quad \frac{9}{27};$$

$$\frac{10}{8+9+10}, \quad \text{ou} \quad \frac{10}{27}.$$

---

543. Appliquez la règle pratique que nous venons de rappeler, et vous aurez les nombres demandés :

$$\frac{651}{3+7+11} \times 3;$$

$$\frac{651}{3+7+11} \times 7;$$

$$\frac{651}{3+7+11} \times 11;$$

ce qui donne 93; 217; 341.

---

544. 1er nombre.......... $\frac{360 \times 2}{2+3+5+8} = 40;$

2e nombre.......... $\frac{360 \times 3}{2+3+5+8} = 60;$

3e nombre.......... $\frac{360 \times 5}{2+3+5+8} = 100;$

4e nombre.......... $\frac{360 \times 8}{2+3+5+8} = 160.$

---

545. En appliquant la même règle, on obtient :

$$\frac{1250 \times 9}{9+16+10} = 321\ \frac{3}{7};$$

$$\frac{1250 \times 16}{9+16+10} = 571\ \frac{3}{7};$$

$$\frac{1250 \times 10}{9+16+10} = 357\ \frac{1}{7}.$$

---

546. Les deux premières parties doivent être inversement proportionnelles aux nombres 3 et 5; leur rapport sera égal à $\frac{5}{3}$; mais les fractions $\frac{1}{3}$ et $\frac{1}{5}$ remplissent la même condition, car $\frac{1}{3} : \frac{1}{5} = \frac{5}{3}$; les deux premiers nombres sont donc entre eux comme les fractions $\frac{1}{3}$ et $\frac{1}{5}$.

On prouverait de même que le rapport du second nombre au troisième est égal à celui de $\frac{1}{5}$ à $\frac{1}{7}$.

Les trois parties seront donc proportionnelles

aux fractions .... $\frac{1}{3}, \frac{1}{5}, \frac{1}{7}$;

ou aux fractions .... $\frac{35}{105}, \frac{21}{105}, \frac{15}{105}$;

ou aux nombres....... 35, 21, 15.

Par conséquent :

La 1re partie sera....... $\frac{71 \times 35}{35+21+15}$, ou 35;

La 2e partie sera....... $\frac{71 \times 21}{35+21+15}$, ou 21;

La 3e partie sera....... $\frac{71 \times 15}{35+21+15}$, ou 15.

---

547. La première doit être les $\frac{8}{5}$ de la seconde, et la seconde doit être les $\frac{7}{4}$ de la troisième; cette troisième est donc les $\frac{4}{7}$ de la seconde.

Les fractions (ou rapports) $\frac{8}{5}$ et $\frac{4}{7}$ étant réduites au même dénominateur, deviennent $\frac{56}{35}$ et $\frac{20}{35}$.

Les trois parties demandées doivent donc être entre elles comme les nombres $\frac{56}{35}$ .... 1 .... $\frac{20}{35}$, ou comme les nombres entiers : 56 .... 35 .... 20.

Reste à appliquer la règle générale, et on obtient :

$50^{f},45$; $31^{f},53$; $18^{f},02$.

---

548. L'énoncé fait connaître les rapports de la première à chacune des trois autres. Pour comparer les parties demandées à une même partie, je renverse chacun des rapports donnés :

La seconde est les $\frac{5}{6}$ de la première; la troisième est les $\frac{4}{5}$ de la première; la quatrième est les $\frac{3}{4}$ de la première.

Les quatre parts demandées sont donc proportionnelles aux nombres :

	1	.....	$\frac{5}{6}$	....	$\frac{4}{5}$	....	$\frac{3}{4}$
ou	1	.....	$\frac{50}{60}$	....	$\frac{48}{60}$	....	$\frac{45}{60}$
ou	60	.....	50	....	48	....	45

Cette préparation faite, on rentre dans la question ordinaire et on obtient 28,374 ; 23,645 ; 22,700 ; 21,281.

---

549. Le rapport de la 1re à la 2e est $\frac{1}{\left(\frac{4}{3}\right)}$, ou $\frac{3}{4}$,

Le rapport de la 2e à la 3e est $\frac{\left(\frac{3}{5}\right)}{\left(\frac{1}{2}\right)}$, ou $\frac{6}{5}$,

Le rapport de la 3e à la 4e est $\frac{\left(\frac{1}{8}\right)}{\left(\frac{1}{6}\right)}$, ou $\frac{3}{4}$.

Je compare toutes ces parties à la 1re, et alors la 2e est les $\frac{4}{3}$ de la 1re ; la 3e est les $\frac{5}{6}$ des $\frac{4}{3}$, ou les $\frac{10}{9}$ de la 1re ; la 4e est les les $\frac{4}{3}$ des $\frac{10}{9}$, ou les $\frac{40}{27}$ de la 1re.

Les parties cherchées sont donc proportionnelles à :

	1	....	$\frac{4}{3}$	....	$\frac{10}{9}$	....	$\frac{40}{27}$
ou à	27	....	36	....	30	....	40.

Reste à appliquer la règle. Elle donne : 189 ; 252 ; 210 ; 280.

---

550. La 1re troupe d'ouvriers a fait 225 mètres en 15 jours, ou 15 mètres par jour; la 2e troupe a fait 3420 mètres en 27 jours ou $126^m \frac{2}{3}$ par jour. Les nombres d'ouvriers composant les deux troupes sont donc entre eux comme les nombres :

$$15 \quad \text{et} \quad 126\frac{2}{3}$$

ou

$$45 \quad \text{et} \quad 380.$$

Reste à appliquer la règle.

Elle donne, pour la 1re troupe, 79 ouvriers $\frac{1}{5}$, soit 79 ouvriers, et pour la seconde 669 ouvriers.

---

551. Les bénéfices doivent être dans le rapport des mises :

150000 fr.
200000
75000
175000

ou des nombres :

150, 200, 75, 175,

ou simplement de ceux-ci :

6, 8, 3, 7.

On trouve par l'application de la règle :

24000 fr.; 32000 fr.; 12000 fr.; 28000 fr.

---

552. Le premier, ayant fourni $\frac{1}{4}$ de la mise doit avoir $\frac{1}{4}$ du bénéfice 48000 fr., ou 12000f

Le second $\frac{1}{3}$ de 48000f, ou.................... 16000

Le troisième les $\frac{5}{12}$ de 48000f, ou................ 20000

Total................ 40000f

---

553. Le 1er a fourni 12000 francs pendant 2 ans; il aura donc le même bénéfice que s'il avait fourni 24000 francs pendant 1 an.

En ramenant ainsi chaque mise à ce qu'elle serait pendant 1 an, on obtient :

1°	$12\,000^f \times 2,$	ou	24 000 fr.
2°	$11\,200^f \times 1\frac{1}{2}$	»	16 800
3°	$8300^f \times 1\frac{3}{4}$	»	14 525
4°	$7\,250 \times \frac{230}{360}$	»	4 631ᶠ,94.

Cela fait, on rentre dans la règle de société simple, et l'on obtient 1537ᶠ,10 ; 1075ᶠ,97 ; 930ᶠ,27 ; 296ᶠ,66.

---

554. On raisonnera comme pour le problème précédent. On prendra le mois pour unité, et on n'aura plus qu'à partager 21 700 francs proportionnellement aux cinq nombres indiqués ci-après :

$25\,000^f \times 12$	ou	300 000 fr.
$48\,000 \times 15$	»	720 000
$64\,000 \times 9$	»	576 000
$35\,000 \times 8$	»	280 000
$42\,000 \times 7$	»	294 000,

ou 150, 360, 288, 140, 147 ;

ce qui donnera 3000 fr. ; 7200 fr. ; 5760 fr. ; 2800 fr. ; 2940 fr.

---

555. Les nombres demandés ont pour expression :

$$\frac{60\,329^f,25 \times 1586}{1586 + 1234 + 2190}, \quad \frac{60\,329^f,25 \times 1234}{1586 + 1234 + 2190};$$

$$\frac{60\,329^f,25 \times 2190}{1586 + 1234 + 2190};$$

ce qui donne 19 098ᶠ,24 ; 14859ᶠ,54 ; 26 371ᶠ,47

---

556. Application de la même règle.

Elle donne pour les cinq parts : 13 736ᶠ,92 ; 16 484ᶠ,31 ; 14 129ᶠ,41 ; 22 764ᶠ,04 ; 4317ᶠ,32.

---

557. Je compare toutes les parts à la seconde :

La 1re est les $\frac{4}{3}$ de la seconde ;

La 3e est les $\frac{4}{5}$ de la seconde.

Les nombres proportionnels aux parts demandées sont donc :

$$\frac{4}{3},\quad 1,\quad \frac{4}{5},$$

ou $$20,\quad 15,\quad 12 ;$$

et les trois parts sont 27 234^{f},04 ; 20 425^{f},53 ; 16 340^{f},43.

---

558. La 3e mise de 8800 francs est restée dans la société pendant 2 ans 8 mois, ou pendant 32 mois ; son bénéfice doit donc être le même que celui de 8800×32 pendant un seul mois. Pour que la 1re part de 12 000 francs produise le même bénéfice, il faut que la somme de 12 000 francs multipliée par le nombre de mois pendant lesquels elle est placée, donne un produit égal à $8800^{f} \times 32$. Le nombre de mois demandé est

$$\frac{8800 \times 32}{12\,000}, \quad \text{ou} \quad \frac{88 \times 32}{120}.$$

Par la même raison, le nombre de mois pendant lesquels la somme de 9500 francs a été placée est égal à :

$$\frac{88 \times 32}{95}.$$

Ce qui donne :

Pour la première.............................. 1^{a} 11^{m} $\frac{7}{15}$.

Et pour la seconde............................ 2^{a} 5^{m} $\frac{61}{95}$.

---

559. 16 doubles décalitres à 4^{f},50 coûtent .. 72^{f}

18 » à 4,70 » .. 84,60

20 » à 3,60 » .. 72

54 doubles décalitres coûtent.......... 228^{f},60

Chaque double décalitre coûte donc :

$$228^{f},60 : 54, \quad \text{ou} \quad 4^{f},23.$$

560. On a donné $2^k,09$ d'argent pur. Or $4^g,5$ d'argent pur valent 1 franc; la valeur du lingot donné en payement est donc :

$$\frac{2090}{4,5}, \quad \text{ou} \quad 464^f,44.$$

D'autre part, 96 litres d'eau-de-vie à $2^f,70$ coûtent $259^f,20$; reste donc pour prix des 625 litres de vin :

$$464,44 - 259,20, \quad \text{ou} \quad 205^f,24\,;$$

par suite, le prix du litre est :

$$205^f,24 : 625,$$

ce qui fait $0^f,3283\ldots$, ou $32^f,83$ l'hectolitre.

561.

80 litres	à 50 c.	coûtent	40^f
108 »	à 70	»	75 ,60
60 »	à 65	»	39
248 litres mélangés coûtent			$154^f,60$

Prix moyen du litre $\frac{154^f,60}{248}$, ou $0^f,62$.

---

562. Comme au problème précédent, le mélange, c'est-à-dire 630 litres, coûte 445^f, ce qui fait par litre $\frac{445^f}{630}$, ou $0^f,70\ldots$.

563.

45 kilogr.	à $0^f,575$	ont coûté	$25^f,875$
63 »	à 0 ,545	»	34 ,335
108 »	à 0 ,46	»	49 ,68
216 kilogr. ont coûté			$109^f,89$

1 kilogr. coûterait : $\frac{109^f,89}{216}$;

100 kilogr. coûteront : $\frac{109^f,89 \times 100}{216,}$, ou $50^f,875$.

564.	225 litres à 72 centimes coûtent........	162f
	62 » à 46 »	28,52
	287 litres coûtent	190f,52

On veut gagner 13 c. par litre, ou 13c × 287, ou 37f,31

On doit donc vendre le tout.................. 227f,83,

Ce qui met le litre à 227f,83 : 287, ou à 0f,79....

---

565. 1° Chaque litre de la 1re espèce coûte 80 c. et sera vendu à 75 c., ce qui fait une *perte* de 5 c.

2° Chaque litre de la 2e espèce coûte 50 c. et sera vendu 75 c., ce qui fait un *gain* de 25 c.

Les nombres à prendre sur chaque espèce doivent être tels, que leurs produits par 5 et 25 soient égaux entre eux. Ces deux nombres doivent donc être dans un rapport inverse de celui des nombres 5 et 25; ils doivent donc être entre eux dans le rapport de 25 à 5, ou dans celui de 5 à 1.

Il faut donc partager 228 litres proportionnellement aux nombres 5 et 1; ce qui donne 190 litres à 80 centimes, et 38 litres à 50 centimes.

---

566. Même raisonnement que ci-dessus.

Sur chaque litre de la 1re espèce on perd 5 c.; sur chaque litre de la 2e espèce on gagne 7 c.; les nombres à prendre de chaque espèce doivent donc être dans le rapport de 7 à 5, ou bien les $\frac{7}{12}$ et les $\frac{5}{12}$ du total.

---

567. Sur chaque litre de la 1re espèce on gagne 15 c.; sur chaque litre de la 2e espèce on perd 22 c.; les nombres de litres de chaque espèce sont donc dans le rapport de 22 à 15. Or le nombre de litres de la 2e espèce est 369; le nombre de litres de la 1re espèce est donc

$$369^{l} \times \frac{22}{15}, \text{ ou } 541^{l},2.$$

---

568. Sur chaque hectolitre de la 1re qualité on gagne 2 fr.;

ur chaque hectolitre de la 2e qualité on perd 5 fr. ; il faut donc artager 100 hectolitres proportionnellement aux nombres 5 et 2 ; e qui donne : 71h,429 et 28h,571.

---

569. Sur chaque hectolitre de la 1re espèce on perd 6 fr. ; sur chaque hectolitre de la 2e espèce on gagne 16 fr. ; le rapport du nombre d'hectolitres de la 1re espèce au nombre d'hectolitres de la 2e est donc :

$$\frac{16}{6}, \text{ ou } \frac{8}{3}.$$

---

570. Problème indéterminé, parce qu'il y a trois qualités de vin. Pour faire cesser l'indétermination, j'ajouterai une condition. Je supposerai, par exemple, qu'on mélange la 2e et la 3e qualité par parties égales, auquel cas le prix de chaque litre de mélange sera de

$$\frac{80^c + 95^c}{2}, \text{ ou de } 87^c\frac{1}{2}.$$

Cela posé, sur chaque litre de la 1re qualité on gagne 15 centimes ; sur chaque litre du mélange des deux autres qualités on perd $17^c\frac{1}{2}$; le rapport du nombre de litres de la 1re espèce au nombre de litres du mélange des deux autres doit donc être

$$\frac{17\frac{1}{2}}{15}, \text{ ou } \frac{35}{30}.$$

On prendra, par exemple :

35 litres de la 1re,
15 » 2e,
15 » 3e.

Observation. On aurait d'autres nombres avec une autre hypothèse servant à compléter l'énoncé du problème

---

571. Le problème admet deux solutions.

Puisque le marchand a trois qualités et qu'on ne veut en mélanger que deux, on peut faire trois hypothèses :

1° Mélanger la 1re avec la 2e ;

2° Mélanger la 2e avec la 3e.

3° Mélanger la 1re avec la 3e.

La 1re *hypothèse* est inadmissible, puisque les deux premières qualités valent 36 fr. et 24 fr. et qu'on veut un mélange à 20 fr. (20 n'est pas compris entre 36 et 24.)

2e *hypothèse*. Sur chaque kilogramme de la 2e espèce, on perd 4 fr. ; sur chaque kilogramme de la 3e espèce on gagne 4 fr. ; il faut donc les mêler par parties égales et, par conséquent, prendre 50 kilogr. de la 2e espèce et 50 kilogr. de la 3e.

3e *hypothèse*. Sur chaque kilogramme de la 1re espèce on perd 16 fr. ; sur chaque kilogramme de la 3e espèce on gagne 4 fr. ; les nombres de kilogrammes doivent donc être dans le rapport de 4 à 16, ou de 1 à 4 ; il faudra donc prendre $\frac{100^k \times 1}{5}$, ou 20 kilogrammes de la 1re espèce, puis $\frac{100^k \times 4}{5}$, ou 80 kilogr. de la 3e espèce.

572.

92 kil. d'étain	à 2f,50 coûtent	....	230f
8 » de plomb	à 0,90 »	....	7,20
Pour 100 kil	....		237f,20

Pour 1 kil. 237f,20 : 100, ou 2f,37.

---

573. Chaque kilogramme du 1er lingot contient 900 gr. d'or ; par conséquent :

	13 kil. à 0,900	contiennent.....	11 700 gr.
de même,	25 » à 0,800	»	20 000
	32 » à 0,700	»	22 400
	70 kil.	contiennent	54 100 gr.

Chaque kilogramme contient 54 100g : 70, ou 773 grammes, à 1 gramme près.

Le titre cherché est donc :

0,773.

---

574. La quantité d'or pur contenue dans le souverain d'or d'Angleterre est $7^g,981 \times 0,917$, qui ont la même valeur que $7^g,981 \times 0,917 \times 15,5$ en argent ; or $4^g,5$ d'argent pur valent 1 fr. ; la valeur du souverain en francs est donc exprimée par

$$\frac{7,981 \times 0,917 \times 15,5}{4,5}.$$

Calcul effectué, on trouve $25^f,20$.

---

575. Chaque franc en or pèserait :

$$\frac{5^g}{15,5}, \quad \text{ou} \quad \frac{10}{31} \text{ de gramme.}$$

Par conséquent 3400 fr., en monnaie d'or pèsent

$$34\,000^g : 31, \quad \text{ou} \quad 1096^g,774 ;$$

849 fr. en monnaie d'argent pèsent :

$$5^g \times 849, \quad \text{ou} \quad 4245 \text{ gr.} ;$$

$7^f,42$ en monnaie de bronze pèsent :

1742 gr.

Le poids total du sac est donc la somme de ces trois nombres de grammes, ou $7083^g,774$.

---

576. 20 fr. en argent pèseraient :

$$5^g \times 20, \quad \text{ou} \quad 100 \text{ gr.}$$

20 fr. en or pèsent donc :

$$100^g : 15,5, \quad \text{ou} \quad 6^g,4516.$$

---

577. 24 fr. pèsent

$$5^g \times 24, \quad \text{ou} \quad 120 \text{ gr.}$$

Le poids du cuivre contenu dans 24 fr. est les 0,165 de 120 gr., ou $19^g,8$.

Celui de l'argent est les 0,835 de 120 gr., ou $100^g,2$.

---

578. Le franc en or pèserait $\frac{5^{g}}{15,5}$, ou $\frac{10^{g}}{31}$; par conséquent une pièce de 20 fr., qui pèse $6^{g},357$, a comme monnaie une valeur égale à

$$6,357 : \frac{10}{31}, \quad \text{ou} \quad \frac{6,357 \times 31}{10},$$

ce qui fait $19^{f},70$ ou une diminution de 30 centimes.

---

579. Il y a ici deux problèmes. Dans les données entrent les titres sans qu'ils soient nommés.

1re *question*. L'argenterie au premier titre contient les 0,950 de son poids en argent fin ; par conséquent l'argent fin contenu dans une pièce d'argenterie du poids de 843 gr. pèse $0^{g},95 \times 843$; sa valeur en francs est donc :

$$\frac{0,95 \times 843}{4,5}, \quad \text{ou} \quad 177^{f},97.$$

2e *question*. L'argenterie au second titre contient $0^{g},80$ d'argent fin par gramme ; une pièce d'argenterie de $912^{g},20$ contient donc $0^{g},8 \times 912,2$ d'argent ; elle a donc pour

$$\frac{0,8 \times 912,2}{4,5}, \quad \text{ou} \quad 162^{f},17.$$

---

580. Le franc contient $4^{g},5$ d'argent pur (ancien titre, voir n° **160**) ; par conséquent la quantité d'or pur valant 1 franc est égale à $\frac{4^{g},5}{15,5}$, ou à $\frac{9^{g}}{31}$.

La première pièce pèse $49^{g},57$; l'or qu'elle contient pèse $49^{g},57 \times 0,920$; elle vaut donc en francs :

$$(49,57 \times 0,920) : \frac{9}{31}, \quad \text{ou} \quad 157^{f},08.$$

Deuxième pièce : Poids..... $85^{g},68$.
Poids de l'or........... $85,68 \times 0,840$.
Valeur en francs........ $(85,68 \times 0,840) : \frac{9}{31}$, ou $247^{f},90$.
Troisième pièce : Poids..... $245^{g},60$
Poids de l'or............. $245,60 \times 0,750$.
Valeur en francs......... $245,60 \times 0,750 : \frac{9}{31}$, ou $634^{f},47$.

---

581. 17 gr d'or à 0,815 contiennent $17^g \times 0,815$ d'or fin ; 43 gr. d'or à $0^g,924$ contiennent $43^g \times 0,924$ d'or fin.

Poids total de l'alliage :

$$17^g + 43^g, \quad \text{ou} \quad 60 \text{ gr.}$$

Poids de l'or fin : $\left\{ \begin{array}{r} 17^g \times 0,815 = 13^g,855 \\ 43^g \times 0,924 = 39\ ,732 \\ \hline \text{Total...}\ 53^g,587 \end{array} \right.$

Titre demandé :

$$\frac{53,587}{60}, \quad \text{ou} \quad 0,893.$$

---

582. La couronne valant $5^f,81$, elle doit contenir $4^g,5 \times 5,81$, ou $26^g,145$ d'argent fin. Or elle pèse $28^g,251$; elle a donc un titre égal à :

$$\frac{26,145}{28,251}, \quad \text{ou à} \quad 0,925.$$

---

583. 56 gr. d'or à $0^g,945$ contiennent :

1° Or fin.............. $56^g \times 0,945$............ $52^g,920$;

2° Cuivre.............. 56 − 52,920.......... 3 ,080.

Le poids du cuivre contenu dans l'alliage demandé doit être le neuvième de celui de l'or, ou de $52^g,920$, ce qui fait $5^g,880$.

Or le lingot en contient déjà $3^g,080$; le cuivre à ajouter pèsera donc :

$$5^g,880 - 3^g,080, \quad \text{ou} \quad 2^g,800.$$

---

584. Le poids du cuivre étant 13 fois celui de l'étain, il est les $\frac{13}{14}$ du total ; par conséquent :

Le poids de cuivre est $0^k,348 \times \frac{13}{14}$, ou $323^g,142$....

et celui de l'étain, $0^k348 \times \frac{1}{14}$, ou $24^g,857$....

---

585. On ne dit pas s'il faut opérer avec ou sans retenue; je suppose que c'est sans retenue.

1° Chaque kilogramme d'argent à 0,900 vaut 200 fr.; chaque kilogramme d'or à 0,900 vaut $200^f \times 15,5$, ou 3100 fr.; chaque kilogramme d'or pur vaut $3100^f \times \frac{10}{9}$; par conséquent 29 000 kilog. d'or pur valent $3100^f \times \frac{10}{9} \times 29\,000$, ou $99\,888\,888^f,89$.

2° Chaque franc renferme $4^g,5$ d'argent pur; 20 fr. en argent en renferment 90 gr.; 20 fr. en or contiennent donc $\frac{90^g}{15,5}$, ou $\frac{180^g}{31}$ d'or. Le nombre de pièces demandé sera donc $29\,000\,000 : \frac{180}{31}$; la partie entière du quotient est 4 994 444 : c'est le nombre de pièces qu'on pourra fabriquer, et il restera :

$$29\,000\,000^g - \frac{180^g}{31} \times 4\,994\,444, \quad \text{ou} \quad 2^g\frac{18}{31} \text{ d'or pur.}$$

---

586. La soudure étant composée de 7 parties de plomb et de 1 d'étain, le poids du plomb est les $\frac{7}{8}$ du poids total, et celui de l'étain $\frac{1}{8}$; ainsi :

1° Pour faire 1 kilogr. d'alliage, il faudra les $\frac{7}{8}$ de 1000 gr., ou 875 gr. de plomb, et $\frac{1}{8}$ de 1000 gr., ou 125 gr. d'étain.

2° 875 gr. de plomb coûteront $0^f,0005 \times 875$, ou... $0^f,4375$
125 gr. d'étain coûteront $0^f,0021 \times 125$, ou....... $0^f,2625$
Prix du kilogr. d'alliage....... $0^f,70$

---

587. Le poids de l'or contenu dans le lingot est $56^k,250 \times 0,855$, ou $56\,250^g \times 0,855$. La valeur en francs a donc pour expression :

$$\frac{56250 \times 0,855}{4,5} \times 15,5\,;$$

ce qui fait $165\,656^f,25$.

---

588. 3200 fr. en or pèsent $\frac{4^g,5 \times 3200}{15,5}$; le titre est donc :

$$\frac{4,5 \times 3200}{15,5} : 1550, \quad \text{ou} \quad 0,599.$$

---

589. Sur chaque gramme qu'on prendra sur le premier lingot, il manquera 25 milligrammes.

Sur chaque gramme qu'on prendra sur le deuxième lingot, il y aura un excès de 35 milligrammes.

Pour que la perte et l'excès se compensent, les nombres de grammes à prendre sur les deux lingots doivent être inversement proportionnels aux nombres 25 et 35, ou 5 et 7. On devra donc prendre les $\frac{7}{12}$ de 100 gr. sur le premier lingot, et les $\frac{5}{12}$ de 100 gr. sur le second ; ce qui fait $58^g,33$, et $41^g,67$.

---

590. Le titre du lingot qu'on veut obtenir étant 0,800, le rapport de l'argent pur au cuivre sera $\frac{800}{200}$, ou 4.

Le cuivre contenu dans le premier lingot est les $\frac{3}{10}$ de 48 kilogr., ou $14^k,4$.

Le poids du cuivre contenu dans le second lingot est les 0,35 de 52 kilogr., ou $18^k,20$.

En alliant les deux lingots, le poids total du cuivre sera $14^k,4 + 18^k,20$, ou $32^k,6$. Le poids de l'argent doit être quadruple, ou $130^k,4$.

Le poids de l'argent contenu dans le premier lingot est les 0,7 de 48 kilogr., ou $33^k,6$.

Le poids de l'argent contenu dans le deuxième lingot est les 0,65 de 52 kilogr., ou $33^k,8$.

Le poids total de l'argent contenu dans les deux lingots est donc $33^k,6 + 33^k,8$, ou $67^k,4$; or il doit être de $130^k,4$; il faut donc lui ajouter en argent $130^k,4 - 67^k,4$, ou 63 kilogr.

---

591. Sur chaque gramme du premier lingot, il y a un excès de $0^g,050$; sur chaque gramme du deuxième lingot, il y a un déficit de $0^g,015$.

Les nombres de grammes à prendre sur les deux lingots doivent donc être inversement proportionnels aux nombre 50 et 15, ou 10 et 3.

Conclusion. Prenez $\frac{3}{13}$ de kilogramme sur le premier lingot, $\frac{10}{13}$ de kilogramme sur le second, ou $230^g,77$ et $769^g,23$.

---

502. Argent pur contenu dans le premier morceau d'argent .... $5^{gr} \times 0,8 = 4^{gr}$

Argent contenu dans le deuxième. .... $7 \times 0,9 = 6,3$

Argent contenu dans le troisième.......... $12 \times 0,95 = 11,4$

Total de l'argent fin.................... $21^g,7$

Total du lingot....... $5^g + 7^g + 12^g = 24^g$.

Titre demandé.... $\frac{21,7}{24}$, ou 0,904.

---

503. L'argent pur contenu dans l'argenterie dont il s'agit pèse $8^k,25 \times 0,95$, ou $7^k,8375$.

Le poids du cuivre de l'alliage obtenu doit donc être les $\frac{165}{835}$ de $7^k,8375$, ou $1^k,54873$. Le poids du cuivre déjà contenu dans le lingot est les $\frac{5}{100}$ ou $\frac{1}{20}$ de $8^k,25$, ou $0^k,4125$; le poids du cuivre à ajouter est donc $1^k,54873 - 0^k,4125$, ou $1^k,13623$.

---

504. Le cuivre contenu dans le lingot proposé pèse $162^g \times 0,25$, ou $40^g,5$.

Le cuivre contenu dans l'alliage qu'on veut former en est les $\frac{15}{100}$; le poids de cet alliage sera donc les $\frac{100}{15}$ du poids du cuivre, lequel est de $40^g,5$; cela donne pour le poids du lingot qu'on veut obtenir $40^{gr},5 \times \frac{100}{15}$, ou 270 gr.; le poids de l'argent à ajouter est donc $270^g - 162^g$, ou 108 grammes.

---

595. Les titres légaux pour les objets en argent sont 0,950 et 0,800.

Je suppose qu'il s'agisse du nouveau titre 0,835.

Chaque gramme d'argent au premier titre contiendra $0^g,115$ de trop Chaque gramme d'argent au second titre contiendra $0^g,035$ de moins qu'on ne veut. Pour que le *plus* compense le *moins*, le rapport des poids à employer doit être l'inverse du rapport de 115 à 35, ou $\frac{7}{23}$. Il faudra donc employer $\frac{7}{30}$ de kilogramme au premier titre, et $\frac{23}{30}$ de kilogramme au deuxième titre.

Ce qui fait $233^g\frac{1}{3}$ et $766^g\frac{2}{3}$.

---

596. Partagez 100 en deux parties proportionnelles aux nombres :

$$1,1056\,;\quad 0,0692\times 2\,;$$

$$x=\frac{100\times 1,1056}{1,2440}=88,87\,;$$

$$y=\frac{100\times 0,1384}{1,2440}=11,13.$$

$$88,87+11,13=100.$$

---

597. A volume égal :

Le mercure pèse 13 fois $\frac{1}{2}$ l'eau ; l'eau pèse 770 fois l'air ;

Donc le mercure pèse 13 fois $\frac{1}{2}$ 770 fois l'air ;

or $$770\times 13\frac{1}{2}=10395.$$

Rép. Le poids du mercure, à volume égal, est 10395 fois le poids de l'air.

---

598. 1°
$$x=\frac{100\times 2,4258}{2,4258+0,0692}=97,23,$$

$$y=\frac{100\times 0,0692}{2,4258\times 0,0692}=2,77,$$

$$2,77+97,23=100.$$

2° Densité du chlore : $\frac{2,4258+0,0692}{2}$, ou 1,2475.

---

599. L'eau à $4^{o},1$ pèse 1 kilogramme par litre ou par décimètre cube ; en passant à l'état de glace, son volume augmente de $\frac{1}{14}$; il devient donc les $\frac{15}{14}$ de ce qu'il était ; par conséquent le litre devient $\frac{15}{14}$ de litre.

Ainsi, $\frac{15}{14}$ de litre pèsent.................. 1000^{g},

1 litre pèserait............... ... $\frac{1000^{g} \times 14}{15}$,

$6^{l},3$ pèseront..................... $\frac{1000^{g} \times 14}{15} \times 6,3$,

Ce qui fait 5880^{g}.

Rép. 5 kilogrammes et 880 grammes.

---

600. On nomme *densité* d'un corps le rapport du poids de ce corps à celui de l'eau et à volume égal ; or l'eau pèse 1 kilogr. par décimètre cube ; par conséquent, la densité d'un corps est numériquement égale au poids d'un décimètre cube de ce corps exprimé en kilogr., ou au poids d'un centimètre cube de ce corps exprimé en grammes, ou au poids d'un mètre cube de ce corps exprimé en tonnes métriques. Ainsi, dans les calculs relatifs aux volumes, poids et densités, il ne faut pas oublier de rapporter ces trois quantités à des unités qui se correspondent*.

Exemple. Combien pèsent 17 litres d'un liquide dont la densité est 0,78 ?

Rép. $0^{k},78 \times 17$, ou $13^{k},26$.

Le résultat exprime des *kilogr.*, parce que le volume est exprimé en *litres*.

---

* C'est ce que nous avons eu soin d'expliquer dans l'*Arithmétique* in-12. Faute de posséder ces connaissances, beaucoup d'aspirantes échouent à la composition d'arithmétique.

Au mètre cube, correspond la tonne ;
Au décimètre cube, correspond le kilogramme ;
Au centimètre cube, correspond le gramme ;
Au millimètre cube, correspond le milligramme.
Dans chacune de ces deux espèces de quantités, les unités que nous venons de citer sont de mille en mille fois plus petites.

601. $7,67 : 3,78 = 2,0291\ldots.$

Ce résultat exprime la densité du soufre.

Cela résulte de ce qu'un morceau de soufre a été pesé; on a trouvé $7^g,67$; puis on a déterminé le poids d'une quantité d'eau d'un volume égal, et on a trouvé $3^g,78$; par conséquent le quotient 2,0291 exprime le rapport du poids du soufre au poids de l'eau à volume égal, c'est-à-dire la densité du soufre.

---

602. La densité du mercure est 13,598; donc 1 litre de mercure pèse $13^k,598$; par conséquent $4^l,37$ pèseront :

$$13^k,598 \times 4,37, \quad \text{ou} \quad 59^k,42326.$$

Cette quantité de mercure, à raison de $12^f,50$ le kilogr., coûtera

$$12^f,5 \times 59,42326, \quad \text{ou} \quad 742^f,79.$$

---

603. $1,625 : 0,193 = 8,4196\ldots$

Ce résultat exprime la densité du laiton.

Cela résulte de ce qu'un morceau de laiton a été pesé, on a trouvé $1^g,625$; puis on a déterminé le poids d'une quantité d'eau d'un volume égal, et on a trouvé $0^g,193$; par conséquent le quotient 8,4196.... exprime le rapport du poids du laiton au poids de l'eau à volume égal, c'est-à-dire la densité du laiton.

---

604. Un vase plein de mercure pèse $53^k,318$; vide, il pèse $5^k,324$; le mercure qu'il contient pèse donc :

$$53^k,318 : 5^k,324, \quad \text{ou} \quad 47^k,994.$$

Or le litre de mercure pèse $13^k,598$; le nombre de litres de mercure contenus dans le vase est donc :

$$47,994 : 13,598, \quad \text{ou} \quad 3,529\ldots.$$

Dans la formule $p = d \times v$, d'où $d = \frac{p}{v}$, $v = \frac{p}{d}$, v et p doivent être exprimés en unités correspondantes.

---

605. L'intervalle entre les deux points fixes du thermomètre où arrive le mercure, lorsqu'il est plongé dans la glace fondante et dans la vapeur d'eau bouillante, est divisé en 100 degrés centigrades, et en 80 degrés Réaumur ; par conséquent,

1° 100° centigrades valent 80° Réaumur (80° R.) ;

1° centigrade vaut.. $\frac{80}{100}$, ou $\frac{4}{5}$ de degré R.

d'où résulte cette règle pratique :

Multipliez $\frac{4}{5}$ par le nombre de degrés centigrades pour transformer ceux-ci en degrés R.

Exemple. 84° centigrades valent $\frac{4}{5} \times 84$, ou 67,2 degrés R. ;

2° 80° Réaumur valent 100° C.

1° Réaumur vaut.. $\frac{100^{\circ}}{80}$, ou $\left(\frac{5}{4}\right)^{\circ}$ C.

Par conséquent :

Multipliez $\frac{5}{4}$ par le nombre de degrés Réaumur pour transformer ceux-ci en centigrades.

Exemple. 67°,2 R. valent $\frac{5}{4} \times 67,2$, ou 84° C.

---

606. 1 mètre de fer pour 1° s'allonge de $\frac{1^{m}}{84800}$;

$4^{m},25$ de fer pour 1° s'allongeraient de $\frac{1^{m} \times 4,25}{84800}$;

$4^{m},25$ de fer pour 60° s'allongeront de $\frac{1^{m} \times 4,25 \times 60}{84800}$,

ou de $0^{m},0030$....

Rép. La barre s'allongera donc de 3 millimètres.

---

607. Chaque décimètre cube d'or pèse $19^{k},26$; par conséquent le nombre de décimètres cubes occupés par 30 kilogr. est égal à

30 : 19,26, ou à 1,5576....

Rép. Le volume demandé est 1 décimètre cube 558 centimètres cubes.

---

608. Le rapport de la seconde vitesse à la première est le quotient des deux nombres 45 et 0,5, ce qui donne 90.

Rép. La seconde vitesse vaut 90 fois la première.

Le rapport de la première à la seconde est $\frac{1}{90}$.

---

609. 1° La vitesse du son dans l'air est de 337 mètres par seconde; dans l'eau elle est de 1435 mètres; le rapport de cette vitesse à la précédente est donc :

$$\frac{1435}{337}, \quad \text{ou} \quad 4{,}25\ldots, \quad \text{ou} \quad 4\,\frac{1}{4} \text{ environ.}$$

2° Le rapport de la vitesse du son dans l'argent à la vitesse du son dans l'eau est :

$$\frac{2660}{1435}, \quad \text{ou} \quad 1{,}85\ldots, \quad \text{ou} \quad 1\,\frac{17}{20} \text{ environ.}$$

3° Le rapport de la vitesse du son dans l'argent à la vitesse du son dans l'air est :

$$\frac{2660}{337}, \quad \text{ou} \quad 7{,}89\ldots, \quad \text{ou} \quad 7\,\frac{9}{10} \text{ environ.}$$

Remarque. Si on compare ces vitesses à la vitesse dans l'air, on obtient les trois nombres :

$$1 \qquad \frac{17}{4} \qquad \frac{79}{10},$$

ou $\quad 20 \qquad 85 \qquad 158.$

On peut donc dire que les vitesses du son dans l'air, dans l'eau, dans l'argent sont entre elles comme les nombres 20, 85 et 158.

---

610. Poids du corps dans l'air................ 35^k
Poids du corps dans l'eau 30

Différence............ 5^k

D'après le *principe d'Archimède*, la perte de poids d'un corps plongé dans l'eau est égale à celui de l'eau déplacée.

Le poids de l'eau déplacée par le corps en expérience est donc égal à 5 kilogr.; le volume de cette eau, et par conséquent le volume du corps, est donc de 5 litres.

La densité d'un corps est le rapport du poids de ce corps au poids de l'eau à volume égal; celle du corps dont il s'agit est donc

$$\frac{35}{5}, \text{ ou } 7.$$

Rép. 1° Le volume du corps est de 5 décimètres cubes.
2° Sa densité est 7.

---

611. La densité du cuivre étant 8,167, ce métal pèse $8^k,167$ par décimètre cube; le nombre de décimètres cubes contenus dans le volume occupé par le cuivre, dont le poids est de 1563 kilog., est donc égal à

$$\frac{1563}{8,167}, \text{ ou à } 191,38.$$

Le litre d'air pèse $1^g,293$; le poids de l'air déplacé par 1563 kilogr. de cuivre est donc :

$$1^g,293 \times 191,38, \text{ ou } 247^g,454.$$

---

612. 1° Le mercure pèse $13^k,598$ par litre; 10 litres pèsent donc $135^k,980$.

2° L'huile d'olive pèse $0^k,915$ par litre; 23 litres pèsent donc

$$0^k,915 \times 23, \text{ ou } 21^k,045.$$

3° L'or pèse $19^k,3$ par décimètre cube; le nombre de décimètres cubes d'or pesant 32 kilogr. est donc :

$$\frac{32}{19,3}, \text{ ou } 1,658031.$$

---

613. 1° Le volume d'un cube de 60 centimètres cubes ou de 6 décimètres cubes de côté est

$$6 \times 6 \times 6, \text{ ou } 216 \text{ décimètres cubes.}$$

Le décimètre cube de fonte pèse 7 kilogr.; par conséquent 216 décimètres cubes pèsent

$$7^k \times 216, \text{ ou } 1512 \text{ kilogr.}$$

2° Le décimètre cube de plomb pèse 11 kilogr.; par conséquent le nombre de décimètres cubes d'une masse de plomb pesant 275 kilogr. est égal à

$$\frac{275}{11}, \text{ ou à } 25.$$

---

614. La densité du fer est 7,788; donc, à volume égal, le poids de ce métal est égal à celui de l'eau multiplié par 7,788; or l'eau pèse 1 gr. par centimètre cube; le fer pèse donc $7^g,788$ par centimètre cube; par suite, 45 centimètres cubes de fer pèsent

$$7^g,788 \times 45, \quad \text{ou} \quad 350^g,46.$$

---

615. Le cuivre pèse $8^k,8$ par décimètre cube; le volume de $2^k,15$ de ce métal, exprimé en décimètres cubes, est donc $\frac{2,15}{8,8}$.

Le zinc pèse $7^k,2$ par décimètre cube; le volume de $1^k,25$ de zinc, exprimé en décimètres cubes, est donc $\frac{1,25}{7,2}$.

Le volume obtenu en alliant $2^k,15$ de cuivre à $1^k,25$ de zinc est par conséquent :

$$\left(\frac{2,15}{8,8} + \frac{1,25}{7,2}\right)^{\text{dmc}},$$

et le poids, $2^k,15 + 1^k,25.$

Or, pour obtenir la densité d'un corps, il faut diviser son poids par son volume; la densité de l'alliage en question est donc :

$$(2,15 + 1,25) : \left(\frac{2,15}{8,8} + \frac{1,25}{7,2}\right);$$

ce qui donne successivement :

$$3,4 : \left(\frac{215}{880} + \frac{125}{720}\right); \quad 3,4 : \left(\frac{43}{176} + \frac{25}{144}\right);$$

$$3,4 : \frac{331}{792}; \quad \frac{34 \times 792}{10 \times 331},$$

ou $8^g,135$.

---

616. La valeur de 1 kilog. d'or est égale à celle de $15^k,5$ d'argent; ou la valeur de $\left(\frac{1}{19,26}\right)^{dmc}$ d'or est égale à celle de $\left(\frac{15,5}{10,47}\right)^{dmc}$ d'argent ;

La valeur de 1 décimètre cube d'or est égale à celle de

$$\left(\frac{15,5}{10,47}\right)^{dmc} : \frac{1}{19,26} \text{ d'argent.}$$

Le nombre demandé est donc :

$$\frac{15,5}{10,47} : \frac{1}{19,26} \quad \text{ou} \quad \frac{155 \times 1926}{10470}, \quad \text{ou} \quad 28,51.$$

---

617. Le bloc proposé vaut :

$$5^f,30 \times 38916, \quad \text{ou} \quad 206\,254^f,80.$$

Le franc pèse 5 gr. et contient $\frac{9}{10}$ de son poids d'argent pur, ou $4^g,5$ (ancien titre, voir n° **160**).

Ainsi $4^g,5$ d'argent valent.. 1^f;

$4^g,5$ d'or valent...... $15^f,50$;

$15^f,50$ en or pur pèsent. $4^g,5$;

1^f en or pur pèserait $\frac{4^g,5}{15,5}$;

$206\,254^f,80$ en or pur pèsent :

$$\frac{4^g,5}{15,5} \times 206\,254,8, \quad \text{ou} \quad 59\,880^g,426.$$

Or le centimètre cube d'or pèse $19^g,5$; le nombre de centimètres cubes contenus dans le bloc en question est donc :

$$\frac{59\,880,426}{19,5}, \quad \text{ou} \quad 3070,791.$$

Rép. Le poids est $59\,880^g,426$.

Le volume est $3070^{cm.c},791$.

---

618. Le vase plein d'eau pèse.... .... $13^k,25$
Le vase plein d'huile pèse.............. $12\,,40$

Différence....... $0^k,85$

Ce reste représente la différence entre le poids de l'eau et le poids de l'huile.

Or 1 litre d'eau pèse............................ 1k.
1 litre d'huile pèse... 0,915

Différence....... 0k,085

L'excès du poids de l'eau sur celui de l'huile est donc de 0k,085 par litre ; par conséquent le nombre de litres contenus dans le vase est $\frac{0,85}{0,085}$, ou 10.

Le vase contient 10 litres d'eau qui pèsent 10k
Il pèse, plein d'eau................ 13,25

Différence ou poids du vase...... 3k,25

Rép. 1° Le poids du vase vide est 3k,25.
2° Sa capacité est de 10 litres.

---

619. Le métal pèse......................... 7g,234
Dans l'eau il pèse 4,523

Différence ou poids de l'eau déplacée.. 2g,711

d'après le *principe d'Archimède*.

La densité du métal est donc $\frac{7,234}{2,711}$, ou 2,668.

La quantité d'eau dont le volume est égal à celui du métal pèse 2g,711 ;

La quantité du liquide dont le volume est égal à celui du métal pèse :

7g,234 — 5g,427, ou 1g,807.

Le rapport du poids de ce liquide à celui de l'eau, à volume égal, est donc $\frac{1,807}{2,711}$, ou 0,666.

Rép. 1° La densité du métal est 2,668.
2° La densité du second liquide est 0,666.

---

620. Je réduis d'abord les trois densités données au même dénominateur 30, et j'obtiens :

Pour la densité de la première substance $\frac{8}{30}$;

Pour la densité de la seconde.......... $\frac{33}{30}$;

Et pour celle du mélange .... $\frac{25}{30}$.

Chaque litre employé de la première substance pèse $\left(\frac{8}{30}\right)^{k}$ au lieu de $\left(\frac{25}{30}\right)$; il manque $\left(\frac{17}{30}\right)^{k}$. De même chaque litre de la seconde substance employée pèse en plus $\left(\frac{8}{30}\right)^{k}$; par conséquent, pour que le mélange ait la densité voulue, il faut que les volumes employés soient inversement proportionnels à $\frac{17}{30}$ et $\frac{8}{30}$, afin que l'excès de poids de la seconde compense ce qui manque à la première; le rapport des volumes est donc $\frac{8}{17}$.

Pour obtenir 25 litres de mélange, il faut 8 litres de la première et 17 litres de la seconde ; ou, ce qui revient au même, en kilogrammes :

$\frac{5}{6}\times 25$ du mélange contiendront $\frac{4}{15}\times 8$ de la première,

et $\frac{11}{10}\times 17$ de la seconde;

par suite, 1 kilogr. du mélange contient:

$$\left(\frac{4}{15}\times 8\right)^{k} : \left(\frac{5}{6}\times 25\right) \text{ de la première,}$$

et

$$\left(\frac{11}{10}\times 17\right)^{k} : \left(\frac{5}{6}\times 25\right) \text{ de la seconde;}$$

puis 125 kilogr. du mélange doivent contenir en kilogr. :

$$\left(\frac{4}{15}\times 8\right) : \left(\frac{5}{6}\times 25\right)\times 125 \text{ de la première,}$$

$$\left(\frac{11}{10}\times 17\right) : \left(\frac{5}{6}\times 25\right)\times 125 \text{ de la seconde.}$$

En effectuant les opérations, on trouve les résultats suivants.

Rép. Il faut prendre $12^k,8$ de la première,

et $112^k,2$ de la seconde.

---

621. Sur 100 kilogr. de métal de cloche, il y a 80 kilogr. de cuivre et 20 kilogr. d'étain.

Les volumes de ces deux métaux, en décimètres cubes, sont respectivement égaux à :

$$\frac{80}{8,85}, \qquad \frac{20}{7,291}.$$

Le volume de l'alliage est donc :

$$\frac{80}{8,85}+\frac{20}{7,291}, \quad \text{ou} \quad \frac{76\,028\,000}{6\,452\,535}.$$

Le poids étant de 100 kilogr., la densité est égale à

$$100:\frac{7\,6028\,000}{6\,452\,535}, \quad \text{ou à} \quad \frac{6\,452\,535}{760\,280}, \quad \text{ou à } 8,487.$$

Rép. La densité de l'alliage est 8,487, en supposant qu'il n'y ait dans la combinaison ni contraction ni dilatation.

---

622. Le poids demandé (en grammes) d'un centimètre cube le l'alliage est exprimé par le même nombre que la densité.

Le volume du cuivre est .... $\frac{2,15}{8,8}$ de décimètre cube;

Le volume du zinc est .... $\frac{1,25}{7,2}$ de décimètre cube;

Le volume total est $\frac{2,15}{8,8}+\frac{1,25}{7,2}$, ou $\frac{331}{792}$ de décimètre cube.

Le poids total est $2^k,15 + 1^k,25$, ou $3^k,4$;

La densité est donc $3,4 : \frac{331}{792}$, ou 8,135....

Rép. Le centimètre cube de l'alliage pèsera $8^g,135$.

---

623. Une colonne d'eau de $10^m,33$ de hauteur et de 1 mètre carré de base a un volume égal à $10^{mc},33$, ou à 10 330 litres; elle pèse donc 10 330 kilogr.

Rép. 10 330 kilogr.

---

624. La pression nouvelle étant les $\frac{428}{754}$ de la pression primitive, le volume nouveau doit être, d'après *la loi de Mariotte,* les $\frac{754}{428}$ du volume primitif.

Le volume demandé est donc $25^l \times \frac{754}{428}$, ou $44^l,04....$

Rép. Environ 44 litres.

---

625. Au moment dont il s'agit, le soleil a passé au méridien de Paris depuis $3^h\ 43^m\ 35^s,3$, et à celui de Strasbourg depuis $4^h\ 5^m\ 15^s,3$; il a donc passé à celui de Strasbourg $4^h\ 5^m\ 15^s,3 - 3^h\ 43^m\ 35^s,3$, ou $21^m\ 40^s$ avant de passer à celui de Paris. Or le soleil a une marche diurne apparente d'orient en occident à raison de 15 degrés par heure ; Strasbourg est donc à l'orient de Paris d'une quantité égale à 15 degrés multipliés par le rapport de $21^m\ 40^s$ à 1 heure, ou de 1300 à 3600 secondes. La longitude de Strasbourg est donc orientale et égale à

$$15^0 \times \frac{1300}{3600} = 5^0\ 25'.$$

---

626. Le demi-axe équatorial est de.... 6 377 398 mètres.
Le demi-axe polaire est de....... 6 356 080

Différence........... 21 318 mètres.

Le rapport de cette différence au rayon équatorial, ou l'aplatissement terrestre, est donc :

$$\frac{21\,318}{6\,377\,398};$$

en divisant les deux termes de cette fraction par son numérateur, elle devient :

$$\frac{1}{299,1...}, \quad \text{ou, à très-peu près,} \quad \frac{1}{299}.$$

---

627. Il y a 360 degrés dans une circonférence ; 360 : 4, ou 90 degrés dans le quart ou quadrant ; 90 : 2, ou 45 degrés dans le demi-quart ou l'octant.

On représente les degrés, minutes, secondes par les symboles $^{\circ}$, $'$, $''$.

On représente les heures, minutes, secondes par les initiales ^{h}, ^{m}, ^{s}.

Par définition, le quart du méridien terrestre, ou l'arc de 90 degrés, vaut 10 000 000 de mètres, ce qui fait :

$$\frac{10\,000\,000}{90}, \quad \text{ou} \quad 111\,111^{m}\,\frac{1}{9} \text{ par degré.}$$

1° Le mille marin vaut... $\frac{111\,111^{m},11}{60} = 1851^{m},851$;

2° La lieue marine vaut... $111\,111^{m},11 : 20 = 5555^{m},555$;

3° La lieue géographique.. $111\,111\ ,11 : 25 = 4444^{m},444$.

---

628. Un observateur placé sur le soleil verrait le rayon de la terre sous un angle de 8″,57 ; si donc je divise ce rayon par 8,57, l'habitant du soleil verrait chacune des portions obtenues par cette division, sous un angle de 1 seconde ; la distance du soleil à la terre contient donc 206 265 fois $\frac{R}{8,57}$ (en représentant par R le rayon de la terre) ; la distance du soleil à la terre est donc :

$$\frac{R}{8,57} \times 206\,265, \quad \text{ou} \quad R \times \frac{206\,265}{8,57} = R \times 24\,068.$$

Ainsi la distance de la terre au soleil est égale à 24 068 rayons terrestres.

Le rayon terrestre étant égal à 6377 kilomètres, la distance de la terre au soleil est égale à

$$6377^{k} \times 24\,068 = 153\,481\,636 \text{ kilomètres.}$$

---

629. 1° Un mobile partant de la terre avec une vitesse de 50 kilomètres par heure emploierait pour arriver au soleil :

$$(153\,481\,636 : 50)^{h}, \quad \text{ou} \quad 3\,069\,632 \text{ heures},$$

ou 350 ans et 151 jours ; environ 350 ans $\frac{1}{2}$.

2°. Le son parcourt 337 mètres par seconde, ou

$$337^{m} \times 60 \times 60 \times 24 \times 365 \text{ par an ;}$$

le nombre d'années qu'il emploierait pour aller de la terre au soleil est donc :

$$\frac{153\,481\,636\,000}{337 \times 60 \times 60 \times 24 \times 365} = 14,4 \text{ environ.}$$

Soit 14 ans.

---

630. La distance de la terre au soleil étant la même que celle du soleil à la terre, les rayons de ces deux astres sont entre eux dans le même rapport que les angles sous lesquels ils sont vus, l'un de la terre, l'autre du soleil ; le rapport demandé est donc celui de 16′ à 8″,57.

Pour diviser 16′ par 8″,57, je transforme le dividende en seconde, ou bien le dividende et le diviseur en centièmes de seconde, et j'obtiens pour le quotient demandé :

$$\frac{96\,000}{857} = 112.$$

---

631. Le rapport du rayon du soleil à celui de la terre est égal à 112.

Le rapport des surfaces est $112^2 = 12\,544$.
Le rapport des volumes est $112^3 = 1\,404\,928$.

---

632. $365^{j.sol.},242\,217$ valent $366^{j.sid.},242\,217$; 1 jour solaire vaut donc :

$$\frac{366\,242\,217}{365\,242\,217} \text{ jours sidéraux, ou } 1^{j},002\,737\,909.$$

Pour transformer la fraction de jour en heures, je la multiplie par 24, et j'obtiens

$$0^{h},065\,709\,816.$$

Pour la transformer en minutes, je multiplie par 60 et j'ai

$$3^{m},94\,258\,896.$$

Pour transformer $0^{m},94\,258\,896$ en secondes, je multiplie cette fraction par 60, et j'ai

$$56^{s},555\,337\,6.$$

Le jour solaire vaut donc :

$$1^{j.sid.}3^{m}\,56^{s},555.$$

Ce nombre est inférieur à 1 jour 4 minutes de moins de $3^{s}\frac{1}{2}$.

---

633. Le numérateur étant moindre que le dénominateur, la quantité proposée ne contient pas de degrés. Je multiplie par 60 pour transformer les degrés en minutes, et j'ai :

$$\frac{21\,600\,000\,000'}{366\,242\,217} = 58' + \frac{357\,951\,414'}{366\,242\,217};$$

je multiplie la fraction qui accompagne les minutes par 60 pour transformer cette fraction en secondes, et je continue la division jusqu'aux millièmes ; j'obtiens ainsi :

$$\frac{360^{0}}{366\,242\,217} = 0^{0}\,58'58'',641.$$

634.

Zone glaciale boréale........	0,04
Zone tempérée boréale......	0,26
Zone torride................	0,40
Zone tempérée australe......	0,26
Zone glaciale australe.......	0,04
Total.........	1,00

c'est-à-dire la surface totale de la terre.

---

635. $$x = \frac{365^{j},24\,222 \times 1\,296\,000}{1\,296\,000 - 50,2} = 365^{j},25637.$$

Telle est la durée de l'année sidérale.

---

636. On trouve pour quotient :

$$0,256, \quad \text{ou} \quad \text{environ } \frac{1}{4}.$$

Ce nombre exprime que la densité du soleil est à peu près le quart de celle de la terre.

---

637. $\frac{365,25638}{14,282} = 25,57$; environ $25^j \frac{1}{2}$.

---

638. $$\frac{360^\circ}{27,321661} = 13^\circ\,10'\,35'',$$

à $\frac{1}{2}$ seconde près par excès.

$$\frac{360}{365,25638} = 0^\circ\,59'\,8'',$$

à $\frac{1}{2}$ seconde près par défaut.

Le rapport du premier nombre au second est égal à

$$\frac{360}{27,321661} : \frac{360}{365,25638} = \frac{365256380}{27321661} = 13,37.$$

639.

Durée de la révolution synodique	29^j	12^h	44^m	$2^s,9$
Durée de la révolution sidérale...	27	7	43	11 ,476
Différence........	2^j	5^h	0^m	$51^s,424$.

---

640. Si de la lune on voyait le rayon de la terre sous un angle de 1 seconde, la distance contiendrait 206 265 fois le rayon de la terre; cet angle étant réellement de 57 minutes ou de 3420 secondes, la distance demandée est seulement égale à

$$\frac{206265}{3420} \text{ rayons terrestres, ou à } 60,3.$$

La distance du soleil à la terre contient $\frac{24000}{60}$, ou 400 fois celle de la lune à la terre (nombre rond).

---

641. 1° Le rapport des surfaces d deux sphères est le carré de celui des rayons.

Le rapport de la surface de la lune à celle de la terre est donc

$$\left(\frac{3}{11}\right)^2 = \frac{9}{121} = 0{,}074, \quad \text{ou environ} \quad \frac{1}{13}.$$

2° Le rapport des volumes de deux sphères est le cube de celui des rayons.

Le rapport du volume de la lune à celui de la terre est don

$$\left(\frac{3}{11}\right)^3 = \frac{27}{1331} = 0{,}0203, \quad \text{ou environ.} \quad \frac{1}{50}.$$

---

642. 1° Durée de la révolution de Neptune 165ᵃ

Durée de la révolution de Mercure	0ᵃ 87ʲ,969
Différence	164ᵃ 277ʲ,031

2° Distance de Neptune au Soleil.....	30
De Mercure au Soleil...........	0,38710
Différence	29,61290

C'est-à-dire 29 fois et demie environ la distance de la Terre au Soleil.

CHAPITRE II.

DEVOIRS ECRITS (MODÈLES).

(Le maître y joindra un sujet de théorie.)

613. Le quart du méridien terrestre, ou 90 degrés, vaut 10 000 000

1 degré, ou 15 milles, vaut .... $\frac{10\,000\,000}{90}$

1 mille vaut .... $\frac{10\,000\,000}{90 \times 15}$

$$\frac{10\,000\,000^{m}}{90 \times 15} \times 47, \quad \text{ou} \quad 348\,148^{m},1...$$

Rép. 348 kilomètres et 148 mètres.

---

614. 1^{f} en argent pèse .... 5^{g}

20^{f} en argent pèsent $5^{g} \times 20$ .... 100^{g}

20^{f} en or pèsent .... $\frac{100^{g}}{15,5}$

60 pièces de 20^{f} pèsent $\frac{100^{g}}{15,5} \times 60$ .... $\frac{6000^{g}}{15,5}$

D'autre part,

Le centimètre cube de mercure ou le millilitre pèse... $13^{g},6$

Le centilitre de mercure pèse $13^{g},6 \times 10$........ 136^{g}

Le nombre de centilitres demandé est donc :

$$\frac{6000}{15,5} : 136, \quad \text{ou} \quad \frac{6000}{15,5 \times 136}; \quad \text{ce qui fait } 2,846....$$

Rép. 2 centilitres et 846 millièmes.

---

615. Le litre de chaux pèse........ $1^{k},3$

l'hectolitre $1^{k},3 \times 100$ .... 130^{k}

D'autre part,

1000^k coûtent .... 24^f

1^k coûte $\frac{24^f}{1000}$ .... $0^f,024$

130 kilog., ou l'hectolitre, coûteront donc

$$0^f,024 \times 130, \quad \text{ce qui fait} \quad 3^f,12.$$

Rép. $3^f,12$.

Remarque. La densité 1,3 est celle de la chaux en fragments, qu'il ne faut pas confondre avec celle d'un bloc de chaux; un décimètre cube de chaux massive, au lieu de peser $1^k,3$, pèserait environ $2^k,3$.

---

646. Le quart du méridien terrestre est égal à 5 130 740 toises; le mètre en est $\frac{1}{10\,000\,000}$; le mètre vaut donc :

$$5\,130\,740^t : 10\,000\,000, \quad \text{ou} \quad 0^t,5130740.$$

Si on veut exprimer ce résultat en subdivisions de la toise, c'est-à-dire en pieds, pouces, lignes, il suffit d'observer que la toise vaut 6 pieds; par conséquent le mètre vaut

$$\overset{p}{6} \times 0,5130740, \quad \text{ou} \quad \overset{p}{3},078444;$$

le pied vaut 12 pouces; par conséquent $\overset{p}{3},078444$ valent

$$12^p \times 0,078444 = 0^p,941328;$$

le pouce vaut 12 lignes; $0^p,941328$ valent donc

$$12^l \times 0,941328 = 11^l,295936$$

ou, en se bornant aux millièmes, $11^l,296$.

Le mètre vaut donc $3^p0^p11^l,296$, ou $443^l,296$.

Réciproquement, le quart du méridien valant 10 000 000 mètres, et valant aussi 5 130 740 toises, chaque toise vaut

$$\frac{10\,000\,000^m}{5130740}, \quad \text{ou} \quad 1^m,9490.$$

---

617. 1 litre d'air pèse $1^{g},293$;
1 litre de mercure pèse :

$$1^{g},293 \times 10513, \quad \text{ou} \quad 13\,593^{g},309, \quad \text{ou bien} \quad 13^{k},593\ldots$$

Rép. La densité du mercure est 13,593.

---

618. Le cuivre contenu dans 1 décime pèse $10^{g} \times 0,95$, ou $9^{g},5$
Le centimètre cube de cuivre pèse.................... $8^{g},85$
Le nombre de centimètres cubes de cuivre contenus dans un décime est donc $\frac{9,5}{8,85}$, ou 1,0734.

L'étain contenu dans 1 décime pèse... $10^{g} \times 0,04$, ou $0^{g},4$
Le centimètre cube d'étain pèse.................... $7^{g},29$
Le volume de cet étain est donc en centimètres cubes :

$$\frac{0,4}{7,29}, \quad \text{ou} \quad 0,0549.$$

Le zinc contenu dans 1 décime pèse.. $10^{g} \times 0,01$, ou $0^{g},1$
Le centimètre cube de zinc pèse..................... $7^{g},19$
Le volume de ce zinc est donc en centimètres cubes :

$$\frac{0,1}{7,19}, \quad \text{ou} \quad 0,0139.$$

Le décime contient donc................			Cuivre	$1^{cmc},0734$
»	»	» »	Étain	0 ,0549
»	»	» »	Zinc	0 ,0139
			Total......	$1^{cmc},1422$

D'autre part, le volume de la sphère est de 52 400 centimètres cubes; le nombre des pièces nécessaires est donc égal à $\frac{52\,400}{1,1422}$, ou à 45 876,37....
Rep. Il faudra 45 876 décimes et 4 centimes.

---

619. Le litre d'air pèse $1^{g},293$.

Le litre d'oxygène pèse $1^{g},293 \times 1,105$, ou $1^{g},4295408$.

209 litres d'oxygène pèsent $1^g,4295408 \times 209$, ou $298^g,7740272$.

791 litres d'azote pèsent donc le poids de 1000 litres d'air..........................	1293^g
moins le poids de l'oxygène qu'ils contiennent	298,774
ou......	$994^g,226$

ce qui fait pour le poids de 1 litre :

$$\frac{994^g,226}{791}, \quad \text{ou} \quad 1^g,257 ;$$

par conséquent la densité de l'azote, ou le rapport de son poids au poids de l'air, à volume égal, est

$$\frac{994,226}{791} : 1,293, \quad \text{ou} \quad \frac{994,226}{791 \times 1,293};$$

ce qui donne 0,97209....

Rép. 1° Le poids de 1 litre d'azote est $1^g,257$.
2° La densité de l'azote est 0,9721.

650.

5 litres de vin à $1^f,20$ coûtent..................	6^f
8 litres de vin à 84 centimes..........................	6,72
Prix de revient de 13 litres..............................	$12^f,72$
Prix de revient de 1 litre.... $\frac{12^f,72}{13}$;	
Prix de revient de 100 litres. $\frac{12^f,72}{13} \times 100$, ou	$97^f,85$
Bénéfice..................................	15
Prix de vente de l'hectolitre.................	$112^f,85$
Prix de vente du litre......................	$1^f,1285$

Rép. On devra vendre à raison de $1^f,13$ le litre.

---

651. En prenant pour unité de chaleur la chaleur nécessaire pour élever de 1 degré la température de 1 kilogr. d'eau, il faut 79 unités pour fondre 1 kilogr. de glace; pour en fondre 8 kilogr., il faudra donc 79×8, ou 632 unités de chaleur; or chaque kilogramme d'eau à 72° renferme 72 unités de chaleur de plus que lorsqu'il sera à 0; par conséquent, pour fournir 632 unités, le nombre de kilogrammes d'eau nécessaires sera

$$\frac{632}{72}, \quad \text{ou} \quad 8\frac{7}{9}.$$

Rép. Il faudra $8^k\frac{7}{9}$, ou $8^k,778$, à 1 gr. près.

---

652. Pour élever de 15° à 38° la température de 1 kilogr. d'eau, il faut 23 unités de chaleur; pour échauffer d'autant 227 kilogr. d'eau, il en faut donc

$$227 \times 23, \quad \text{ou} \quad 5221.$$

D'autre part, 1 kilogr. de vapeur d'eau, en se condensant, c'est-à-dire en se transformant en 1 kilogr. d'eau à 100°, fournit 535 unités.

Le même kilogramme, en se refroidissant jusqu'à 38°, fournit 100 — 38, ou .... 62 »

Total................. 597 unités.

Le nombre de kilogrammes d'eau en vapeur nécessaires pour fournir 5221 unités est donc :

$$\frac{5221}{597}, \quad \text{ou} \quad 8,7453....$$

Rép. Il faudra $8^k,745$ de vapeur à 100°.

---

653. Le nombre de secondes contenues dans 1 jour de 24 heures est

$$60 \times 60 \times 24, \quad \text{ou} \quad 86\,400.$$

Le pendule fait une oscillation en

$$1^s + \frac{7}{87300}, \quad \text{ou en} \quad \frac{87307}{87300} \text{ de seconde };$$

le nombre d'oscillations qu'il fera en 1 jour sera donc :

$$86\,400 : \frac{87307}{87300}, \quad \text{ou} \quad 86\,393,07 ;$$

par conséquent la marche de la pendule en 1 jour sera de.................................. 86 393 secondes;
au lieu de.................................. 86 400 »
Différence...... 7 secondes.

Rép. La pendule retardera de 7 secondes par jour.

---

654. Le jour a commencé à...... 3^h 58^m après minuit;
Il a fini à $12^h + 8^h 5^m$ ou à.. 20^h 5^m après minuit;
Différence............ 16^h 7^m

Rép. La durée du jour a été de $16^h 7^m$.

---

655. Le fer fondu pèse $7^k,708$ par décimètre cube ; le nombre de décimètres cubes contenus dans un boulet de 24 kilogr. est donc :

$$\frac{24}{7,708}, \quad \text{ou} \quad 3,1136....$$

Rép. Le volume du boulet est de 3114 centimètres cubes.

---

656. Le centimètre cube de mercure pèse $13^g,596$; par conséquent le volume de 2972 gr. de mercure est égal à $\left(\frac{2972}{13,596}\right)$ centimètres cubes ; pour remplir le vase qui est de 1 litre, ou de 1000 centimètres cubes, il manque $\left(1000 - \frac{2972}{13,596}\right)$ centimètres cubes ; or le centimètre cube d'eau pèse 1 gramme ; le nombre de grammes d'eau nécessaires pour remplir le vase est donc :

$$1000 - \frac{2972}{13,596}, \quad \text{ou} \quad 781,406....$$

Rép. Il faut 781 grammes d'eau pour remplir le vase.

---

657. Le litre de mercure pèse $13^k,59$;
$9^l,45$ pèsent.... $13^k,59 \times 9,45$;
$9^l,45$ coûtent... $5^f,75 \times 13,59 \times 9,45$, ou $738^f,446625$.

Rép. Le prix demandé est de $738^f,45$.

---

658. Du pôle à l'équateur on a trouvé 5 130 740 toises; la même distance est partagée en 10 000 000 mètres; par conséquent chaque toise vaut

$$\frac{10\,000\,000^{m}}{5\,130\,740}, \quad \text{ou} \quad 1^{m},94903\ldots$$

L'ancienne lieue de poste de 2000 toises vaut donc :

$$1^{m},94\,903 \times 2000, \quad \text{ou} \quad 3898^{m},06, \quad \text{ou} \quad 3^{k},89806.$$

La nouvelle lieue de poste vaut 4 kilom.; le rapport de l'ancienne lieue à la nouvelle est donc :

$$\frac{3,89806}{4}, \quad \text{ou} \quad 0,97451.$$

Rép. 1° L'ancienne lieue vaut $3^{k},898$.

2° L'ancienne lieue vaut 975 millièmes de la lieue nouvelle.

---

659. Circonférence du méridien en mètres 40 000 000.

Circonférence du méridien en pouces anglais :

$$39,37079 \times 40\,000\,000, \quad \text{ou} \quad 1\,574\,831\,600.$$

Circonférence du méridien en pieds anglais :

$$\frac{1\,574\,831\,600}{12};$$

Circonférence du méridien en milles anglais :

$$\frac{1\,574\,831\,600}{12 \times 5280}, \quad \text{ou} \quad 28\,455,\ldots$$

Rép. La circonférence du méridien terrestre vaut 28 455 milles anglais.

---

660. 80° Réaumur valent 100° centigrades (n° **605**);

1° Réaumur vaut $\frac{100}{80}$, ou $\frac{5}{4}$ de degré centigrade ;

28° Réaumur valent $\frac{5}{4} \times 28$, ou 35° degrés centigrades.

Par suite, l'excès de la température à Alger sur la température Paris est égal à 35° — 25°, ou à 10° centigrades.

100° centigrades valent 80° Réaumur;

1° centigrade vaut $\frac{80}{100}$, ou 0,8 de degré Réaumur.

10° centigrades valent 0,8 × 10, ou 8 degrés Réaumur.

Rép. La différence demandée est de 10° centigrades, ou de 8° éaumur.

---

661. Le quart du méridien terrestre, qui se compose de 90°, aut :

10000000^m, ou 10000^k.

Le kilomètre vaut donc :

$$\frac{90°}{10\,000}, \text{ ou } 0°,009;$$

560 kilom. valent 0°,009 × 1560 ou 14°,04.

Pour réduire la fraction de degré 0,04 en minutes, je la multilie par 60, et j'ai 0°,04 = 2',4;

Pour réduire la fraction de minute 0,4 en secondes, je la multilie par 60, et j'obtiens 0',4 = 24".

Rép. L'arc demandé est de 14° 2' 24".

---

662. En achetant 3 fr. de rentes pour 69^f,90,

69^f,90 rapportent 3^f,

1^f rapporterait $\frac{3^f}{69,90}$,

100^f rapporteront $\frac{3^f}{69,90} \times 100$, ou 4^f,291....

Rép. Acheter de la rente 3 pour 100 à 69^f,90, c'est placer son rgent à 4^f,29 pour 100 fr.

---

663. Sur chaque litre à 80 centimes qu'on vendrait à 87 centimes, on gagnerait 7 centimes.

Sur chaque litre à 90 centimes qu'on vendrait à 87 centimes, on erdrait 3 centimes.

Pour que le gain compense la perte, il faut que les quantités de vin qu'on prend de la 1re et de la 2e qualité soient inversement proportionnelles aux nombres 7 et 3.

On pourra donc mêler 3 litres de la 1re et 7 litres de la 2e, ou d'autres quantités qui soient dans le même rapport, et comme 3 et 7 font 10, on peut dire que le vin de la première espèce doit être les $\frac{3}{10}$ de la quantité qu'on veut obtenir, et celui de la seconde les $\frac{7}{10}$.

Rép. **La quantité de vin de la première espèce doit être les $\frac{3}{10}$ de celle du mélange.**

La quantité de vin de la seconde espèce doit être les $\frac{7}{10}$ de celle du mélange.

---

661. Le premier en $7^h\,10^m$, ou en 430^m, fait 254 kilom.; par conséquent :

Pour faire 1^k, il emploierait $\frac{430^m}{254}$;

Pour faire 131^k, il emploiera $\frac{430^m}{254} \times 131$,

ou $221^m,8$, ou $3^h\,41^m,8$;

il mettra donc $3^h\,41^m,8$ pour arriver à Amiens. Or il est parti à 10 heures; il y arrivera par conséquent à $13^h\,41^m,8$, c'est-à-dire à $1^h\,41^m,8$ après midi.

Le second train part à $10^h + 1^h\,20^m$, ou à $11^h\,20^m$ du matin, il doit arriver à Amiens à $1^h\,41^m,8$; il doit donc parcourir 131 kilom. en

$$13^h\,41^m,8 - 11^h\,20^m, \quad \text{ou} \quad 2^h\,21^m,8, \quad \text{ou} \quad 141^m,8;$$

sa vitesse doit être :

$$\frac{131^k}{141,8} \text{ par minute, ou } \frac{131^k}{141,8} \times 60 \text{ par heure,}$$

ce qui fait $55^k,4\ldots$

Rép. **La vitesse demandée est $55^k,4$ par heure.**

---

665. Le sens du mouvement apparent du soleil est d'orient en occident ; par conséquent il passe au méridien des lieux situés à l'est de Paris avant de passer au méridien de cette ville ; dans ces lieux il est midi avant qu'il soit midi à Paris ; à chaque instant l'heure y est plus avancée qu'à Paris.

Le soleil fait en apparence le tour du ciel en 24 heures ; il parcourt donc 360° en 24 heures, ou 15° en 1 heure, ou 1° en 4 minutes ; l'heure est donc plus avancée qu'à Paris de 4 minutes pour chaque degré de différence en longitude.

Pour les pays à l'ouest, c'est l'inverse, c'est-à-dire qu'au lieu d'ajouter, il faut retrancher 4 minutes par degré ; d'où je conclus les réponses suivantes :

Rép. Quand il est midi à Paris, il est :

A Rome..... $12^h + 4^m \times 10$, ou $12^h 40^m$,

Jérusalem. $12^h + 4^m \times 33$, ou $2^h 12^m$ après midi,

Pékin..... $12^h + 4^m \times 114$, ou $7^h 36^m$ après midi,

Londres... $12^h - 4^m \times \left(2 + \frac{25}{60}\right)$, ou $11^h 50^m 20^s$ du matin.

New-York. $12^h - 4^m \times 76$, ou $6^h 56^m$ du matin.

Mexico..... $12^h - 4^m \times \left(101 \times \frac{25}{60}\right)$, ou $5^h 14^m 20^s$ du matin.

CHAPITRE III.

SUJETS DE COMPOSITION (MODÈLES).

(Le maître y joindra un sujet de théorie.)

666. Je suppose que sur les 5 mois dont il s'agit, il y en ait de 31 jours et 2 de 30 jours; pour les 5 mois et 17 jours, cela fait 170 jours.

Si la somme empruntée était 100 fr., l'intérêt serait :

$$\frac{4^f,50 \times 170}{360}, \quad \text{ou} \quad 2^f,125,$$

et la somme à payer serait $102^f,125$. Ainsi :

Pour 100 fr. empruntés, je payerais...... $102^f,125$;

Pour $\frac{100^f}{102,125}$ empruntés, je payerais.... 1^f;

Pour $\frac{100^f}{102,125} \times 14\,839$, je dois payer..... $14\,839^f$.

La somme demandée est donc $\frac{100^f \times 14\,839}{102,125}$, ou $14\,530^f,23$.

---

667. Le volume de 95 grammes de cuivre est $\left(\frac{95}{8,85}\right)^{cme}$.

Le volume de 4 grammes d'étain est... $\left(\frac{4}{7,29}\right)^{cme}$.

Le volume de 1 gramme de zinc est... $\left(\frac{1}{7,19}\right)^{cme}$.

Le volume de 100 grammes de l'alliage est donc :

$$\left(\frac{95}{8,85} + \frac{4}{7,29} + \frac{1}{7,19}\right)^{cme};$$

la densité est par conséquent :

$$100 : \left(\frac{957}{8,85} + \frac{4}{7,29} + \frac{1}{7,19}\right), \text{ ou } 8,75.$$

---

668. Pour fabriquer de la monnaie au titre de 0,9, il faut ajouter à 1 kilogr. d'argent $\frac{1}{9}$ de kilogr. de cuivre ; cela fera donc $1^k \frac{1}{9}$ d'argent monnayé. Or chaque kilogr. vaut 200 fr., sur lesquels on retient $1^f,50$; reste $198^f,50$; le prix demandé est donc $198^f,50 \times 1\frac{1}{9}$, ou $220^f,56$.

---

669. L'argent vaut $220^f,56$ le kilogramme. Une quantité d'aluminium de même volume ne pèsera que $\frac{1}{4}$ de kilogr. et coûtera, par conséquent, $\frac{350^f}{4}$, ou $87^f,50$. Le rapport demandé est donc : $\frac{87,50}{220,56}$, ou 0,396... ; environ 0,4, ou $\frac{2}{5}$.

---

670. Sur chaque gramme qu'on prendra sur le premier lingot il y aura un excès de $0^g,92 - 0^g,86$, ou $0^g,06$; sur chaque gramme du second il manquera $0^g,86 - 0^g,77$, ou $0^g,09$; pour que l'excès de l'un compense ce qui manque sur l'autre, il faut prendre des nombres de grammes tels, qu'en multipliant $0^g,06$ et $0^g,09$ par ces deux nombres, les produits soient égaux entre eux. Ces deux nombres doivent, par conséquent, être inversement proportionnels aux nombres 0,06 et 0,09 ; leur rapport doit être $\frac{0,09}{0,06}$, ou $\frac{3}{2}$. Pour trouver les nombres demandés, il faut partager 1000 en deux parties proportionnelles à 3 et 2 ; on prendra donc sur le premier lingot $\frac{1000^g \times 3}{2+3}$, ou 600 gr., et sur le second, $\frac{1000^g \times 2}{2+3}$, ou 400 gr.

---

671. Les deux premières fontaines remplissent le bassin en

$\frac{12}{7}$ d'heure ; en $\frac{1}{7}$ d'heure elles fourniraient $\frac{1}{12}$ du bassin, et en ne 1 h ure les $\frac{7}{12}$.

De même, la 2e et la 3e fourniraient en 1 heure les $\frac{9}{20}$ du bassin.

La 3e et la 1re fourniraient également en 1 heure les $\frac{8}{15}$ du bassin.

Si donc on fait couler successivement :

La 1re et la 2e pendant 1 heure, elles fourniront.... $\frac{7}{12}$.

Puis la 2e et la 3e pendant 1 heure, elles fourniront $\frac{9}{20}$.

Puis la 3e et la 1re pendant 1 heure, elles fourniront $\frac{8}{15}$.

Elles auront donc fourni en tout la somme........ $\frac{94}{60}$.

Mais chacune aura coulé pendant 2 heures; elles fourniraient donc ensemble, pendant 1 heure, la moitié.................................... $\frac{47}{60}$.

Or la 2e et la 3e fourniraient dans le même temps.. $\frac{9}{20}$.

La 1re seule doit fournir la différence..... $\frac{20}{60}$, ou $\frac{1}{3}$.

Elle remplirait donc le bassin en 3 heures.

De même, en 1 heure, les 3 fontaines fournissent.. $\frac{47}{60}$.

La 3e et la 1re............................. $\frac{8}{15}$.

La 2e fournit la différence............... $\frac{15}{60}$, ou $\frac{1}{4}$.

Elle remplirait donc le bassin en 4 heures.

De même, en 1 heure, les 3 fontaines fournissent.. $\frac{47}{60}$.

La 1re et la 2e................................ $\frac{7}{12}$.

La 3e fournit la différence............... $\frac{12}{60}$, ou $\frac{1}{5}$.

Elle remplirait donc le bassin en 5 heures.

672. Le poids de l'argent pur contenu dans un thaler est $0^g,75 \times 22,273$; par conséquent 5460 thalers en contiennent $0^g,75 \times 22,273 \times 5460$, ou $91\,207^g,935$. D'autre part, le dollar en contient $0^g,90 \times 26,729$, ou $24^g,0561$. Le nombre de dollars nécessaires pour former une valeur équivalente à 5460 thalers est donc :

$$\frac{91\,207,935}{24,0561},$$

ce qui fait 3791,46....

---

673. Le diamètre primitif de la tige cylindrique était 18 millimètres cubes ; après qu'elle est recouverte d'une couche d'argent de $0^{mm},1$ d'épaisseur, le diamètre est devenu $18^{mm},2$; le diamètre moyen de la couche d'argent est donc $18^{mm},1$; cette couche développée aurait par conséquent une largeur égale à une circonférence de $18^{mm},1$ de diamètre, ou à $18^{mm},1 \times 3,1416$; ce qui fait $56^{mm},86296$; les dimensions de cette couche d'argent sont donc :

Largeur...... $56^{mm},86296$,
Hauteur...... 520^{mm},
Épaisseur.... $0^{mm},1$.

Par conséquent : 1° son volume est $(56,86296 \times 520 \times 0,1)$ millimètres cubes, ce qui fait $2956^{mmc},87392$. L'augmentation demandée est donc 2956^{mmc}, ou $2^{cmc},956$.

2° Chaque centimètre cube pèse $10^g,47$; le poids de la couche d'argent est donc $10^g,47 \times 2,956$, ou $30^g,949$, à 1 milligramme près.

---

674. La mise de la 1re personne est les $\frac{4}{5}$ de 38 000 fr., ou 30 400 fr.

La mise de la 1re est les $\frac{8}{21}$ de celle de la 2e. La mise de la 2e est donc les $\frac{21}{8}$ de la mise de la 1re, ou de 30 400 fr. ; ce qui fait 79 800 fr.

La mise de la 3e est les $\frac{7}{12}$ de celle de la 1re, ou de 30 400 fr. ; elle est donc égale à $17\,733^f,33$.

Les mises de la 4e et de la 5e valent ensemble 38 000 fr., et sont l'une à l'autre dans le rapport de 5 à 9 ; pour trouver leurs valeurs, il faut donc partager cette somme en deux parties proportionnelles aux nombres 5 et 9. En appliquant la règle (*Arith.*, n° **285**), on obtient :

Pour la mise de la 4^e $\frac{38\,000 \times 5}{14}$, ou $13\,571^f,43$;

Et pour celle de la 5^e $\frac{38\,000 \times 9}{14}$, ou $24\,428^f,57$.

Mise de la 1re	30 400^f
Mise de la 2^e	79 800
Mise de la 3^e	17 733 ,33
Mise de la 4^e	13 571 ,43
Mise de la 5^e	24 428 ,57
Mise totale..........	165 933^f,33

La plus petite des mises est la 4e ; elle est de $13\,571^f,43$, et elle doit donner un bénéfice de 4000 fr. ; le rapport du bénéfice à la mise est donc $\frac{4000}{13\,571,43}$; le bénéfice total sera donc donné par la proportion

$$\frac{x}{165\,933^f,33} = \frac{4000^f}{13\,571^f,43}$$

ce qui donne :

$$x = \frac{165\,933^f,33 \times 4000}{13\,571,43}, \quad \text{ou} \quad 48\,905^f,66.$$

---

675. Chaque kilogr. de monnaie d'argent à l'ancien titre contenait 900 grammes ; chaque kilogr. de monnaie au nouveau titre contient 835 grammes ; par conséquent deux sommes d'argent, l'une à l'ancien titre, l'autre au nouveau, contenant la même quantité d'argent, sont inversement proportionnelles aux nombres 900 et 835. En effet :

835 fr., à l'ancien titre, contenaient $0^g,900 \times 5 \times 835$ d'argent;

900 fr., au nouveau titre, contiennent $0\,,835 \times 5 \times 900$

et ces deux résultats sont égaux, puisqu'on les obtient en faisant le produit des mêmes nombres

Cela posé, la somme qu'on obtiendra en transformant 16 000 fr. à l'ancien titre en monnaies au nouveau titre sera égale à

$$16\,000^{f} \times \frac{900}{835}, \quad \text{ou à} \quad 17\,245^{f},51.$$

Il faut en retrancher le déchet, qui est les 0,0004 de 17 245f,51, ou 6f,90; et il reste net 17 238f,61.

Mais les plus petites pièces d'argent sont celles de 20 centimes; on obtiendra donc 17 238f,60, avec un reste d'argent au nouveau titre qui pèsera $5^{g} \times 0{,}01$, ou 0g,05.

QUATRIÈME PARTIE.

EXAMEN POUR LE BREVET D'INSTITUTEUR PRIMAIRE.

Avertissement. Cette quatrième partie est principalement destinée aux instituteurs qui doivent être interrogés sur les parties facultatives concernant l'arithmétique. Ils devront préalablement étudier les trois parties précédentes.

CHAPITRE I.

EXAMENS ORAUX.

676. Les $\frac{2}{3}$ d'une quantité quelconque équivalent à ses $\frac{8}{12}$; les $\frac{3}{4}$ équivalent aux $\frac{9}{12}$; la différence est donc $\frac{1}{12}$ de la même quantité; et comme cette différence doit être égale à 7, le nombre demandé est

$$7 \times 12, \quad \text{ou} \quad 84.$$

---

677. $$\frac{17}{12}-\frac{2}{3}=\frac{17}{12}-\frac{8}{12}=\frac{9}{12}=\frac{3}{4}.$$

Ainsi, $\frac{9}{16}$ doit être les $\frac{3}{4}$ du nombre demandé. Ce nombre est donc

$$\frac{9}{16} : \frac{3}{4}, \text{ ou } \frac{3}{4}.$$

---

678. Tout nombre est les $\frac{7}{7}$ de lui-même; il surpasse donc ses $\frac{5}{7}$ des $\frac{2}{7}$ de lui-même; par conséquent les $\frac{2}{7}$ du nombre demandé valent 5; ce nombre est donc les $\frac{7}{2}$ de 5, ou 17,5.

---

679. Le nombre qu'on ôte devant être les $\frac{2}{3}$ du reste, si je conçois ce reste divisé en trois parties égales, le nombre ôté en contiendra 2; le total en contiendra 5; le nombre qu'on ôte est donc les $\frac{2}{5}$ du total.

Le nombre total est 15; donc le nombre qu'on doit ôter est $15 \times \frac{2}{5}$ ou 6; quant au reste, il est $15 \times \frac{3}{5}$, ou 9.

Vérification. De 15 j'ôte 6, il reste 9; et le nombre ôté 6 est en effet les $\frac{2}{3}$ du reste 9.

---

680. Multiplier un nombre par 2 et diviser le résultat par 3 revient à prendre les $\frac{2}{3}$ du nombre. Comme on doit ensuite multiplier le résultat par 5, cela revient à prendre les $\frac{10}{3}$ du nombre; on doit prendre les $\frac{3}{8}$ du nouveau résultat; le nombre obtenu 75 doit donc être les $\frac{3}{8}$ des $\frac{10}{3}$, ou les $\frac{5}{4}$ du nombre demandé. Ce nombre demandé est donc les $\frac{4}{5}$ de 75, ou 60.

---

681. Le reste multiplié par 7 doit donner 105; ce reste doit donc être $\frac{105}{7}$, ou 15. La question revient alors à celle-ci : Trouver un nombre tel, que si on en ôte 28, le reste soit égal à 15. Le nombre demandé est donc.

$$28 + 15, \quad \text{ou} \quad 43.$$

---

682. Le reste divisé par 55 donne pour quotient 2854; ce reste est donc 2854×55; en conséquence le nombre demandé est

$$(2854 \times 55) + 56, \quad \text{ou} \quad 157026.$$

---

683. Les fractions $\frac{5}{9}$ et $\frac{3}{4}$ reviennent à $\frac{20}{36}$ et $\frac{27}{36}$, et le double d'un nombre équivaut aux $\frac{72}{36}$ de ce nombre. Les trois nombres ajoutés valent donc les $\frac{119}{36}$ du nombre demandé; ce nombre est par conséquent les $\frac{36}{119}$ du résultat 3213. Ainsi,

$$x = \frac{3213 \times 36}{119}, \quad \text{ou} \quad 972.$$

---

684. Renverser une fraction revient à la diviser deux fois par elle-même; car en la divisant par elle-même, on obtient 1; puis, en divisant ce résultat 1 par la fraction demandée, on obtient cette fraction renversée. Mais diviser une quantité par une fraction, c'est la multiplier par la fraction diviseur renversée; il faut donc qu'en multipliant deux fois par la fraction renversée (ce qui revient à multiplier par le carré), cela donne le même résultat qu'en multipliant par 9; par conséquent, le carré de la fraction renversée est égal à 9; la fraction renversée est donc 3, et la fraction demandée est $\frac{1}{3}$.

---

685. Le problème revient à partager 17 847 en deux parties dont la différence soit égale à l'unité. A cet effet, j'ôte d'abord 1 du nombre donné et je divise le reste 17 846 en deux parties égales :

$$17\,847 = 8923 + 8923 + 1 = 8923 + 8924.$$

---

686. Une personne perd les $\frac{3}{4}$ de son argent; il lui en reste $\frac{1}{4}$; elle gagne ensuite les $\frac{3}{5}$ de ce qui lui reste, ou les $\frac{3}{20}$ de ce qu'elle avait; elle a alors $\frac{1}{4} + \frac{3}{20}$, ou les $\frac{8}{20}$ de ce qu'elle avait. Ce qu'elle avait est donc les $\frac{20}{8}$, ou les $\frac{5}{2}$ de ce qu'elle a, c'est-à-dire de 60 fr.; elle avait donc 150 fr.

Vérification. Elle avait..................	150^{f}
Elle en perd les $\frac{3}{4}$, ou............	112,50
Reste..........	37^{f},50
Elle gagne les $\frac{3}{5}$ du reste, ou.....	22,50
Total	60 fr.

687. 12 + les $\frac{2}{3}$ + les $\frac{5}{8}$ du nombre demandé donnent 136; par conséquent, les $\frac{2}{3}$ + les $\frac{5}{8}$, ou les $\frac{31}{24}$ du nombre demandé valent 136 — 12, ou 124; par suite le nombre demandé est les $\frac{24}{31}$ de 124, ou 96.

---

688. $\frac{2}{3}+\frac{2}{15}=\frac{12}{15}=\frac{4}{5}$; 40 est donc les $\frac{4}{5}$ du nombre demandé; par suite ce nombre est les $\frac{5}{4}$ de 40, ou 50.

---

689. Le plus grand des deux nombres est :

$$125 \times 95, \quad \text{ou} \quad 11\,875;$$

leur différence est

$$524 \times 11, \quad \text{ou} \quad 5764;$$

le plus petit est donc

$$11\,875 - 5764, \quad \text{ou} \quad 6111.$$

---

690. Le vrai diviseur devrait être 8667, et non 8674; ainsi il devrait être inférieur de 7 unités au diviseur employé; si donc on conserve le même quotient 1034, le reste augmentera de 1034 × 7, ou de 7238; il sera donc

$$7627 + 7238, \quad \text{ou} \quad 14\,865;$$

mais alors, le reste contenant une fois le diviseur 8667, le quotient est trop faible d'une unité; le véritable quotient est donc

1035, et le reste 14 865 — 8667, ou 6198.

---

691. Si, après avoir fait une soustraction, on double le plus grand des deux nombres, le reste augmentera d'une quantité égale au plus grand des deux nombres. Celui-ci est donc égal à la différence des restes qui sont donnés.

Le plus grand des deux nombres est, par conséquent :

$$\left(32\,\frac{13}{21}\right) - \left(13\,\frac{20}{21}\right), \quad \text{ou} \quad 18\,\frac{14}{21}, \quad \text{ou} \quad 18\,\frac{2}{3}.$$

Le plus petit est $18\,\frac{2}{3} - 13\,\frac{20}{21}$, ou $4\,\frac{5}{7}$.

---

692. Les nombres qui remplissent la dernière condition sont des multiples de 5, plus 4, ou :

$$5 + 4$$
$$5.2 + 4$$
$$5.3 + 4, \text{ etc., etc.}$$

En les divisant par quatre, ils donnent pour restes :

1, 2, 3, etc.

Or on veut que le reste soit 3; l'un des nombres remplissant ces deux conditions est donc :

$$5.3 + 4, \quad \text{ou} \quad 15 + 4, \quad \text{ou} \quad 19.$$

Si on lui ajoute un multiple quelconque de 4.5 ou de 20, les restes par 5 et par 4 ne changent pas; les nombres remplissant les deux dernières conditions sont donc :

$$19$$
$$20 + 19$$
$$20.2 + 19$$
$$20.3 + 19, \text{ etc., etc.}$$

Ces nombres, divisés par 3, donnent pour restes :

1, 0, 2, 1, etc.

Or on veut que le reste soit 2; le troisième nombre, ou 59, est donc le plus petit des nombres qui remplissent les trois dernières conditions.

Les autres nombres sont 59 augmenté d'un multiple de 3, 4, 5 ou de 60; dès lors ces nombres sont :

$$\begin{array}{r} 59 \\ 60 + 59 \\ 60.2 + 59 \\ 60.3 + 59, \text{ etc., etc.} \end{array}$$

Ces nombres, divisés par 2, donnent tous 1 pour reste; ils remplissent donc tous la première condition; par suite, ils remplissent les quatre conditions énoncées. Or on demande le plus petit de tous ceux qui remplissent ces conditions. C'est donc 59 qui est le résultat cherché, ainsi qu'on peut s'en assurer en soumettant ce nombre aux conditions de la question.

---

693. $\frac{15}{17} - \frac{3}{7} = \frac{54}{119}$; par conséquent, $149 \frac{13}{18}$ est les $\frac{54}{119}$ du nombre demandé. En conséquence,

$$x = \text{les } \frac{119}{54} \text{ de } 149 \frac{13}{18}, \quad \text{ou} \quad 329 \frac{917}{972}.$$

---

694. Le sextuple du reste doit être 105; le reste est donc $\frac{105}{6}$; par suite,

$$x = 28 + \frac{105}{6}, \quad \text{ou} \quad 45 \frac{1}{2}.$$

---

695. Le nombre dont 72 est les $\frac{6}{7}$ doit être lui-même les $\frac{7}{6}$ de 72, ou 84. Le rapport demandé est donc celui de 56 à 84, c'est-à-dire

$$\frac{56}{84}, \quad \text{ou} \quad \frac{2}{3}.$$

Vérification. $84 \times \frac{6}{7} = 72$; $84 \times \frac{2}{3} = 28 \times 2 = 56$.

---

696. Les $\frac{2}{3}$ de 18 valent 12. Le nombre dont les $\frac{6}{5}$ valent 12 est les $\frac{5}{6}$ de 12, ou 10; 15 fois ce nombre font 150; il s'agit donc de savoir quelle fraction de 240 est 150.

Rép. $150 : 240$, ou $\frac{5}{8}$.

---

697. Prendre une fraction d'un nombre, c'est multiplier ce nombre par cette fraction. Il s'agit donc de trouver par quelle fraction il faut multiplier $\frac{15}{8}$ pour que le produit soit $\frac{5}{12}$. Or l'un des buts de la division est de trouver l'un des facteurs d'un produit, lorsqu'on connaît ce produit et l'autre facteur; par conséquent, le multiplicateur demandé est égal à $\frac{5}{12} : \frac{15}{8}$, ou à $\frac{2}{9}$.

---

698. Puisque la moitié de la dépense vaut les $\frac{3}{4}$ du reste, la dépense entière était les $\frac{3}{2}$ de ce reste. Si donc je conçois ce reste décomposé en deux parties égales, la dépense en vaudra 3 et le total 5. La dépense était donc les $\frac{3}{5}$ du total, ou de 50 fr., c'est-à-dire 30 fr.

---

699. $\frac{5}{6}$ de litre coûtent..... $6^{f}\frac{2}{3}$;

$\frac{1}{6}$ » coûterait... $6\frac{2}{3} : 5$, ou $1^{f}\frac{1}{3}$;

1 litre .... $1\frac{1}{3} \times 6$, ou 8 fr.

Le tonneau contenait .... $245^{l}\frac{3}{4}$;

On a tiré .... $148\frac{7}{8}$.

Reste .... $96^{l}\frac{7}{8}$.

$96^{l}\frac{7}{8}$, à 8 fr. le litre, coûteront 775 fr.

---

700. Les quatre parties respectivement divisées par 12, 9, 6 et 3 forment des rapports égaux ; ces parties sont donc proportionnelles à ces nombres.

En appliquant la règle (*Arith.*, n° **285**), on obtient :

$$720 \times \frac{12}{30}, \quad \text{ou} \quad 288 ;$$

$$720 \times \frac{9}{30}, \quad \text{ou} \quad 216 ; \quad 720 \times \frac{6}{30}, \quad \text{ou} \quad 144 ;$$

$$720 \times \frac{3}{30}, \quad \text{ou} \quad 72.$$

---

701. On prend $\frac{1}{3}$ d'une somme ; il en reste donc $\frac{2}{3}$. On prend les $\frac{3}{5}$ de ce reste ; le nouveau reste est donc les $\frac{2}{5}$ du premier, ou $\frac{2}{3} \times \frac{2}{5}$, c'est-à-dire $\frac{4}{15}$.

Puisque 29 francs sont les $\frac{4}{15}$ de la somme demandée, cette somme, à son tour, est les $\frac{15}{4}$ de 29, ou 108f,75.

Vérification. Somme trouvée........	108f,75
On en ôte $\frac{1}{3}$	36 ,25
Reste.........	72f,50
De ce reste on ôte ses $\frac{3}{5}$ ou	43 ,50
Reste.........	29 fr.

C'est, en effet, ce qu'il fallait retrouver.

---

702. De 79 j'ôte d'abord 7 unités, puis je partage le reste 72 en deux parties dont l'une soit les $\frac{5}{13}$ de l'autre ; ces deux parties sont :

$$72 \times \frac{5}{13}, \text{ ou } 20, \text{ et } 72 \times \frac{13}{13}, \text{ ou } 52.$$

Les deux parties demandées sont donc : 20 + 7, ou 27, et 52.

---

703. Tout dividende est le produit du diviseur par le quotient (complet) ou du quotient par le diviseur. D'après cela, divisez le dividende par le quotient, et vous aurez le diviseur. Le diviseur demandé a donc pour expression:

$$\frac{2}{9} : \left(28\frac{4}{7} \times \frac{6}{5} \times \frac{1}{3}\right).$$

Ce qui donne $\frac{7}{360}$.

704.

$$864 \times \frac{17}{24} = 612;$$

$$75 \times \frac{3}{5} = 45.$$

La question est alors ramenée à celle-ci : Que faut-il ôter de 612 pour avoir 45 ?

Rép. 612 — 45, ou 567.

---

705. Multiplier un nombre par 7, c'est l'augmenter de six fois sa valeur; donc le sextuple du premier nombre vaut 15 852; par suite, ce premier nombre est le quotient de la division de 15 852 par 6, ou 2642.

Ce nombre ajouté aux $\frac{3}{4}$ d'un autre doit donner 10 484; les $\frac{3}{4}$ de l'autre sont donc :

$$10\,484 - 2642, \quad \text{ou} \quad 7842;$$

l'autre nombre, celui qu'on demande, est donc les $\frac{4}{3}$ de 7842, ou 10 456.

Vérification. 1° Le premier nombre est...... 2 642
Son produit par 7 est.......... 18 494
Augmentation 15 852

ainsi qu'on le demande.

2° Le premier nombre est........... 2 642
Les $\frac{3}{4}$ du second 10 456 sont........ 7 842
Total 10 484

comme on le demande.

CHAPITRE II.

DEVOIRS ÉCRITS (MODÈLES).

(Le maître y joindra un sujet de théorie.)

706. 6 kilogr. de grains correspondent à 100 épis;

1 kilogr. » correspond à... $\frac{100}{6}$;

1 hectol. pesant 78 kilogr. exige donc, pour être rempli, le grain de :

$$\frac{100}{6} \times 78, \text{ ou de } 1300 \text{ épis.}$$

Chaque épi contient 35 × 13 ou 455 grains; par conséquent les 1300 épis nécessaires pour remplir un hectolitre contiendront :

$$455 \times 1300, \text{ ou } 591\,500 \text{ grains.}$$

Rép. 1° 1300 épis ;
2° 591 500 grains.

---

707. Chaque are fournit 65 kilogr. de trèfle vert.

La prairie contenant 23 ares, en fournira $65^k \times 23$, ou 1495^k

Ce trèfle perdra : 1° $\frac{66}{100}$ de 1495 kilogr., ou..........	986 ,7
Il en restera	508 ,3
Il perdra : 2° $\frac{12}{100}$ de 508^k,3 ou....................	60 ,996
Reste final....................	447^k,304

Rép. Le produit en foin sec sera de 447^k,304.

---

708. Le sucre étant les $\frac{7}{100}$ de la betterave employée, celle-ci est les $\frac{100}{7}$ du sucre obtenu.

La quantité de betteraves nécessaire est donc les

$$\frac{100}{7} \text{ de } 87\,500 \text{ kilogr., ou } 1\,250\,000 \text{ kilogr.}$$

Chaque mètre carré produisant $3^k,125$, la surface à ensemencer

sera $$\left(\frac{1\,250\,000}{3,125}\right)^{mq}, \text{ ou } 400\,000 \text{ mètres cubes.}$$

1000 kilogr. de betteraves valent $16^f,50$; le kilogr. vaut donc $0^f,0165$, et les 1 250 000 kilogr. à employer valent :

$$0^f,0165 \times 1\,250\,000, \text{ ou } 20\,625 \text{ fr.}$$

Rép. 1° Il faudra ensemencer 400 000 mètres carrés.

2° La valeur totale de la récolte sera 20 625 fr.

---

709. Pour 28 fr. on a....... 1000 kilogr. de paille ;

Pour 1 fr. on en aurait.. $\frac{1000^k}{28}$;

Et pour 500 fr.......... $\frac{1000^k}{28} \times 500$, ou 17 857 kilogr.

Comme chaque hectolitre d'avoine correspond à 47 kilogr. de paille, le nombre d'hectolitres d'avoine doit être :

$$\frac{1}{47} \text{ de } 17\,857, \text{ ou } 379,9....$$

Rép. Il a récolté 380 hectolitres.

---

710. Chaque mètre d'un cours d'eau fournissant 50 litres de vase, 200 000 kilom., ou 200 000 000 de mètres, en fourniraient :

$$50^l \times 200\,000\,000, \text{ ou } 10\,000\,000\,000 \text{ de litres ;}$$

ce qui fait 10 000 000 de mètres cubes.

Le mètre cube pesant 750 kilogr., le tout pèserait 7 500 000 000 de kilogr.

Chaque hectare exigeant l'emploi de 15 000 kilogr., le nombre d'hectares qu'on pourrait fumer est égal à :

$$\frac{7\,500\,000\,000}{15\,000}, \text{ ou à } 500\,000.$$

Rép. 1° On pourra retirer chaque année 10 000 000 de mèt. cubes.

2° Ils pèseront 7 500 000 000 de kilogrammes.

3° On pourra fumer 500 000 hectares.

---

711. Intérêts de 490 fr. à 28 pour 100. $490^f \times \frac{28}{100}$, ou $137^f,20$

Nourriture, etc.	310
Total de la dépense annuelle	$447^f,20$

750 kilogr. de fumier équivalent à 1 mètre cube;

kilogr. équivaudrait à........ $\frac{1}{750}$ de mètre cube;

120 quintaux équivalent à........ $\frac{1^{mc}}{750} \times 12\,000$, ou à 16 mètres cubes.

Ces 16 mètres cubes valent $7^f,50 \times 16$, ou	120^f
225 jours de travail à $1^f,55$ valent $1^f,55 \times 225$, ou	348 ,75
Total du produit	468 ,75
Dépense	447 ,20
Bénéfice	$21^f,55$

Rép. Le bénéfice demandé est de $21^f,55$.

---

712. Journée du meunier.................... 4
Journée de son aide.................... 1 ,50
Frais et intérêts........................ 1
Dépense totale en un jour....... $6^f,50$.

Pendant la journée de 9 heures, on moud $14^k \times 9$, ou 126 kilogr.; le prix de la mouture est donc :

Pour 126 kilogr...... $6^f,50$;

Pour 1 kilogr......... $\frac{6^f,50}{126}$;

Pour 100 kilogr....... $\frac{6^f,50}{126} \times 100$, ou $5^f,16$.

Sur 100 kilogr. de blé, il y a une perte de .... $0^k,50$;

On obtient en farine................................ 75^k;

Le poids du son est donc $100^k - 75^k,50$, ou .... $24^k,50$.

157 kilogr. de farine se vendent 69^f;

1 kilogr. vaudrait........... $\frac{69}{157}$;

75 kilogr. valent donc........ $\frac{69^f}{157} \times 75$, ou..... $32^f,96$

100 kilogr. de son valent....... $14^f,50$;

1 kilogr. vaudrait........... $\frac{14^f,50}{100}$;

$24^k,5$ valent donc........ $\frac{14^f,50}{100} \times 24,50$, ou...... 3,55

Total de la recette............ $36^f,51$

Prix de 100 kilogr. de blé. 24^f

Mouture................. 5,16

Total.............. $29^f,16$ ci.......... $29^f,16$.

Bénéfice................. $7^f,35$.

Rép. 1° Le prix de mouture est de $5^f,16$ pour 100 kilogr.
2° Le bénéfice sur 100 kilogr. est de $7^f,35$.

---

713. Les 2750 kilogr. de feuilles qui forment la consommation totale des 5 âges doivent être partagés en cinq parties proportionnelles aux nombres donnés ; j'applique la règle connue, et j'ai :

Pour le 1er âge :

$\frac{2750^k \times 7}{1788} = 10^k,766$ pour 5 jours, et par jour $2^k,153$.

Pour le 2e âge :

$\frac{2750^k \times 21}{1788} = 32^k,299$ pour 4 jours, et par jour $8^k,075$.

Pour le 3e âge :

$\frac{2750^k \times 70}{1788} = 107^k,662$ pour 7 jours, et par jour $15^k,380$.

Pour le 4e âge :

$$\frac{2750^k \times 240}{1788} = 369^k,123 \text{ pour 7 jours, et par jour } 52^k,733$$

Pour le 5e âge :

$$\frac{2750^k \times 1450}{1788} = 2230^k,154 \text{ pour 10 jours, et par jour } 223^k,015.$$

Rép. Les poids demandés sont :

2^k,153	par jour dans	le premier âge ;
8 ,075	»	le second âge ;
15 ,380	»	le troisième âge ;
52 ,733	»	le quatrième âge ;
223 ,015	»	le cinquième âge.

---

714. Pour ensemencer il faut $1^f,75$ pour 350 ares

et par hectare.	$\frac{1^f,75}{350} \times 100$, ou...	$0^f,50$
Pour faucher.............	$\frac{1^f,75}{60} \times 100$, ou.....	2 ,92
Pour gerber................	$\frac{1^f}{50} \times 100$, ou......	2
Pour râteler, etc............	$\frac{1^f}{50} \times 100$, ou......	2
Pour transport : les $\frac{4}{5}$ de $(1^f,75 + 3^f + 3^f + 3^f + 3^f)$, ou.		11
Rentrée : $\frac{1^f,75 + 7^f}{250} \times 100$..........................		3 ,50
Rép. Total de la dépense pour 1 hectare......		$21^f,92$.

---

715. Chaque voiture faisant 5 voyages par jour et coûtant $3^f + 2^f$, cela fait 1 fr. par voyage ; il est donc facile d'évaluer la dépense ainsi qu'il suit :

100 voitures à $0^f,75$..........................	75^f
Transport à 1 fr. par voiture..................	100
Chargement, 3 journées à 2 fr................	6
5 journées à 2 fr. pour distribuer l'engrais.....	10
Total de la dépense.......	191^f

Les 1050 kilogr. de foin se vendent 62 fr.;

Par suite, 6000 kilogr. se vendront $\frac{62^f}{1050} \times 6000$, ou	$354^f,29$
Dépense...	191
Différence ou bénéfice..	$163^f,29$

C'est le nombre demandé.

---

716. Dans le premier cas, la dépense se compose :

De $0^k,85$ de foin à....... $\frac{35^c}{6}$ le kilogramme..	$4^c,9583$
Et de $0^k,75$ de paille à.... $\frac{35^c}{24}$ le kilogramme..	$1^c,0937$
Total..........	$6^c,0520$

Dans le deuxième cas, elle se compose :

De $0^k,5$ de foin à......... $\frac{35^c}{6}$ le kilogramme.	$2^c,9167$
De $0^k,5$ de paille à....... $\frac{35^c}{24}$ le kilogramme.	$0^c,7292$
Et de $0^k,0075$ de sel à..... 20^c le kilogramme.	$0^c,1500$
Total.......	$3^c,7959$

Rép. L'économie est de $6^c,0520 - 3^c,7959$, ou de $2^c,2561$ par jour. Et par an, de $8^f,23$.

---

717. La propriété a 50 hectares ou 500 000 mètres carrés ; sa longueur est de 1205 mètres; sa largeur est donc de :

$$\left(\frac{500\,000}{1205}\right)^m, \quad \text{ou de} \quad 414^m,93.$$

Le nombre des lignes transversales est $\frac{1205}{8}$, ou $150 + \frac{5}{8}$; le nombre 1205 n'étant pas divisible par 8, les distances des drains ne seront pas exactement de 8 mètres; je suppose qu'on mette 150 lignes de drains, ce qui portera l'intervalle d'une ligne à l'autre à

$$\frac{1205}{150}, \quad \text{ou à} \quad 8^m,033\,;$$

je suppose donc qu'on partage la longueur de la propriété en bandes ayant chacune $8^m,033$ de large, et qu'on place une ligne de drains au milieu de chacune, il faudra pour cela :

150 lignes de $414^m,93$ chacune..............	$62\,239^m,50$
Ligne de drains collecteurs..................	$1\,205$
Total.......	$63\,444^m,50$

Rép. La dépense sera de $0^f,2942 \times 63\,444,5$, ou de $18\,665^f,37$.

---

718. Le volume d'un moule de bois est égal à :

$$(1,30 \times 1,30 \times 1,55)^{m.c}, \quad \text{ou à} \quad 2^{mc},6195\,;$$

Le prix est de $10^f,95 \times 2,6195$, ou..............	$28^f,68$
Façon de 2500 échalas à 4 fr. le mille............	$10^f.$
Total de la dépense....	$38^f,68$
Recette : 2500 échalas à 20 fr. le mille...........	$50^f.$
	$11^f,32$

Rép. Le bénéfice demandé est de $11^f,32$.

---

719. Le paquet de 25 bottes de foin ayant $1^m,40$ de long, occupera toute la largeur de la charrette ; en le mettant de champ, il occupera $0^m,40$ sur la longueur de la charrette, et comme elle a 6 mètres, le nombre qu'on en pourra mettre à la suite les uns des autres sera de $\frac{6}{0,40}$, ou de 15 ; au-dessus on en pourra mettre une seconde fois 15 ; cela fera la hauteur totale de $1^m,40 + 1^m,40$, ou de $2^m,80$.

Rép. 1° Le chargement contiendra 30 paquets, pesant chacun $7^k \times 25$, ce qui fait un poids total de $7^k \times 25 \times 30$, ou de 5250 kilogr., ou de 52 quintaux $\frac{1}{2}$.

2° Le paquet contenant 25 bottes, cela fera :

$$25 \times 30, \quad \text{ou} \quad 750 \text{ bottes.}$$

---

720. Le quart de $19^k,42$ est de $4^k,855$.

100 kilogr. de foin équivalent à 460^k de paille d'orge;

1 kilogr. équivaudrait à $\frac{460^k}{100}$;

$4^k,855$ équivalent à $\frac{460^k}{100} \times 4^k,855$, ou à $22^k,333$.

100 kilogr. de foin équivalent à 68 kilogr. d'avoine;

1 kilogr. équivaudrait à $\frac{68^k}{100}$;

$4^k,855$ équivalent à $\frac{68^k}{100} \times 4^k,855$, ou à $3^k,301$.

Rép. La ration se composera de : 1° $9^k,710$ de foin; 2° $22^k,333$ de paille d'orge; 3° $3^k,301$ d'avoine

---

721. Le bénéfice résultant du nouveau mode de semage se compose de deux parties : diminution de la semence, augmentation du produit.

1° L'économie de la semence est de

$13^l - 3^l$, ou de 10 litres pour 6 ares.

Par are ce sera $\frac{10^l}{6}$,

et par hectare $\frac{10^l}{6} \times 100$, ou.................... $166^l,7$

2° L'augmentation du produit est de

$210^l - 145^l$, ou de 65 litres pour 6 ares.

Par are ce sera $\frac{65^l}{6}$,

et par hectare $\frac{65^l}{6} \times 100$, ou.................... $1083^l,3$

Total............... 1250^l

Cela fera en argent $0^f,315 \times 1250$, ou $393^f,75$.

Rép. 1° L'économie demandée est de 1250 litres par hectare.
2° En argent, elle est de $393^f,75$ par hectare.

---

722. Dans le broyage, le volume des os augmente de 15 pour 100 ; il en résulte que :

115 hectolitres de poudre d'os exigent 100 hectolitres d'os ;

1 hectolitre id. exigerait $\frac{100^h}{115}$;

36 hectolitres id. exigent $\frac{100^h}{115} \times 36$, ou $31^h,3$.

Pour fumer un hectare, il faut donc :

$31^h,3$ d'os à $0^f,45$ l'hectolitre..........................	$14^f,08$
Broyage de 36 hectolitres à $1^f,75$..................	63
Total................	$77^f,08$

Rép. La fumure d'un hectare revient à $77^f,08$.

---

723. Chaque hectare de terre produit 19 hectolitres de blé.

Ce blé pèse $76^k \times 19$, ou	1444^k
La paille obtenue pèse $167^k \times 19$, ou..............	3173
Total................	4617^k

On a obtenu en tout..................................	4860^k
Chaque hectare produit	4617^k

L'étendue en hectares de la terre en question est donc de :

$$\frac{4860}{4617}, \quad \text{ou de} \quad 1^h,0526 ;$$

par suite, la quantité de blé obtenue est $19^h \times 1,0526$, ou 20 hectolitres, et le poids de la paille, $3173^k \times 1,0526$, ou 3340 kilogrammes.

Rép. 1° On a récolté 20 hectolitres de blé, et 3340 kilogrammes de paille.

2° La terre contient 105 ares 26 centiares.

---

724. 6 kilogr. de luzerne valent $0^f,35$;

1^k vaudrait.............. $\frac{0^f,35}{6}$, ou $0^f,0583333$;

100^k de luzerne valent....... $5^f,83333$;

280^k de carottes valent donc.. $5^f,83333$;

1^k vaudrait.. .... $\frac{5^f,83333}{280}$, ou $0^f,0208333$.

Un hectare cultivé en carottes produira

$0^f,0208333 \times 50\,000$, ou $1041^f,67$

Frais de culture......................... 280^f

Produit net........ $761^f,67$

Un hectare cultivé en luzerne produira

$0^f,0583333 \times 12\,000$, ou 700^f

Frais de culture...................... 80^f

Produit net........ 620^f

Rép. La culture en carottes donne un produit supérieur de

$761^f,67 - 620^f$, ou $141^f,67$.

---

725. Prix du travail de 4 chevaux $0^f,35 \times 4$, ou... $1^f,40$

Premier ouvrier........................... $0,30$

Les autres, $0^f,15 \times 4$ ou........................ $0,60$

Entretien de la machine.................... $0,75$

Total de la dépense par heure.... $3^f,05$

La quantité de blé obtenue est de $15^l \times 100$, ou de 15 hectolitres; prix par hectolitre : $\frac{3^f,05}{15}$, ou $0^f,20\ \frac{1}{3}$.

Rép. Le prix du battage est de 20 centimes $\frac{1}{3}$ par hectolitre.

---

726. Chacun des fourrages des quatre premières espèces devant être triple de chacun de ceux des trois dernières espèces, ces quatre fourrages occuperont ensemble une surface égale à douze fois celle occupée par l'un des trois autres ; la surface totale sera donc égale à quinze fois la surface occupée par l'un des trois derniers. Le champ doit donc être partagé en quinze parties égales ; chacun des quatre premiers fourrages en occupera trois et chacun des trois autres une.

Le champ étant de 3 hectares chacune des quinze parties égales dans lesquelles il doit être partagé sera égale à $\frac{3}{15}$, ou à $\frac{1}{5}$ d'hectare.

Rép. La quantité de graines à semer sera :

Pour la première $50^k \times \frac{1}{5} \times 3$, ou 30^k ;

Pour la seconde $100^k \times \frac{1}{5} \times 3$, ou 60 ;

Pour la troisième $40^k \times \frac{1}{5} \times 3$, ou 24 ;

Pour la quatrième $10^k \times \frac{1}{5} \times 3$, ou 6 ;

Pour la cinquième $18^k \times \frac{1}{5} \times 1$, ou 3,6 ;

Pour la sixième $8^k \times \frac{1}{5} \times 1$, ou 1,6 ;

Pour la septième $15^k \times \frac{1}{5} \times 1$, ou 3.

---

727. 1° La dépense est pour chaque jour, **en été :**

$0^f,04 \times 14$, ou... $0^f,56$

$0^f,0165 \times 2,5$, ou... 0,04125

$0^f,0001 \times 25$, ou... 0,0025

Total... $0^f,60375$

Et pour 150 jours, $0^f,60375 \times 50$, .. $90^f,5625$,

La dépense est pour chaque jour, en hiver .

$0^f,035 \times 20$, ou... $0^f,700$

$0^f,0165 \times 5$, ou... 0,0825

$0^f,06 \times 2,5$, ou... 0,15

Total... $0^f,9325$

Et pour 215 jours, $0^f,9325 \times 215$, ou....	$200^f,4875$
Dépense annuelle pour la nourriture......	$291^f,05$
Pour la litière, $0^f,0165 \times 3 \times 365$, ou.....	18 ,07
Dépense totale annuelle.......	$309^f,12$

2° La nourriture d'un bœuf de 500 kilogr. coûtant $291^f,05$ par an, cela fait par kilogramme $\frac{291^f,05}{500}$;

Et pour un bœuf de 855 kilogr. cela fait $\frac{291^f,05}{500} \times 855$, ou $497^f,70$.

Rép. 1° Dépense annuelle pour un bœuf de 500^k... $309^f,12$.
2° Nourriture annuelle d'un bœuf de 855^k... $497^f,70$.

---

728. Le nombre des sillons sera $\frac{100}{0,25}$, ou 400, et comme ils ont 100 mètres de long, leur longueur totale sera $100^m \times 400$, ou 40 000 mètres.

Le cheval faisant 3000 mètres par heure, il faudra pour la longueur totale

$\frac{40\,000}{3000}$, ou......................	$13^h\frac{1}{3}$
Pour le temps perdu $13^h\frac{1}{3} \times \frac{2}{5}$, ou........	$5^h\frac{1}{3}$
Total...	$18^h\frac{2}{3}$

Journée du laboureur......................	$1^f,50$
» du cheval........................	$3^f,50$
Total...	$5^f,00$

Cela fait par heure $\frac{5^f}{11}$, et pour $18^h\frac{2}{3}$:

$$\frac{5^f}{11} \times 18\frac{2}{3}, \text{ ou } 8^f,48.$$

Rép. 1° La longueur des sillons est de 40 000 mètres.
2° Le temps employé au labour est de $18^h\ 40^m$.
3° La dépense est de $8^f,48$.

---

729. Le prix étant de $23^f,50$ et chaque hectolitre pesant 79 kilogr., cela fait par kilogramme : $\frac{23^f,50}{79}$.

Le poids réel du blé livré étant de 77 kilogr. par hectolitre, ou de 770 kilogr. par mètre cube, cela fait pour la récolte entière $770^k \times 12\frac{5}{7}$, ou 9790 kilogr.

Le prix sera donc $\frac{23^f,50}{79} \times 9790$, ou $2912^f,22$.

Rép. 1° Le prix demandé est de $2912^f,22$.
2° Le poids total est de 9790 kilogr.

---

730. Le laboureur pouvant faire l'ouvrage en 10 jours, coupera chaque jour $\frac{1}{10}$ du champ.

Par la même raison, la femme en coupera chaque jour $\frac{1}{15}$.

Le fils fait en 5 jours l'ouvrage de 3 journées de son père, ou les $\frac{3}{10}$ du champ ; il fait donc par jour les $\frac{3}{50}$ du champ.

Les trois travaillant ensemble feront donc par jour :

$$\frac{1}{10}+\frac{1}{15}+\frac{3}{50}, \quad \text{ou les} \quad \frac{17}{75} \quad \text{du champ;}$$

ils mettront donc pour le champ tout entier, qu'on peut représenter par 1 :

$$1 : \frac{17}{75}, \quad \text{ou} \quad 4^j\,\frac{7}{17}.$$

Rép. $4^j\,\frac{7}{17}$, ou $4^j\,4^h\,56^m$, en supposant la journée de 12 heures de travail.

---

731. En semant à la machine, on obtient une

récolte de	3790^l
On emploie pour semence.	125
Produit net.	3665^l.
Revenu : $27^f,50 \times 36,65$, ou.	$1007^f,87$.
Main-d'œuvre	3
Revenu net.	$1004^f,87$

En semant à la main, on obtient......	3250^l
On emploie pour semence...........	220
Produit net......	3030^l.
Revenu : $27^f,50 \times 30,3$, ou............	$833^f,25$
Main-d'œuvre......................	2 ,90
Revenu net......	$830^f,35$.

Rép. On gagne à employer la machine $1004^f,87 - 830^f,35$, ou $174^f,52$.

---

732. Prix d'achat du minerai .... $9806^f,25$

Le quintal coûtant $18^f,75$, le nombre de quintaux est de $\frac{9806,25}{18,75}$, ou de 523.

Traitement du minerai : $5^f,70 \times 523$, ou 2981 ,10

Prix total .... $12\,787^f,35$.

Le cuivre contenu dans le minerai est de :

$15^k \times 523$, ou de	7845^k
Il faut en ôter $\left(\frac{2}{100}\right)^k \times 7845$, ou......	156 ,90
Produit net......	$7688^k.10$

Le prix du kilogramme de cuivre est de :

$$\frac{12787^f,35}{7688,10}, \text{ ou de } 1^f,66.$$

Rép. 1° Le prix du kilogramme est de... $1^f,66$

2° Le prix total est de .... $12\,787^f,35$

733.

Prix d'achat de la récolte..........	182^f
Plus un décime par franc..........	18 ,20
Six journées à $2^f,45$...............	14 ,70
Transport et battage	40 ,50
Total de la dépense....	$255^f,40$.

Cela fait pour chaque gerbe :

$$\frac{255^{f},40}{225}, \quad \text{ou} \quad 1^{f},135.$$

5 gerbes donnent $2^{Dl}\frac{1}{2}$, ou $\frac{5}{2}$ décalitres; ce qui fait $\frac{1}{2}$ décalitre par gerbe; il en faut donc 2 pour 1 décalitre, et 20 pour 1 hectolitre; le prix de l'hectolitre est donc de :

$$\frac{255^{f},40}{225} \times 20, \quad \text{ou de} \quad 22^{f},70.$$

Rép. 1° La gerbe revient à.............. $1^{f},13\frac{1}{2}$.

2° L'hectolitre revient à............ $22^{f},70$.

---

734. 728 litres à $0^{f},355$ le litre.......... $258^{f},44$;

Le double de cette somme est...... 516 ,88.

Pour cette dernière somme on pourra acheter, à raison de $48^{f},25$ l'hectolitre, un nombre de litres égal à

$$\frac{516,88}{0,4825}, \quad \text{ou à} \quad 1071.$$

Rép. 1071 litres.

---

735. 580 mètres cubes de marne contenant 70 pour 100 de calcaire, contiennent en tout $580^{mc} \times 0,70$, ou 406 mètres cubes.

Cette quantité d'engrais a suffi pour amender complétement 1 hectare à $0^{m},10$ de profondeur, ou $10\,000 \times 0,1$, ou 1000 mètres cubes, qui, avec les 580 mètres cubes qu'on ajoute, forment un total de 1580 mètres cubes.

Le rapport du calcaire à la terre arable qui le contient sera $\frac{406}{1580}$ ou $0^{mc},256$...; soit 26 pour 100.

On veut amender 1 hectare à $0^{m},18$ de profondeur, ce qui fait :

$$10\,000 \times 0,18, \quad \text{ou} \quad 1800 \text{ mètres cubes.}$$

Il s'agit donc de mêler 1800 mètres cubes de terre contenant 15 pour 100 de calcaire, avec de la marne qui en contient 75 pour 100, de manière que le mélange contienne 26 pour 100 de calcaire.

Dans la terre, il manque 11 pour 100 de calcaire; dans la marne, il y a 49 pour 100 en excès; il faut donc que les quantités de terre et de marne mélangées soient inversement proportionnelles aux nombres 11 et 49; la marne à ajouter est donc les $\frac{11}{49}$ de la terre qu'on veut amender :

$$1800 \times \frac{11}{49} = 404,...$$

En résumé, il faut employer 404 mètres cubes environ de marne pour amender complétement la terre dont il s'agit.

---

736. En continuant le premier aménagement on aurait vendu chaque année $1^h \frac{1}{2}$ à 800 fr., ce qui fait 1200 fr., et pour 30 ans la somme de $1200^f \times 30$, ou 36000 fr. En changeant l'aménagement, le taillis gagne 1000 fr. par hectare en 10 ans, ou 100 fr. par an; on aura donc pour les trente années suivantes les recettes contenues dans le tableau suivant, dont la première colonne représente l'âge de chaque partie du bois au moment où on a adopté le nouveau système.

20.	1re année 1 hectare de 20 ans................	800 fr.
	2e année $\frac{1}{2}$ hectare de 21 ans 400 + 50......	450
19.	2e année $\frac{1}{2}$ hectare de 20 ans................	400
	3e année 1 hectare de 21 ans $800^f + 100^f$.....	900
18.	4e année 1 hectare de 21 ans................	900
	5e année $\frac{1}{2}$ hectare de 22 ans $400^f + 50^f \times 2$..	500
17.	5e année $\frac{1}{2}$ hectare de 21 ans................	450
	6e année 1 hectare de 22 ans................	1000
16.	7e année 1 hectare de 22 ans................	1000
	8e année $\frac{1}{2}$ hectare de 23 ans $400^f + 50^f \times 3$..	550
15.	8e année $\frac{1}{2}$ hectare de 22 ans.	500
	9e année 1 hectare de 23 ans................	1100
	Total...........	8550 fr.

	Report........	8550 fr.
14.	10e année 1 hectare de 23 ans................	1100
	11e année $\frac{1}{2}$ hectare de 24 ans 400f + 50f × 4..	600
13.	11e année $\frac{1}{2}$ hectare de 23 ans................	550
	12e année 1 hectare de 24 ans................	1200
12.	13e année 1 hectare de 24 ans................	1200
	14e année $\frac{1}{2}$ hectare de 25 ans 400f + 50f × 5..	650
11.	14e année $\frac{1}{2}$ hectare de 24 ans................	600
	15e année 1 hectare de 25 ans................	1300
10.	16e année 1 hectare de 25 ans................	1300
	17e année $\frac{1}{2}$ hectare de 26 ans 400f + 50f × 6...	700
9.	17e année $\frac{1}{2}$ hectare de 25 ans................	650
	18e année 1 hectare de 26 ans................	1400
8.	19e année 1 hectare de 26 ans................	1400
	20e année $\frac{1}{2}$ hectare de 27 ans 400f + 50f × 7..	750
7.	20e année $\frac{1}{2}$ hectare de 26 ans................	700
	21e année 1 hectare de 27 ans................	1500
6.	22e année 1 hectare de 27 ans................	1500
	23e année $\frac{1}{2}$ hectare de 28 ans 400f + 50f × 8..	800
5.	23e année $\frac{1}{2}$ hectare de 27 ans................	750
	24e année 1 hectare de 28 ans................	1600
4.	25e année 1 hectare de 28 ans................	1600
	26e année $\frac{1}{2}$ hectare de 29 ans 400f + 50f × 9...	850
3.	26e année $\frac{1}{2}$ hectare de 28 ans................	800
	27e année 1 hectare de 29 ans................	1700
	Total................	33750 fr.

	Report.	33750 fr.
2.	28ᵉ année 1 hectare de 29 ans.	1700
	29ᵉ année $\frac{1}{2}$ hectare de 30 ans $400^f + 50^f \times 10$.	900
1.	29ᵉ année $\frac{1}{2}$ hectare de 29 ans.	850
	30ᵉ année 1 hectare de 30 ans.	1800
	Total.	39000 fr.

Le produit du premier mode d'aménagement était de 36000 fr.; le nouveau donne donc un bénéfice de 3000 francs, sans compter l'amélioration du taillis qui désormais rapportera 1800 francs par an au lieu de 1200 francs.

---

737. $3^h,55$, à raison de 750 mètres par hectare, exigeront $750^m \times 3,55$, ou $2662^m,50$ de tranchée.

Le nombre de tuyaux nécessaires sera par conséquent égal à :

$$\frac{2662,50}{0,30}, \quad \text{ou à} \quad 8875.$$

Ces tuyaux coûteront $0^f,022 \times 8875$, ou $195^f,25$. La dépense sera donc :

Ouverture des tranchées et rempliss. $(17^c + 3^c) \times 2662,5$.	$532^f,50$
Frais de pose $0^f,04 \times 2662,5$.	106 ,50
Achat des tuyaux.	195 ,25
Arpenteur $50 \times 3,55$.	177 ,50
Total.	$1011^f,75$

Rép. Le drainage du champ reviendra à $1011^f,75$.

---

738. La somme des angles d'un triangle est toujours égale à deux angles droits, ou à 180°. Je dois donc retrancher la somme des deux angles donnés de la somme totale 180°.

Somme des angles donnés :

$$\begin{array}{r} 53^\circ\ 18'\ 26'' \\ 63^\circ\ 48'\ 31'' \\ \hline 117^\circ\ \ 6'\ 57''. \end{array}$$

Excès de la somme totale sur la somme précédente :

$$\begin{array}{l} 180^\circ \\ 117^\circ\ \ 6'\ 57'' \\ \hline 62^\circ\ 53'\ 3''. \end{array}$$

Rép. 62° 53′ 3″.

---

739. On nomme *complément* d'un angle ce qu'il faut lui ajouter pour avoir 90° ; je fais donc la soustraction suivante :

$$\begin{array}{l} 90^\circ \\ 48^\circ\ 50'\ 11'' \\ \hline 41^\circ\ \ 9'\ 49''. \end{array}$$

Rép. 41° 9′ 49″.

---

740. Le *rapport de la circonférence au diamètre* est :

3,1416, à 0,0001 près.

Le diamètre étant $2^m,45 \times 2$, ou $4^m,9$, je dois multiplier ce diamètre par le rapport 3,1416 :

$$4^m,9 \times 3,1416 = 15^m,394, \quad \text{à } 0,001 \text{ près.}$$

Remarque. J'ai dû employer le rapport de la circonférence au diamètre avec 4 décimales ; si je l'avais employé avec trois seulement, ou à 0,001 près, l'erreur, multipliée par 4,9, qui est près de 5, aurait pu approcher de 0,005 ; et alors on n'aurait pas su si elle était plus petite que 0,001.

Rép. $15^m,394$.

---

741. Puisque la longueur de la circonférence est égale au diamètre multiplié par 3,14, le diamètre est égal à la circonférence divisée par 3,14 :

$$15^m,348 : 3,14 = 4^m,88\ldots$$

Le rayon est donc de $4^m,88 : 2$, ou de $2^m,44$.

Rép. $2^m,44$.

---

742. La surface d'un rectangle est égale au produit de sa base par sa hauteur :

$$9{,}3 \times 5{,}37 = 49{,}941.$$

Rép. 49 mètres carrés et 941 millièmes, ou 49 mètres carrés 94 décimètres carrés 10 centimètres carrés.

---

743. Un carré est un rectangle dont la base est égale à la hauteur.

La surface demandée s'obtiendra donc en multipliant 8,72 par lui-même :

$$8{,}72 \times 8{,}72 = 76{,}0384 ;$$

la surface du carré est de $76^{mq},0384$.

Pour revenir de cette surface au côté, il faut chercher un nombre qui, multiplié par lui-même, donne pour produit 76,0384, c'est-à-dire qu'il faut *extraire la racine carrée* du nombre qui représente la surface, et on doit alors retrouver le côté donné.

Rép. 76 mètres carrés 3 décimètres carrés 84 centimètres carrés.

---

744. 9 ares 25 centiares = 925 mètres carrés; et comme ce nombre doit être le produit de la base par la hauteur, j'obtiendrai celle-ci en divisant 925 par 34,3 :

$$925 : 34{,}3 = 26{,}967\ldots.$$

Rép. La hauteur demandée est de $26^{m},97$, à 1 centimètre près.

---

745. La diagonale d'un rectangle partage ce rectangle en deux triangles rectangles dont cette diagonale est l'hypoténuse. Le carré de l'hypoténuse d'un triangle rectangle est égal à la somme des carrés des deux autres côtés. Le carré de la diagonale est donc égal à la somme des carrés de la base et de la hauteur du rectangle; le carré de la hauteur s'obtiendra donc en retranchant le carré de la base du carré de la diagonale :

$$(44{,}76)^2 = 2003{,}4576,$$

$$(26{,}45)^2 = 699{,}6025 ;$$

$$2003{,}4576 - 699{,}6025 = 1303{,}8551.$$

Le carré de la hauteur étant 1303,8551, la hauteur est la racine carrée de ce nombre

$$\sqrt{1303,8551}, \quad \text{ou} \quad 36,1$$

La surface du rectangle est le produit de cette hauteur par la base :

$$36,11 \times 26,45 = 955,11.$$

Rép. 955 mètres carrés et 11 décimètres carrés.

---

746. J'ai dit dans le numéro précédent que le carré de la diagonale d'un rectangle est égal à la somme des carrés des deux côtés; il en est de même pour un carré; mais comme ici les deux côtés sont égaux, le carré de la diagonale est double du carré du côté.

Carré de la diagonale : $25^2 = 625$;

Carré du côté : $625 : 2 = 312,5$.

Ce même nombre représente la surface :

$$\text{côté} = \sqrt{312,5} = 17,6.$$

Rép. La surface est exactement de 312 centimètres carrés et demi.

Le côté est de 176 millimètres, à 1 millimètre près.

---

747. La surface d'un triangle est la moitié du produit de la base par la hauteur; j'ai donc :

$$S = \frac{39,25 \times 42,56}{2} = 835,24.$$

Rép. 835 mètres carrés et 24 décimètres carrés.

---

748. La surface d'un trapèze est égale à la demi-somme de ses bases multipliée par la hauteur; j'ai donc :

$$S = \frac{56,83 + 38,27}{2} \times 21,40 = 1017,57.$$

Rép. 1017 mètres carrés et 57 décimètres carrés.

---

749. La surface d'un trapèze est égale à la demi-somme de ses bases multipliée par la hauteur ; par suite, la hauteur est égale à la surface divisée par la demi-somme des bases :

$$H = 5826,4360 : \frac{32,76 + 41,24}{2} = 157,471.$$

La hauteur est donc de $157^{m},471$, à 1 millimètre près.

Si, de l'extrémité de la plus petite base, j'abaisse une perpendiculaire CE sur l'autre base, j'obtiens un triangle rectangle CBE dont un côté est la hauteur, l'autre la demi-différence des bases, et l'hypoténuse le côté demandé.

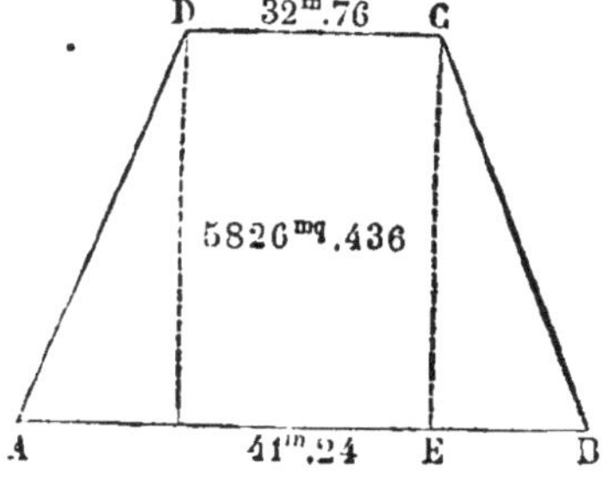

Le carré du côté demandé est donc égal à

$$(157,471)^2 + \left(\frac{41,24 - 32,76}{2}\right),$$

ou à 24815,09.

Quant à la longueur demandée, elle s'obtiendra en calculant la racine carrée de ce dernier nombre.

Rép. Chacun des deux côtés non parallèles du trapèze est égal à $157^{m},528$, à 1 millimètre près.

---

750. Le cercle est égal à sa circonférence multipliée par la moitié du rayon, ou à la moitié de la circonférence par le rayon :

$$\text{Cercle} = 3,5 \times 3,1416 \times 3,5 = 38,4846.$$

Rép. $38^{mq}\ 48^{dmq}$, à 1 décimètre carré près.

---

751. La surface du cercle est égale à la moitié de la circonférence multipliée par le rayon ; or la demi-circonférence est égale au rayon multiplié par 3,1416 ; ce produit multiplié par le rayon donne un résultat égal au carré du rayon multiplié par 3,1416 ; le carré du rayon est donc égal à la surface du cercle divisée par 3,1416, et j'ai :

$$R^2 = 33,1830 : 3,1416 = 10,5624\ldots$$

J'extrais la racine carrée de ce nombre et j'ai :

$$R = 3,2409\ldots.$$

Rép. Le rayon doit être $3^{m},250$, à 1 millimètre près.

---

752. La circonférence étant égale au diamètre multiplié par 3,1416, le diamètre est égal à

$$26,707 : 3,1416, \quad \text{et le rayon à} \quad 13,3535 : 3,1416.$$

L'aire du cercle est donc :

$$13,3535 \times \frac{13,3535}{3,1416}, \quad \text{ou} \quad 56,75960....$$

Rép. 56 mètres carrés 75 décimètres carrés 96 centimètres carrés.

---

753. La surface latérale du cône est égale à la moitié de la circonférence de la base multipliée par le côté; j'ai donc pour la surface latérale :

$$6 \times 3,1416 \times 10, \quad \text{ou} \quad 188,496.$$

La base est un cercle ; elle est égale à

$$6^2 \times 3,1416, \quad \text{ou à} \quad 113,098.$$

La surface totale est donc

$$188,496 + 113,098, \quad \text{ou} \quad 301,594.$$

Rép. 1° Surface latérale.... $188^{mq},496$.
2° Surface totale..... $301^{mq},594$

---

754. 1° Le côté d'un cône est l'hypoténuse d'un triangle rectangle SOB dont les deux autres côtés sont la hauteur et le rayon de la base.

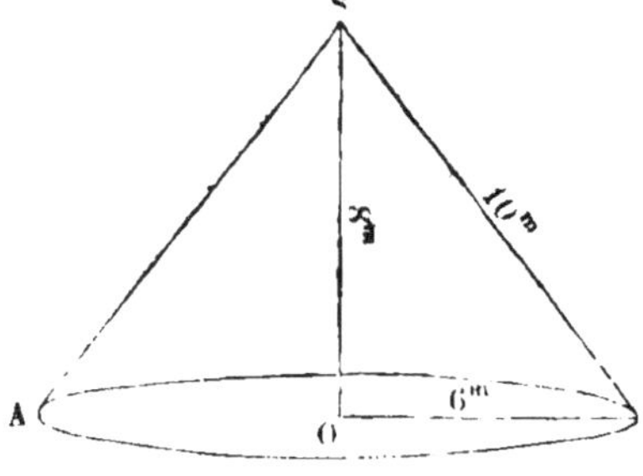

Carré de la hauteur....	64
Carré du rayon de la base.	36
Carré du côté..........	100

Le côté est la racine carrée de cette somme, ou 10.

La surface latérale est donc la même que dans la question précédente. Il en est de même de la surface totale.

Rép. 1° $188^{mq},496$; 2° $301^{mq},594$.

---

755. Le volume d'un cône est égal à sa base multipliée par le tiers de sa hauteur. En considérant un pain de sucre comme conique, et en prenant le décimètre pour unité linéaire, on a :

$$V = 2^2 \times 3{,}1416 \times \frac{6}{3} = 25{,}1328.$$

Rép. Le volume demandé est de 25 décimètres cubes et 133 centimètres cubes.

---

756. Le volume du cône étant égal à sa base multipliée par le tiers de la hauteur, la base est égale au volume divisé par le tiers de la hauteur; en prenant le décimètre pour unité linéaire, on a :

$$\text{base} = 30 : \frac{6}{3} = 15.$$

La base étant égale au carré du rayon multiplié par 3,1416, on aura pour le carré du rayon :

$$15 : 3{,}1416, \quad \text{ou} \quad 4{,}77463.$$

Extrayant la racine carrée de ce nombre, on a 2,185 ...
Rép. Le rayon demandé est de $2^{\text{dm}},185\ldots$, ou de $218^{\text{mm}},5$.

---

757. Le rayon de la base est $\frac{36^{\text{cm}}}{2}$, ou 18 centimètres.
En prenant le centimètre pour unité, la base est $(18)^2 \times 3{,}1416$, ou 1017,8784; et le volume $1017{,}8784 \times \frac{60}{3}$, ou 20357,568.

Le volume étant $20357^{\text{cmc}},568$ et chaque centimètre cube pesant $1^{\text{g}},16$, le poids du pain de sucre est

$$1^{\text{g}},16 \times 20357{,}568, \quad \text{ou} \quad 23614^{\text{g}},77888;$$

soit 23615 grammes, ou bien $23^{\text{k}},615$.

---

758. Le vase plein pèse.................... 165 grammes.
Vide il pèse.................................. 50 »

L'eau qu'il contient pèse donc................ 115 grammes.

Son volume est par conséquent de 115 centimètres cubes. Mais un cône est égal au produit de la base par le tiers de la hauteur; ainsi, en divisant le volume 115 par la base, on trouvera le tiers de la hauteur.

La base est égale à $\left(\frac{5}{2}\right)^2 \times 3{,}1416$, ou à 19,635; par suite, la hauteur est $\frac{115}{19{,}635} \times 3$, ou 17,57....

La profondeur demandée est donc $17^{cm},57$.... soit 176 millimètres.

---

759. La surface d'une sphère est quadruple de celle d'un grand cercle; son volume est égal à la surface multipliée par le tiers du rayon.

$$S = 4\,R^2 \times 3{,}1416\,;$$

$$V = 4\,R^2 \times 3{,}1416 \times \frac{R}{3}\,;$$

$$V = \frac{4}{3}\,R^3 \times 3{,}1416\,;$$

par conséquent, en prenant le mètre pour unité linéaire, on a pour la surface demandée :

$$4 \times 6^2 \times 3{,}1416, \quad \text{ou} \quad 452{,}3904\,;$$

et pour le volume :

$$452{,}3904 \times \frac{6}{3}, \quad \text{ou} \quad 904{,}7808.$$

Rép. 1° Surface.............................. $452^{mq},3904$

2° Volume.............................. $904^{mc},7808$

---

760. 1° La surface de la sphère étant quadruple de celle d'un de ses grands cercles, le rapport des surfaces de deux sphères est le même que celui des grands cercles, et par conséquent le même que celui des carrés de leurs rayons; ou, ce qui revient au même, le rapport des surfaces de deux sphères est le carré du rapport de leurs rayons.

Le rapport de la surface de la lune à celle de la terre est donc :

$$\left(\frac{3}{11}\right)^2, \quad \text{ou} \quad \frac{9}{121}, \quad \text{ou} \quad 0{,}074....$$

2° Le volume de la sphère (n° **759**) est égal à $\frac{4}{3}\,R^3 \times 3{,}1416$.

Le rapport des volumes des deux sphères est le même que celui des cubes de leurs rayons; par suite, le rapport des volumes de deux sphères est le cube du rapport de leurs rayons.

Le rapport du volume de la lune à celui de la terre est donc

$$\left(\frac{3}{11}\right)^3, \quad \text{ou} \quad \frac{27}{1331}, \quad \text{ou} \quad 0{,}020....$$

Rép. 1° La surface de la lune est environ les 0,07 de celle de la terre.

2° Le volume de la lune est environ les 0,02 de celui de la terre.

---

761. Par les mêmes raisons que dans le numéro précédent :

1° Le rapport de la surface du soleil à celle de la terre est $(112)^2$, ou 12 544.

2° Le rapport du volume du soleil à celui de la terre est $(112)^3$, ou 1 404 928.

Rép. 1° La surface du soleil est environ 12 500 fois celle de la terre.

2° Le volume du soleil est environ 1 400 000 fois celui de la terre.

---

762. Le volume du cylindre est égal au produit de sa base par sa hauteur; or la hauteur doit être égale au diamètre de la base; le volume du litre est donc égal à $R^2 \times 3{,}1416 \times 2\,R$, ou bien à $R^3 \times 6{,}2832$. Ce volume doit être de 1 litre; par conséquent, en prenant le décimètre pour unité linéaire, il faut diviser 1 par 6,2832 pour avoir le cube du rayon; après quoi on extraira la racine cubique du résultat pour avoir le rayon. On trouve ainsi 0,542.... Le diamètre est le double, ou 1,084....

Rép. Le diamètre et la hauteur intérieurs du litre sont chacun de 1 décimètre et 84 millièmes de décimètre.

---

763. La hauteur étant double du diamètre, le volume doit être :

$$R^2 \times 3{,}1416 \times 4\,R, \quad \text{ou} \quad R^3 \times 12{,}5664.$$

Ainsi, en prenant le décimètre pour unité linéaire, on devra diviser le volume 1 par 12,5664 pour avoir le cube du rayon; après quoi on extraira la racine cubique, et on trouvera 0, 43....

Le diamètre est double, ou 0,86.

La hauteur est double, ou 1,72.

Rép. 1° Le diamètre intérieur est de 0,86 de décimètre ou de 86 millimètres.

2° La hauteur est de $1^{dm},72$, ou de 172 millimètres.

---

764. La surface d'un grand cercle est égale au carré du rayon 6366 kilomètres multiplié par 3,1416.

$$6366^2 \times 3,1416 = 127\,316\,343.$$

La surface de la sphère en est le quadruple ; elle est donc égale à 509 265 372 kilomètres carrés.

Pour avoir le volume, il suffit de multiplier la surface par le tiers du rayon ou 2122, ce qui donne :

1 080 661 119 384 kilomètres cubes.

La densité étant 5,5, le litre pèse $5^k,5$; le mètre cube pèse donc 5500 kilogr. ou 5 tonnes $\frac{1}{2}$, et le kilomètre cube 1 million de fois autant ou 5 500 000 tonnes ; ce nombre multiplié par le nombre de kilomètres cubes donne :

5 943 636 156 612 millions de tonnes.

Rép. 1° 509 265 372 kilomètres carrés.
2° 1 080 661 119 384 kilomètres cubes.
3° 5 943 636 156 612 millions de tonnes.

---

765. Le diamètre étant de 13 décimètres, le rayon est de $6^{dm},5$; par conséquent, le cercle qui sert de base au cylindre est égal à

$$6,5^2 \times 3,1416, \quad \text{ou à} \quad 132,7326 ;$$

en multipliant ce nombre par la profondeur de la chaudière qui est la hauteur du cylindre, on aura la capacité :

$$132,7326 \times 8,3 = 1101,68058.$$

Comme on a pris le décimètre pour unité linéaire, le résultat représentera des décimètres cubes, ou des litres.

Rép. 1101 litres et 68 centilitres.

---

766. La surface latérale d'un cylindre est égale au produit de la circonférence de la base par la hauteur ; j'ai donc, en prenant le centimètre pour unité :

Surface latérale....	$10 \times 3{,}1416 \times 10$, ou...	314,16
Base...............	$5^2 \times 3{,}1416$, ou.......	78,54
Surface totale du vase......................		392,70

Et comme chaque centimètre carré pèse 1 gramme, le poids demandé est $392^g{,}70$.

---

767. La forme de la pièce est celle d'un cylindre ; le volume est égal au produit de la base par la hauteur (qui est l'épaisseur de la pièce). C'est donc en divisant le volume par la base que j'obtiendrai l'épaisseur demandée.

Pour avoir le volume, je divise le poids, qui est 2 grammes, par la densité 8,75 (*Arithm.*, n° **214**), et j'obtiens $0^{cmc}{,}2286$.

Pour trouver la base, qui est un cercle, je dois multiplier le carré du rayon, qui est 1 (puisque j'ai pris le centimètre pour unité), par le rapport de la circonférence au diamètre : 3,1416 ; cette base est donc égale à $3^{cmq}{,}1416$.

Par suite l'épaisseur est, en centimètres, $\frac{0{,}2286}{3{,}1416}$, ou 0,0727... ; l'épaisseur demandée est par conséquent $0^{cm}{,}073$, ou $0^{mm}{,}73$.

CHAPITRE III.

SUJETS DE COMPOSITION (MODÈLES).

(Le maître y joindra un sujet de théorie.)

768. Pour obtenir 21 de beurre, il faut 100 de crème.

Pour 1 de beurre, $\frac{100}{21}$ de crème.

Pour 540 de beurre, $\frac{54\,000}{21}$ de crème.

Pour 15 de crème, il faut 100 de lait.

Pour 1 de crème, il faut $\frac{100}{15}$ de lait.

Pour $\frac{54\,000}{21}$ de crème, il faut $\frac{100}{15}\times\frac{54\,000}{21}$ de lait.

La quantité de lait demandée est donc égale à $\left(\frac{100\times54\,000}{15\times21}\right)^{k}$.

Le litre pesant $1^{k},03$, pour réduire le nombre de kilogr. trouvé en litres, il faut le diviser par 1,03 ; ce qui donne :

$$\frac{100\times54\,000}{15\times21} : 1{,}03, \quad \text{ou} \quad \frac{540\,000\,000}{15\times21\times103}, \quad \text{ou} \quad 16\,643,\ldots$$

Rép. 16 643 litres.

---

769. 10 ouvriers pendant 100 jours équivalent à 1000 journées ; 100 ouvriers pendant 100 jours équivalent à 10 000 journées.

1 000 journées à $3^{f},57$..................	$3\,570^{f}$
10 000 journées à 2 ,89..................	28 900
Total de la dépense.....	$32\,470^{f}$

7949^{m},65, à raison de 10 fr. le mètre, font :

Recette..............................	79 496^{f},50
Différence.............	47 026^{f},50

Rép. Le bénéfice est de 47 026^{f},50.

---

770. 342^{m},45 à raison de 18^{f},25, font..........

342^{m},45 à raison de 18^{f},25, font..........	6249^{f},71
Bénéfice..........	500
Le prix de vente doit être....................	6749^{f},71

Les $\frac{7}{9}$ de 342^{m},45 font 266^{m},35.

266^{m},35 à raison de 19^{f},40 font..............	5167^{f},19
Le reste doit être vendu.....................	1582^{f},52

Ce reste est égal à 342^{m},45 — 266^{m},35, ou à 76^{m},10.

76^{m},10 pour 1582^{f},52, cela fait par mètre 1582^{f},52 : 76,10, ou 20^{f},79.

Rép. Le reste doit être vendu à raison de 20^{f},79 le mètre.

---

771. Je réduis en douzièmes les fractions $\frac{1}{4}$, $\frac{1}{3}$, $\frac{1}{6}$ et j'obtiens $\frac{3}{12}$, $\frac{4}{12}$, $\frac{2}{12}$; la quantité de marchandises vendues est donc les $\frac{9}{12}$, ou les $\frac{3}{4}$ du total; il en doit donc rester $\frac{1}{4}$; ce quart étant égal à $2^{h}\,\frac{1}{5}$, le total était égal à $\left(2^{h}+\frac{1}{5}\right)\times 4$, ou à $8^{h}+\frac{4}{5}$.

Rép. La quantité de marchandise achetée était de $8^{h}\,\frac{4}{5}$, ou 8^{h},80 litres.

---

772. 75^{m},40 à raison de 19^{f},75 le mètre font....

75^{m},40 à raison de 19^{f},75 le mètre font....	1489^{f},15
Les $\frac{4}{7}$ de cette somme valent............	850 ,94
Le reste payé en argent est donc........	638^{f},21

Les 850f,94 ayant été payés avec du drap à 12 fr. le mètre, le nombre de mètres est égal à 850,94 : 12, ou à 70,91.

Rép. 1° Il a dû livrer 70m,91 de drap.

2° Il a payé 638f,21 en argent.

---

773. La densité de l'argent étant 10,47, chaque décimètre cube de ce métal pèse 10k,47, ou 10470 grammes; 4 décimètres cubes pèsent donc 41 880 grammes. Pour en faire de l'argent monétaire, il faut allier au lingot une quantité de cuivre qui soit $\frac{1}{10}$ du lingot obtenu, et par conséquent $\frac{1}{9}$ de l'argent. L'alliage formé aura donc un poids égal aux $\frac{10}{9}$ de l'argent employé, ou à

$$41\,880 \times \frac{10}{9}, \quad \text{ou à} \quad 46\,533^{g},333.$$

Chaque pièce de 5 francs pèse 25 grammes; le nombre de pièces demandé est donc égal à 46 533,333 : 25; en faisant la division, on obtient pour quotient entier 1861 et pour reste 8,333.

Rép. On pourra faire 1861 pièces de 5 francs, et il restera 8g,333 d'argent monétaire.

774.

91h,62 à 2225f,35	font..........	203 886f,567
57 ,25 à 1950	font..........	111 637 ,500
	Dépense totale....	315 524f,067
91h,62 à 2530f	font..........	231 798f,600
57 ,25 à 2125 ,50	font..........	121 684 ,875
	Recette totale.....	353 483f,475

Recette..........	353 483f,475
Dépense..........	315 524 ,067
Bénéfice..........	37 959f,408

Rép. Il a gagné 37 959f,41.

---

775. La première pièce est de. ...... 320 ares
La seconde de.................. 2440 ares
Total......... 2760 ares

Le prix de l'are est donc :

$$10\,500^f : 2760, \quad \text{ou} \quad 3^f,80434.$$

La première pièce a coûté :

$$3^f,80434 \times 320, \quad \text{ou} \quad 1217^f,39;$$

elle devra donc être affermée au prix de

$$1217^f,39 \times 0,04, \quad \text{ou de} \quad 48^f,6956.$$

Rép. La première pièce de terre doit être affermée à raison de $48^f,70$ par an.

---

776. 1° Si l'on veut gagner 5 p. 100 sur le prix de *vente*,

on vendra 100 francs ce qu'on a acheté 95 fr.;

on vendra $\frac{100^f}{95}$ ce qu'on a acheté 1 fr.;

on vendra $\frac{100^f}{95} \times 500$ ce qu'on a acheté 500 fr.

Le prix de vente est donc :

$$\frac{100^f \times 500}{95}, \quad \text{ou} \quad 526^f,32.$$

2° Si l'on veut gagner 5 p. 100 sur le prix d'*achat*, qui est de 500 fr., cela fait 25 fr. de bénéfice ; le prix sera donc de 525 fr.

Rép. Dans le premier cas, on vendra la marchandise pour $526^f,32$.

Dans le second cas, on ne la vendra que 525 fr.

---

777. Le cône qui surmonte le décalitre, lorsqu'on le mesure *comble*, est égal au produit de sa base (qui est la même que celle du décalitre) par le tiers de sa hauteur (qui est la moitié de celle du décalitre). Le volume de ce cône est donc le tiers de la moitié ou $\frac{1}{6}$ d'un décalitre. Dix décalitres mesurés de cette manière valent donc 10 décalitres et $\frac{10}{6}$, ou $11^{Dl}\frac{2}{3}$ mesurés ras.

On a donc en réalité $11^{Dl}\frac{2}{3}$ pour $35^c \times 10$, ou $3^f,50$; ce qui fait pour 10 décalitres ou 1 hectolitre, $\frac{3^f,50}{11\frac{2}{3}} \times 10$, ou 3 francs. En achetant un hectolitre à la fois, on ne paye que $2^f,60$; il y a donc une économie de 40 centimes.

---

778. 1° La consommation annuelle du pain est de $3^k,5 \times 365$, ou de $1277^k,5$. Le poids de la farine employée est les $\frac{100}{125}$, ou les $\frac{4}{5}$ de celui du pain, ou $1277,5 \times \frac{4}{5}$, ce qui fait 1022 kilogr. La dépense pour un an se compose donc de :

1022 kilogr. de farine à raison de $\frac{36^f}{162,50}$ le kilogr., ou	$226^f,41$
200 fagots à $0^f,105$ l'un	21
Total	$247^f,41$

2° La farine étant les $\frac{4}{5}$ du pain obtenu, pour un pain de 5 kilogrammes, il faut 4 kilogr. de farine.

3° La cuisson de $1277^k,5$ de pain a coûté 21 fr.; chaque kilogramme coûte donc $\frac{21^f}{1277,5}$.

Le prix du pain de 5 kilogr. se compose donc de :

4 kilogr. de farine à $\frac{36^f}{162,50}$ le kilogr.	$0^f,886$
Combustible pour 5 kilogr. à $\frac{21^f}{1277,5}$ par kilogr.	0 ,082
Total	$0^f,968$

Rép. 1° La dépense annuelle est de 247f,41.

2° Le poids de la farine nécessaire pour un pain de 5 kilogr. est de 4 kilogr.

2° Le pain de 5 kilogr. revient à 97 centimes.

---

779. 1° On a vendu pour 2041f,40 de froment à raison de 0f,275 le kilogr.; le nombre de kilogrammes est donc $\frac{2941,4}{0,275}$; ce froment est le produit de 955 ares; chaque are produit par conséquent :

$$\left(\frac{2941,4}{0,275}\right)^{k} : 955, \quad \text{ou} \quad 11^{k},2, \quad \text{et l'hectare 1120 kilogr.}$$

2° La récolte de 955 ares s'est vendue 2941f,40; cela fait pour 1 are :

$$\frac{2941^{f},40}{955},$$

et pour 1 hectare :

$$\frac{294\,140^{f}}{955}, \quad \text{ou} \quad 308 \text{ fr.}$$

Rép. 1° Chaque hectare produit 1120 kilogr. de froment.

2° Chaque hectare rapporte 308 fr.

---

780. Capital 235f

Intérêt pendant la 1re année : 0f,04 × 235..... 9,40

Total au bout de 1 an........ 244f,40

Intérêt pendant la 2e année : 0f,04 × 244,4.... 9,776

Total au bout de 2 ans....... 254f,176

Intérêt pendant la 3e année : 0f,04 × 254,176.. 10,167

Total au bout de 3 ans........ 264f,343

Rép. Il lui sera payé 264f,34, capital et intérêt réunis.

---

781. Prix d'achat........................ 275000^f

Bénéfice sur 300^a,15 à 17 fr. par are........ 5102,55

Prix de vente. .... 280102^f,55

Le terrain contient 30015 centiares, ou mètres carrés; cela fait pour prix du mètre carré :

$$280102^f,55 : 30015, \quad \text{ou} \quad 9^f,33.$$

Rép. Il faut revendre à raison de 9^f,33 le mètre carré.

---

782. La surface d'un rectangle s'obtient en multipliant sa longueur par sa largeur. Celle de la chambre dont il s'agit est donc égale à :

$$(4,6 \times 3,9),^{mq}, \quad \text{ou à} \quad 17^{mq},94;$$

d'autre part, la surface de chaque carreau est :

$$(0,165 \times 0,165)^{mq}, \quad \text{ou} \quad 0^{mq},027225.$$

Le nombre de carreaux nécessaires pour couvrir cette surface est égal à

$$\frac{17,94}{0,027225}, \quad \text{ou à} \quad 658,9....$$

La dépense se composera donc de :

1° 659 carreaux à 0^f,095 l'un............ 62^f,61

2° Frais de pose : 17^{mq},94 à 1^f,25......... 22,43

Total......... 85^f,04

Rép. 1° Il faudra 659 briques.

2° Cela coûtera 85^f,04.

Remarque. Le calcul précédent est exact au point de vue *géométrique*; au point de vue *pratique*, il ne l'est pas. Lorsqu'on posera le premier rang de briques le long du côté de 4^m,60, il en faudra

$$\frac{4,60}{0,165}, \quad \text{ou} \quad 27 + \frac{29}{33}.$$

Or les $\frac{4}{33}$ de carreau qu'il y aura de reste sur le 28e ne pourront pas être utilisés, d'autant plus qu'un carreau ne se coupe pas comme une pierre de taille ou un morceau de bois; cette fraction de carreau sera donc perdue, et on doit compter 28 carreaux pour chaque rang.

Le nombre de rangs sera égal à

$$\frac{3,90}{0,165}, \quad \text{ou à} \quad 23 + \frac{7}{11},$$

et les $\frac{4}{11}$ de carreau qui restent sur chaque carreau du 24e rang seront perdus

Il faut donc compter 24 rangs de 28 carreaux chacun, ou 672 carreaux.

672 carreaux à $0^f,095$ l'un.....	$63^f,84$
Pose : $17^{mq},94$ à $1^f,25$.........	$22,43$
Total de la dépense....	$86^f,27$

Rép. 1° Il faudra 672 briques.

2° Cela coûtera $86^f,27$.

---

783. Les œufs qui restent, vendus à $0^f,08$, doivent produire la même somme que le nombre primitif vendu à $0^f,07$ la pièce. Les deux nombres d'œufs doivent donc être inversement proportionnels aux nombres 8 et 7. Le nombre des œufs qui restent est donc les $\frac{7}{8}$ du nombre d'œufs qu'il y avait; il en a donc été cassé $\frac{1}{8}$; or ce nombre est 5; 5 étant $\frac{1}{8}$ du nombre d'œufs qu'il y avait, celui-ci est 5×8, ou 40.

Rép. Elle avait en partant 40 œufs.

---

784. Le tapis devant avoir $4^m,25$ de large et l'étoffe ayant en largeur $0^m,85$, le nombre de bandes d'étoffe qu'il faudra sera de

$$\frac{4,25}{0,85}, \quad \text{ou de} \quad 5.$$

Il faudra donc 5 bandes d'étoffe de chacune $5^m,60$ de long, ce qui fait :

$$5^m,60 \times 5, \quad \text{ou} \quad 28 \text{ mètres}.$$

Ces 28 mètres d'étoffes à 3f,20 le mètre font 89f,60.

Rép. Cela coûtera 89f,60, sans compter la façon.

---

785. Le marchand vend :

1° Les $\frac{7}{12}$ de 360 mèt., ou 210 mèt. à 13f,40......... 2814 fr.

2° Les $\frac{2}{3}$ du reste, c'est-à-dire $\frac{2}{3}$ de $\frac{5}{12}$ de 360 mèt.,
ou 100 mèt. à 14f,10 1410

3° Le reste 360m — 210 — 100, ou 50 mèt. à 15f,60.... 780

Total du prix de vente........... 5004 fr.

Le bénéfice est 10 $\frac{1}{2}$ pour 100 du prix d'achat :

100 fr. du prix d'achat correspondent à 100f,5 du prix de vente :

$\frac{100^f}{110,5}$ » correspondent à 1 fr. »

$\frac{100}{110,5} \times 5004$ » correspondent à 5004 fr., qui est le prix total de la vente.

Le prix d'achat est donc :

$$\frac{100^f}{110,5} \times 5004, \quad \text{ou} \quad 4528^f,51.$$

Ce prix étant celui de 360 mètres, le prix du mètre est de :

$$\frac{4528^f,51}{360}, \quad \text{ou de} \quad 12^f,58.$$

Rép. 1° Le prix total d'achat est de....... 4528f,51.

2° Le prix d'achat par mètre est de.. 12f,58.

---

786. On a vendu $387^m \frac{1}{8}$ à $6^f,55$ le mètre......... $2535^f,67$

Bénéfice.................... 500

Différence ou prix d'achat... $2035^f,67$

On avait acheté $387^m \frac{1}{8} - 162^m \frac{5}{6}$, ou $224^m \frac{7}{24}$ à $4^f,60$.. $1031^f,74$

L'autre partie avait donc coûté.. $1003^f,93$

Cette partie se composait de $162^m \frac{5}{6}$; par conséquent, le prix du mètre était :

$$1003^f,93 : \left(162 + \frac{5}{6}\right), \quad \text{ou} \quad 6^f,17.$$

Rép. 1° Les $162^m \frac{5}{6}$ avaient coûté.... $1003^f,93$.

2° Le prix du mètre était....... 6,17.

---

787. Le marchand a reçu .... 3300^f,

Sur cette somme il a gagné................... 136 ,

Il avait donc déboursé .... 3164^f.

L'étoffe qu'il a achetée étant du prix de $56^f,50$ le mètre, le nombre de mètres achetés était: $\frac{3164}{56,5}$, ou 56.

Le nombre de mètres achetés étant les $\frac{7}{8}$ de la pièce, la longueur de celle-ci était les $\frac{8}{7}$ de la partie achetée, ou les $\frac{8}{7}$ de 56 mètres c'est-à-dire 64 mètres.

Il a vendu les $\frac{9}{10}$ de son achat ; il lui en reste donc :

$$\frac{1}{10}, \quad \text{ou} \quad 5^m,60.$$

Son bénéfice total se compose :

1° De	136^f
2° De $5^m,60$ d'étoffe à $56^f,50$ le mètre	$316,40$,
	$452^f,40$.

Rép. 1° La pièce d'étoffe était de 64 mètres.

2° Le bénéfice du marchand est de $452^f,40$.

---

788. Le volume d'un cube a pour expression le cube de la valeur de son arête.

Le volume des matériaux en question est donc, en mètres cubes, égal à $(9,4)^3$, ou à 830,584.

Chaque tombereau contenant $\frac{7}{6}$ de mètre cube, le nombre de tombereaux est égal à :

$$830,584 : \frac{7}{6}, \quad \text{ou à} \quad 711,929\ldots \quad \text{soit } \mathbf{712}.$$

712 tombereaux, $1^f,50$ l'un, font 1068 fr.

Le bénéfice étant de 6 pour 100 de la dépense, il est égal à

$$1068^f \times 0,06, \quad \text{ou à} \quad 64^f,08.$$

Rép. 1° La somme déboursée est 1068 fr.

2° Le bénéfice est de $64^f,08$.

---

789. 100 fr. placés à 5 pour 100 pendant 3 ans et 4 mois rapportent

$$5^f \times \left(3 + \frac{4}{12}\right), \quad \text{ou} \quad 5 \times \left(3 + \frac{1}{3}\right);$$

ce qui fait $\frac{50^f}{3}$; par conséquent, le capital, réuni a son intérêt, forme une somme égale à :

$$100^f + \frac{50^f}{3}, \quad \text{ou à} \quad \frac{350^f}{3}.$$

Ainsi :

Le capital 100 fr. serait devenu $\frac{350^f}{3}$, capital et intérêts réunis;

Le capital $100^f : \frac{350}{3}$ serait devenu 1 fr.;

Le capital $100^f : \frac{350}{3} \times 8540$ est devenu 8540 fr.;

Le capital demandé est donc :

$$100^f : \frac{350}{3} \times 8540, \quad \text{ou} \quad \frac{100^f \times 3 \times 8540}{350};$$

ce qui donne 7320 fr.

Le capital placé étant de 7320 fr. et le capital reçu de 8540 fr., les intérêts seront la différence, ou 1220 fr.

Rép. 1° Le capital placé était de 7320 fr.

2° L'intérêt de ce capital a été de 1220 fr.

---

790. 444 hommes à 45 fr. par mois exigeraient une somme totale de 19 980 fr. par mois ; or on ne donne que 18 225 fr., ce qui fait 1755 fr. de moins ; cette différence provenant de ce qu'il y a un certain nombre de femmes et qu'elles sont payées 9 fr. de moins, le nombre de femmes est égal à $\frac{1755}{9}$, ou à 195. D'autre part, le nombre d'hommes est 444 — 195, ou 249.

Rép. Il y a 249 hommes et 195 femmes.

---

791. 221 hommes mangent par jour $750^g \times 221$ de pain ;

» par mois $750^g \times 221 \times 30$.

La farine nécessaire pour faire cette quantité de pain en est les

$$\frac{4}{5}, \quad \text{ou} \quad \frac{750^g \times 221 \times 30 \times 4}{5}, \quad \text{ou 3978 kilogr.}$$

D'autre part, 74 kilogr. de farine exigent 100 kilogr. de blé nettoyé ;

1 kilogr. de farine exige $\frac{100^k}{74}$;

3978 kilogr. de farine exigent $\frac{100^k}{74} \times 3978$,

D'ailleurs, 100 kilogr. de blé se réduisent par le nettoyage à

$$100^k - 2^k,5, \quad \text{ou à} \quad 97^k,5.$$

Ainsi :

$97^k,5$ de blé nettoyé exigent 100 kilogr. de blé brut;

1^k » $\frac{100^k}{97,5}$ »

$\frac{100^k \times 3978}{74}$ » $\frac{100^k}{97,5} \times \frac{100 \times 3978}{74}$,

ou $5513^k,514$.

Rép. La provision de blé doit être de 5513 kilogr. et 514 gr.

---

792. 1° Le volume de $0^k,925$ de vin est... 1^l,

1^k................ $\frac{1}{0,925}$;

$199^k,8$.............. $\frac{1}{0,925} \times 199,8$.

$\left(\frac{199,8}{0,925}\right)^l$ de vin coûtant $79^f,92$, le prix du litre est de :

$$79^f,92 : \frac{199,8}{0,925}, \quad \text{ou de} \quad \frac{79,92 \times 0,925}{199,8}, \quad \text{ou de} \quad 0^f,37,$$

et celui de l'hectolitre 37 fr.

2° Le franc pesant 5 gr., le nombre de francs pesant $199^k,8$ est égal à :

$$\frac{199\,800}{5}, \quad \text{ou à} \quad 39\,960.$$

3° Chaque franc contenant $4^g,5$ d'argent (titre des pièces de 5^f), l'argent contenu dans 39 960 fr. pèse

$$4^g,5 \times 39\,960, \quad \text{ou} \quad 179\,820 \text{ gr.}$$

Rép. 1° Le prix de l'hectolitre est de 37 fr.

2° L'argent monnayé de même poids que le vin a une valeur de 39 960 fr.

3° Le poids d'argent contenu dans cette somme est égal à $179^k,820$.

---

793. 1° On a extrait du bassin de la Loire 16 311 300 quintaux; le nombre de mètres cubes est donc égal à :

$$\frac{1631130000}{833}, \quad \text{ou à} \quad 1\,958\,139.$$

2° De même, le nombre de mètres cubes extraits du bassin de Valenciennes est égal à :

$$\frac{1072850000}{833}, \quad \text{ou à} \quad 1\,287\,935.$$

3° Le rapport du premier nombre donné au second est :

$$\frac{16311300}{10728500}, \quad \text{ou} \quad 1{,}5203\ldots.$$

Rép. 1° On a extrait du bassin de la Loire 1 958 139 mètres cubes.
2° On a extrait du bassin de Valenciennes 1 287 935 mètres cubes.
3° Le rapport de la première quantité à la seconde est 1,520, à 0,001 près.

---

794. Le prix de la propriété se compose de :

1° 69 actions à 687f,50		47 437f,50
2° 387 obligations à 308f,75		119 486 ,25
3° 5 sacs d'argent pesant ensemble	17k,75	
4° Un sac d'or valant en arg. 3k,55 × 15,5 ou	55 ,025	
Total	72k,775	
qui, à raison de 1 fr. pour 5 gr., font $\left(\frac{72775}{5}\right)$, ou...		14 555 ,00
Total de la somme payée		181 478f,75
5° $\frac{1}{20}$ de la propriété équivalant à $\frac{1}{19}$ de la partie payée, ou à $\frac{181478^f,75}{19}$, ou à		9 551 ,51
Total		191 030f,26

Rép. Le prix de la propriété est de 191 030f,26.

795. La recette se compose de :

1° $78^m,1$ de drap à 9 fr. l'un	$702^f,90$
2° $69^k,094$ de laine à $8^f,05$ le kilogramme	556 ,21
	$1259^f,11$
A déduire la remise de $\frac{2}{100}$ de $1159^f,11$	25 ,18
Montant net de la facture	$1233^f,93$
Intérêt à 4 pour 100 de $1233^f,93$ — $49^f,36$ par an.	
Pour 4 mois le tiers … 16 ,453 / Pour 1 mois le quart … 4 ,113 / Pour 10 jours le tiers … 1 ,371	21 ,94
Total de la recette	$1255^f,87$
Sur cette somme, on a payé le loyer de	666 ,25
Reste	$589^f,62$

On a donc acheté pour $589^f,62$ de bois à $13^f,25$ le stère ; le nombre de stères achetés est donc :

$$\frac{589,62}{13,25}, \quad \text{ou} \quad 44,5.$$

Rép. Il a acheté 44 stères et demi de bois.

---

796. Le premier négociant gagne par an les 0,11 de :

1 246 180 fr., ou $137\,079^f,80$,

et dépense les 0,045 de cette dernière somme, ou $6\,168^f,591$; il lui reste donc :

$$137\,079^f,80 - 6168^f,591, \quad \text{ou} \quad 130\,911^f,209.$$

Le second gagne : $2\,187\,800^f \times 0,09$, ou 196 902 fr.,

et dépense : $196\,902^f \times 0,0325$, ou $6399^f,315$;

il lui reste donc :

$$196\,902^f - 6399^f,315, \quad \text{ou} \quad 190\,502^f,685.$$

Le second met donc de côté :

$$190\,502^{f},685 - 130\,911^{f},209, \quad \text{ou} \quad 59\,591^{f},476$$

de plus que le premier.

Le nombre d'années nécessaires pour que cet excès devienne $297\,957^{f},38$ est égal à :

$$\frac{297957,38}{59591,476}, \quad \text{ou à} \quad 5.$$

Rép. 5 ans.

---

797. 20 fr. en argent pèsent $5^{g} \times 20$, ou 100 gr.; 20 fr. en or pèsent donc $\frac{100^{g}}{15,5}$; par conséquent, 60 pièces de 20 fr. pèsent

$$\frac{100^{g}}{15,5} \times 60.$$

Un litre de mercure pesant 13 500 gr., le centilitre pèse 135 gr.; le nombre de centilitres demandé est donc le quotient de la division de

$$\left(\frac{100}{15,5} \times 60\right) \text{ par } 135, \quad \text{ou} \quad \frac{100 \times 60}{15,5 \times 135};$$

ce qui donne 2,867.

Rép. 2 centilitres et 867 millièmes de centilitre.

---

798. On veut obtenir pour 20 000 fr. de plomb; le plomb vaut $0^{f},55$ le kilogramme; le nombre de kilogrammes est donc égal à :

$$\frac{20\,000}{0,55}.$$

Dans l'extraction, on perd 13 pour 100 de plomb; on obtient donc les $\frac{87}{100}$ du plomb contenu dans le minerai; le plomb contenu dans le minerai est par conséquent les $\frac{100}{87}$ de celui qu'on obtient; il doit donc être égal à :

$$\left(\frac{20\,000}{0,55} \times \frac{100}{87}\right)^{k}.$$

Le plomb est les $\frac{19}{100}$ du minerai ; celui-ci est par conséquent les $\frac{100}{19}$ du plomb qu'il contient ; on doit donc employer un poids de minerai égal à :

$$\left(\frac{20\,000}{0,55}\times\frac{100}{87}\times\frac{100}{19}\right)^{k}, \quad \text{ou à} \quad 219\,986 \text{ kilogr.}$$

Rép. On doit employer près de 2200 quintaux.

---

799. En ajoutant les trois premières parties, on obtient $62+\frac{23}{40}$. Ce nombre doit être les $\frac{5}{8}$ de la quatrième partie ; celle-ci est donc les

$$\frac{8}{5} \text{ de } 62+\frac{23}{40}, \quad \text{ou} \quad 100+\frac{3}{25}.$$

Le nombre total est :

$$62+\frac{23}{40}+100+\frac{3}{25}, \quad \text{ou} \quad 162+\frac{139}{200}.$$

Autrement :

La première partie	$25+\frac{1}{5}$	est égale à...........	25,2
La seconde	» $17+\frac{1}{4}$	»	17,25
La troisième	» $20+\frac{1}{8}$	»	20,125
		Total des trois premières...... .	62,575
Le quatrième est les $\frac{8}{5}$	de ce total, ou $62,575\times1,6$, ou		100,12
		Le nombre total est.............	162,695

Rép. 1° La quatrième partie est égale à :

$$100+\frac{3}{25}, \quad \text{ou bien à} \quad 100,12.$$

2° Le nombre total est :

$$162+\frac{139}{200}, \quad \text{ou} \quad 162,695.$$

---

800. Le premier ouvrier fait l'ouvrage en $4^h \times 4$, ou 16 heures; il fait donc en 1 heure...................... $\frac{1}{16}$ de l'ouvrage.

Le second en 1 heure fait	$\frac{1}{3\times 8}$, ou $\frac{1}{24}$	de l'ouvrage.
Le troisième	»	$\frac{1}{2\times 9}$, ou $\frac{1}{18}$	»
Le quatrième	»	$\frac{1}{6\times 8}$, ou $\frac{1}{48}$	»
Le cinquième	»	$\frac{1}{8\times 18}$, ou $\frac{1}{144}$	»

Les cinq ouvriers travaillant ensemble font donc, en 1 heure, une partie de l'ouvrage exprimée par :

$$\frac{1}{16} + \frac{1}{24} + \frac{1}{18} + \frac{1}{48} + \frac{1}{144},$$

ou bien par :

$$\frac{9}{144} + \frac{6}{144} + \frac{8}{144} + \frac{3}{144} + \frac{1}{144},$$

ou par $\frac{27}{144}$, ou $\frac{3}{16}$.

Ils font donc $\frac{1}{16}$ de l'ouvrage en $\frac{1^h}{3}$, et l'ouvrage entier en

$$\frac{1^h}{3} \times 16, \quad \text{ou en} \quad 5^h\,20^m.$$

Rép. L'ouvrage sera fait en 5 heures 20 minutes.

---

801. Le propriétaire a acheté $14^{ares},9$ ou...... 1490^{mq}

Il a vendu : 1° 340^{mq} / 2° 408 / 3° 221 } 969

Il lui reste........... 521^{mq}

Le dernier nombre 221 a été calculé en divisant 1326 fr., prix de la dernière parcelle vendue, par 6 fr., prix du mètre carré.

La recette a été :	1° 340^{mq} à 7^f,50	2550^f
	2° 408 à 5^f,40	2203^f,20
	3°	1326
	Total	6079^f,20

Sur cette somme il y a un bénéfice de 2 pour 100 du prix d'achat ; le prix de vente est donc les $\frac{102}{100}$ du prix d'achat ; le prix d'achat est donc les $\frac{100}{102}$ du prix de vente, ou

$$6079^f,20 \times \frac{100}{102}, \quad \text{ou} \quad 5960 \text{ fr.}$$

On a donc acheté 1490 mètres carrés pour 5960 fr. ; le prix du mètre carré est par conséquent :

$$\frac{5960^f}{1490}, \quad \text{ou} \quad 4 \text{ fr.}$$

Pour que son bénéfice soit 3 pour 100 du prix d'achat,

ou $$5960^f \times 0,03, \quad \text{ou} \quad 178^f,80,$$

il doit retirer du total :

$$5960^f + 178^f,80, \quad \text{ou} \quad 6138^f,80 ;$$

or il a déjà reçu 6079^f,20 ; il suffit donc de vendre les 521 mètres carrés qui restent pour

$$6138^f,80 - 6079^f,20, \quad \text{ou} \quad 59^f,60.$$

Rép. 1° Le prix d'achat était de 5960 fr.

2° Le prix du mètre carré était 4 fr.

2° Il suffit de vendre le reste pour 59^f,60.

---

802. Je remplace les deux fractions données $\frac{4}{7}$ et $\frac{1}{3}$ par les fractions équivalentes $\frac{12}{21}$ et $\frac{7}{21}$.

Le bénéfice de la première année est les $\frac{21}{21}$ de lui-même ; le bénéfice de la seconde année est les $\frac{12}{21}$ du précédent ; les deux bénéfices réunis sont les $\frac{33}{21}$ du premier; il faut en déduire $\frac{1}{3}$ du bénéfice de la seconde année, ou $\frac{4}{21}$; le bénéfice net est donc les $\frac{29}{21}$ de celui de la première année; par conséquent, celui-ci est les $\frac{21}{29}$ du bénéfice net, ou $6380^f \times \frac{21}{29}$, ou 4620 fr.

Rép. Le bénéfice de la première année était de 4620 francs.

---

803. Le nombre de jours écoulés depuis le 1er novembre inclusivement jusqu'au 1er avril exclusivement est :

En novembre............	30
décembre............	31
janvier...............	31
février...............	28
mars.................	31
Total....	151

Chaque jour on brûle $\frac{3}{4}$ de seau; cela fera donc :

$$\frac{3}{4} \times 151, \quad \text{ou} \quad \frac{453}{4} \text{ de seau;}$$

chaque seau pèse 19 kilogr.; cela fera par conséquent :

$$19^k \times \frac{453}{4}, \quad \text{ou} \quad \frac{8607^k}{4}.$$

D'autre part, $7^h \frac{1}{2}$ pèsent $80^k \times 7\frac{1}{2}$, ou 600 kilog., et coûtent 26 fr.; ce qui fait par kilogr. $\frac{26^f}{600}$; le prix du charbon consommé est donc :

$$\frac{26^f}{600} \times \frac{8607}{4}, \quad \text{ou} \quad 93^f,2425.$$

Rép. La dépense sera de $93^f,24$.

---

804. Le mois est $\frac{1}{12}$ d'année, et 15 jours en sont $\frac{1}{24}$; 1 mois et 15 jours sont donc $\frac{3}{24}$, ou $\frac{1}{8}$ de l'année.

1° L'intérêt étant $\frac{1}{8}$ du capital ou $\frac{100^f}{8}$ pour 100 fr. pendant 3 ans $\frac{1}{8}$, l'intérêt de 100 fr. pour un an, ou le taux, est égal à :

$$\frac{100^f}{8} : \left(3+\frac{1}{8}\right), \quad \text{ou à } 4^f.$$

2° La surface de l'étoffe, en mètres carrés, est $1,50 \times 3 \times 8$, ou 36.

36 mètres carrés à $14^f,50$.............	522^f
Intérêts $522^f \times \frac{1}{8}$..................	65 ,25
Somme déboursée.........	$587^f,25$

Rép. 1° 4 pour 100 ; 2° $587^f,25$.

---

805. Pendant le temps $1^h\ 15^m$ que le premier train marche avant que le second soit parti, il parcourt à raison de 32 kilomètres par heure une distance égale à $32^k \times \left(1+\frac{1}{4}\right)$, ou à 40 kilomètres. Pendant ce temps, la distance 240 kilomètres, qui séparait les deux trains, s'est réduite à $240^k - 40^k$, ou à 200 kilomètres. Pendant les heures qui suivent, cette distance diminue par heure de $32^k + 48^k$, somme des chemins parcourus par les deux convois ; le nombre d'heures nécessaires pour arriver au point de rencontre, c'est-à-dire pour réduire à zéro la distance 200 kilomètres, est égal à $\frac{200}{32+48}$, ou à $2+\frac{1}{2}$. Le croisement aura donc lieu $2^h\frac{1}{2}$ après 10 heures, heure du départ du second train. Le croisement aura donc lieu à $12^h\frac{1}{2}$, ou à $12^h\ 30^m$.

Le second train, depuis 10 heures jusqu'à $12^h\ 30^m$, aura parcouru :

$$48^k \times 2\frac{1}{2}, \quad \text{ou 120 kilomètres.}$$

Le premier, depuis $8^h\ 45^m$ jusqu'à $12^h\ 30^m$, aura parcouru :

$$32^k \times 3\frac{3}{4}, \quad \text{ou 120 kilomètres.}$$

Rép. Le croisement aura lieu à midi 30 minutes, à 120 kilomètres de Caen et à 120 kilomètres de Paris.

---

806. En vendant 10 centimes un œuf qu'elle a acheté 8 centimes, elle gagne 2 centimes; en vendant un second œuf à raison de 3 pour 20 centimes, ou $6^c\frac{2}{3}$, elle perd $1^c\frac{1}{3}$; sur les deux œufs elle gagne donc $2^c - 1^c\frac{1}{3}$, ou $\frac{2^c}{3}$, ce qui fait $\frac{1}{3}$ de centime par œuf; le nombre d'œufs nécessaire pour qu'elle gagne 80 centimes est par conséquent $80 : \frac{1}{3}$, ou 240.

---

807. Les 22 barriques contiennent 5260 litres; on y ajoute $0^l,25$ d'eau par litre, en tout $0^l,25 \times 5260$, ou 1315 litres d'eau, ce qui porte le volume du mélange à $5260^l + 1315^l$, ou à 6575 litres.

Dépense : 5260 litres à 90 centimes le litre.	4734^f
Bénéfice : $4734^f \times 0,30$, ou..............	1420 ,20
Total, ou prix de vente............	$6154^f,20$

Cela fait pour 1 litre $\frac{6154^f,20}{6575}$, et pour une bouteille contenant $0^l,75$:

$$\frac{6154^f,20}{6575} \times 0,75, \quad \text{ou} \quad 0^f,702.$$

Rép. Il faut vendre le mélange à raison de $70^c\frac{1}{5}$ la bouteille.

---

808. Les 82620 kilogr. de fourrage vert produits par la prairie, perdant par la dessiccation les $\frac{7}{9}$ de leur poids, se réduisent aux $\frac{2}{9}$ de leur poids primitif; le foin sec obtenu est donc $82\,620^k \times \frac{2}{9}$, ou 18360 kilogr.

1° Ce foin valant en tout $1762^f,55$, cela fait pour le prix de 1 kilogr. $\frac{1762^f,55}{18360}$; et pour le prix de la botte qui pèse 5 kilogr., $\frac{1762^f,55}{18360} \times 5$; par suite, le prix de 100 bottes est égal à $\frac{1762^f,55}{18360} \times 500$, ou à $47^f,999$....

2° Deux hectares $\frac{1}{2}$ ont fourni 18360 kilogr. de foin, ou $\frac{18360}{5}$ bottes; ce qui fait 3672 bottes; il en résulte que chaque hectare en a fourni :

$$\frac{3672}{2,5}, \quad \text{ou} \quad 1468,8.$$

Rép. Les 100 bottes valent 48 fr.

L'hectare produit 1468 bottes $\frac{8}{10}$.

---

809. Le temps employé par le candidat est :

Pour trouver la marche.................. $\frac{1}{8}$

Pour simplifier.......................... $\frac{1}{10}$

Pour effectuer........................... $\frac{1}{5}$

Pour rédiger............................. $\frac{2}{5}$

Pour reviser............................. $\frac{1}{10}$

Total.............. $\frac{37}{40}$

Le temps restant est donc les $\frac{3}{40}$ du temps total; ce temps doit être de 9 minutes.

9 minutes étant les $\frac{3}{40}$ du temps total, celui-ci est les $\frac{40}{3}$ de 9 minutes, ou 120 minutes ou 2 heures.

---

810. Un bec consomme 130 litres par heure; cela fait pour 1440 heures, $130^{l} \times 1440$, ou 187200 litres; et pour 2600 becs, 187200×2600, ou 486720000 litres.

L'hectolitre de houille produit 18548 litres; le nombre d'hectolitres nécessaires est donc égal à $\frac{486720000}{18548}$, ou à 26241,...

Rép. 26241 hectolitres.

---

811. 200 kilogr. de farine non blutée donneront $200^k \times 0,88$, ou 176 kilogr. de farine blutée.

Cette farine absorbera une quantité d'eau égale à :

$176^k \times 0,57$, ou à..................................	$100^k,32$
d'où il faut retrancher $100^k,32 \times 0,22$..............	$22\ ,07$
Reste......	$78^k,25$
qui, ajoutés au poids de la farine	176^k
donnent une quantité de pain égale à.............	$254^k,25$

Rép. $254^k,250$.

---

812. Le nombre des voyageurs de 1re classe est les

$$\frac{3}{4} \text{ des } \frac{2}{9}, \quad \text{ou } \frac{1}{6} \text{ de ceux de la } 3^e.$$

Le nombre des voyageurs de la 2e classe est les $\frac{2}{9}$ de ceux de la 3e.

Réduisant $\frac{1}{6}$ et $\frac{2}{9}$ au même dénominateur, on obtient :

Pour le nombre des voyageurs de 1re classe : $\frac{3}{18}$ de ceux de la 3e;

Pour le nombre des voyageurs de 2e classe : $\frac{4}{18}$ de ceux de la 3e;

Pour le nombre des voyageurs de 3e classe : $\frac{18}{18}$ de ceux de la 3e;

en tout...... $\frac{25}{18}$ de ceux de la 3e.

3 332 950 est donc les $\frac{25}{18}$ du nombre des voyageurs de la 3e classe ; par conséquent, celui-ci est les $\frac{18}{25}$ de 3 332 950 ; ce qui fait 2 399 724 ; ainsi :

Le nombre de ceux de la 3e classe est............	2 399 724
Le nombre de ceux de la 2e est les $\frac{2}{9}$ du précédent :	533 272
Le nombre de ceux de la 1re est les $\frac{3}{4}$ du précédent :	399 954
Total..........	3 332 950

Rép. 399 954 voyageurs de 1re;
533 272 voyageurs de 2e;
2 399 724 voyageurs de 3e.

---

813. Le mois est $\frac{1}{12}$ d'année ; 10 jours, ou $\frac{1}{3}$ de mois, en sont $\frac{1}{36}$; 7m 10j, comparés à l'année, sont donc :

$$\frac{7}{12}+\frac{1}{36}, \quad \text{ou} \quad \frac{11}{18}.$$

45 000 fr. en $\frac{11}{18}$ d'année rapportent 253 fr.;

45 000 fr. en 1 an rapporteront $253^f : \frac{11}{18}$;

1 fr. en 1 an rapporterait $\left(253 : \frac{11}{18}\right) : 45\,000$, ou bien $\frac{253^f \times 18}{11 \times 45\,000}$;

100 fr. en 1 an rapporteront $\frac{253^f \times 18}{11 \times 45\,000} \times 100$; ce qui fait $0^f,92$.

Rép. Le taux est de 92 centimes pour 100 fr. par an.

---

814. Le métal de cloche a une densité égale à 8,4; il pèse donc $8^k,4$ par décimètre cube ; la cloche doit peser 450 kilogr.; le nombre de décimètres cubes contenus dans le volume de la cloche est donc :

$$\frac{450}{8,4}, \quad \text{ou} \quad 53,57.$$

Chaque décimètre cube de cuivre pèse $8^k,88$; c'est donc $0^k,48$ *de plus* que ne doit peser l'alliage ; chaque décimètre cube d'étain pèse $7^k,29$; c'est donc $1^k,11$ *de moins* que ne doit peser l'alliage.

Par conséquent, pour que l'alliage pèse exactement $8^k,4$ par décimètre cube, il faut prendre un nombre de décimètres cubes de cuivre et un nombre de décimètres cubes d'étain, qui, multipliés respectivement par 0,48 et 1,11, donnent des produits égaux, afin que le poids *en plus*, résultant de l'emploi du cuivre, compense le poids *en moins* résultant de l'emploi de l'étain.

Cette condition sera remplie en prenant 111 décim. cubes de cuivre et 48 décim. cubes d'étain ; car $0,48 \times 111 = 1,11 \times 48$. Si la cloche devait être de $111 + 48$ ou de 159 décim. cubes, elle se composerait de 111 décim. cubes de cuivre et 48 décim. cubes d'étain ; d'où résulte le calcul suivant :

Volume de la cloche.	Volume du cuivre.	Volume de l'étain.
159	111	48
1	$\frac{111}{159}$	$\frac{48}{159}$
53,57	$\frac{111}{159} \times 53,57$	$\frac{48}{159} \times 53,57$.

Les quantités de cuivre et d'étain qu'on doit allier sont donc en volume :

$$\left(\frac{111 \times 53,57}{159}\right)^{dmc}, \qquad \left(\frac{48 \times 53,57}{159}\right)^{dmc};$$

et en poids :

$$8^k,88 \times \frac{111 \times 53,57}{159}, \qquad 7^k,29 \times \frac{48 \times 53,57}{159},$$

ou $332^k,09...,$ $117^k,89....$

Rép. On doit allier $332^k,1$ de cuivre avec $117^k,9$ d'étain.

---

815. La recette se compose de :

1° $\frac{13\,563}{3}$ centiares à $18^f,30$ l'un...........	$82\,734^f,30$
2° $\frac{13\,563}{3}$ centiares à $19^f,60$ l'un...........	$88\,611^f,60$
3° $\frac{13\,563}{3}$ centiares à $21^f,50$ l'un...........	$97\,201^f,50$
Recette totale...	$268\,547^f,40$
Dépense........................	$250\,000^f$
Différence ou bénéfice....	$18\,547^f,40$

Rép. Le bénéfice est de $18\,547^f,40$.

---

816. Chaque ligne d'arbres a une longueur de 2250 mètres; et comme les arbres sont à 18 mètres les uns des autres, cela fait :

$$\frac{2250}{18}, \quad \text{ou} \quad 125 \text{ arbres.}$$

Pour les deux lignes, il faut 250 arbres qui, à $2^f,76$ la pièce, font une dépense totale de 690 fr. Cette dépense, réunie à ses intérêts pendant quinze ans, forme une somme double, ou 1380 fr.

Après cet intervalle de temps, les $\frac{3}{5}$ des arbres, ou

150 arbres, valent 20 fr. chacun, ce qui fait	3000^f
34 arbres sont morts	0
Et les autres :	
250 — 150 — 34, ou 66 arbres, valent chacun les $\frac{7}{10}$ de 20 fr., ou 14 fr.	924
Total	3924^f

Le bénéfice est donc de $3924^f - 1380^f$, ou de 2544 fr.

Avec ce bénéfice, on achète du terrain à raison de $0^f,75$ le mètre carré : on en aura donc :

$$\frac{2544}{0,75}, \quad \text{ou} \quad 3392^{mq}, \quad \text{ou} \quad 33^a,92.$$

Rép. On pourra acheter 33 ares et 92 centiares.

---

817. Le même capital étant devenu $297^f,60$ au bout de 8 mois, et 306 fr. au bout de 15 mois, la différence :

$$306^f - 297^f,60, \quad \text{ou} \quad 8^f,40,$$

représente l'intérêt pendant 15 — 8, ou 7 mois. L'intérêt de chaque mois est donc $\frac{8^f,40}{7}$, ou $1^f,20$. Le revenu étant de $1^f,20$ par mois, a été $1^f,20 \times 8$, ou $9^f,60$ pendant les 8 premiers. Le capital primitif était donc $297^f,60 - 9^f,60$, ou 288 fr.

288f rapportent en 1 mois.....		1f,20
288f	» en 1 an.......	14f,40
1f	» en 1 an......	$\frac{14^f,40}{288^f}$
100f	» en 1 an......	$\frac{14^f,40}{288} \times 100$, ou 5f.

Rép. Le capital est de 288 fr.

Le taux est de 5 pour 100.

---

818. Le premier ouvrier ferait l'ouvrage entier en .

$$5 \text{ jours } \frac{3}{4}, \text{ ou en } \frac{23}{4} \text{ de jour};$$

il en fait donc chaque jour :

$$1 : \frac{23}{4}, \text{ ou les } \frac{4}{23};$$

en 3 jours $\frac{1}{2}$, ou en $\frac{7}{2}$ jours, il en fait

$$\frac{4}{23} \times \frac{7}{2}, \text{ ou les } \frac{14}{23}.$$

Le second fait le reste, ou les $\frac{9}{23}$.

L'ouvrage valant 46 fr., chaque 23e vaut $\frac{46^f}{23}$, ou 2 fr. Le premier faisant chaque jour $\frac{4}{23}$ de l'ouvrage, gagne par jour :

$$2^f \times 4, \text{ ou } 8 \text{ fr.}$$

Ensemble ils gagnent 46 fr. en 3 jours $\frac{1}{2}$; ils gagnent donc chaque jour $46^f : 3\frac{1}{2}$, ou $46^f \times \frac{2}{7}$, ou 13f,142...; le premier gagnant 8 fr., il reste pour la journée du second 5f,142....

Rép. 1° Le premier a fait les $\frac{14}{23}$ de l'ouvrage, et a gagné 8 fr. par jour.

2° Le second a fait les $\frac{9}{23}$ de l'ouvrage, et a gagné 5f,14 par jour.

---

819. Le rapport du premier capital au second est :

$$3\frac{3}{4} : 4\frac{5}{6}, \quad \text{ou} \quad \frac{15}{4} : \frac{29}{6}, \quad \text{ou} \quad \frac{45}{58}.$$

Si donc le second capital était 58 fr., le premier serait 45 fr

Dans cette hypothèse, le premier capital rapporterait :

$$45^f \times 0,04 \times 6\frac{1}{3}, \quad \text{ou} \quad 11^f,40.$$

Le second capital rapporterait $58^f \times 0,03 \times 4\frac{1}{2}$, ou $7^f,83$.

L'excès du premier revenu sur le second serait :

$$11^f,40 - 7^f,83, \quad \text{ou} \quad 3^f,57, \text{ au lieu de } 1071^f.$$

Or
$$1071 : 3,57 = 300.$$

La différence donnée 1071 fr., contenant 300 fois la différence $3^f,57$ qui résulte des valeurs hypothétiques 45 fr. et 58 fr., les capitaux réellement placés doivent être respectivement :

$$45^f \times 300, \quad \text{ou} \quad 13\,500^f; \quad 58^f \times 300, \quad \text{ou} \quad 17\,400^f.$$

Rép. Le premier capital est 13 500 fr.
Le second capital est 17 400 fr.

---

820. 1° Chaque homme bat en un jour 70 gerbes; les 4 hommes en battent 70×4, ou 280.

Chaque gerbe donne 3 litres de grain; les 280 gerbes en donnent donc 280×3, ou 840.

Le résultat du travail d'un jour étant 840 litres de grain, le nombre de jours nécessaires pour obtenir 175 hectolitres, ou 17 500 litres, est égal à

$$\frac{17\,500}{840}, \quad \text{ou à} \quad 20 + \frac{5}{6}.$$

2° Le produit total étant de 17 500 litres de grain, et chaque gerbe donnant 3 litres, le nombre de gerbes est :

$$\frac{17\,500}{3}, \quad \text{ou} \quad 5833\frac{1}{3}.$$

3° Chaque homme recevant $2^f,25$ par jour, et le travail durant 20 jours $\frac{5}{6}$, il revient à chaque homme :

$$2^f,25 \times 20\,\frac{5}{6}, \quad \text{ou} \quad 46^f,87\,\frac{1}{2}.$$

4° Le battage total a coûté $46^f,87\,\frac{1}{2} \times 4$, ou $187^f,50$, et a produit 175 hectolitres ; le prix du battage est donc, par hectolitre,

$$\frac{187^f,50}{175}, \quad \text{ou} \quad 1^f,071....$$

Rép. 1° Il a fallu 20 jours $\frac{5}{6}$.

2° Il y avait en tout 5833 gerbes $\frac{1}{3}$.

3° Chaque homme a reçu $46^f,87\,\frac{1}{2}$.

4° Le prix du battage est, par hectolitre de grain, $1^f,07$.

---

821. La profondeur du puits de Grenelle est de ...... 547^m

La profondeur des caves de l'Observatoire est de. 28

Différence..... 519^m

La température au fond du puits est .... $27^o,33$

Dans les caves de l'Observatoire............... $11^o,7$

Différence..... $15^o,63$

L'augmentation de température est donc de $15^o,63$ pour 519 mètres, et par conséquent de $\frac{15^o,63}{519}$ par mètre.

La couche dont il s'agit est au-dessous des caves de l'Observatoire de $217^m - 28^m$ ou de 189 mètres ; la température de cette couche doit donc être de :

$$11^o,7 + \left(\frac{15^o,63}{519} \times 189\right), \quad \text{ou de} \quad 17^o,39....$$

La température demandée est de $17^o,39$.

---

822. Le rapport du nombre des individus dont l'âge est entre 20 et 21 ans à la population totale est $\frac{522,5}{32\,581}$, ou, ce qui revient au même, ce nombre est les $\frac{5225}{325\,810}$ de la population; il est donc en tout égal à $\frac{37\,000\,000 \times 5225}{325\,810}$. Le nombre des garçons est les

$$\frac{17}{33} \text{ du nombre précédent, ou } \frac{37\,000\,000 \times 5225}{325\,810} \times \frac{17}{33}.$$

Le rapport du nombre d'hommes appelés par le recrutement au nombre d'hommes qui sont dans leur vingt et unième année, est donc :

$$80\,000 : \frac{37\,000\,000 \times 5225 \times 17}{325\,810 \times 33}, \text{ ou } \frac{8 \times 32\,581 \times 33}{370 \times 5225 \times 17}, \text{ ou } 0,261.$$

Rép. Le nombre d'hommes appelés sous les drapeaux est environ les 0,26 du nombre des jeunes gens du même âge.

---

823. 100 hectolitres de houille à 4 fr............ 400f

Transport et menus frais......................... 26,40

Total des déboursés... 426,40

Bénéfice $426^f,40 \times 0,25$......................... 106,60

Prix de vente... 533f

Les 100 hectolitres de houille pèsent $82^k \times 100$, ou 8200 kilogr.; le marchand doit donc revendre la houille à raison de $\frac{533^f}{8200}$ le kilogr.; par suite, le prix de 50 kilogr. doit être $\frac{533^f}{8200} \times 50$, ce qui fait $3^f,25$.

---

824. La vis avançant de 15 millimètres pour 6 tours, elle avance de $\frac{15^{mm}}{6}$, ou $\frac{5^{mm}}{2}$ par tour, c'est-à-dire pour 360°, ce qui fait par degré $\frac{5^{mm}}{2 \times 360}$.

Par conséquent, pour $257^o \frac{1}{2}$, elle avancera de

$$\frac{5^{mm}}{2 \times 360} \times 257 \frac{1}{2};$$

ce qui donne $1^{mm},788\ldots.$

Rép. De 1 millimètre et 79 centièmes.

---

825. 1° Le nombre des pièces est égal à:

$$\frac{1\,697\,549\,720}{20}, \quad \text{ou à} \quad 84\,877\,486.$$

2° Le poids est égal à :

$$6^g,451 \times 84\,877\,486, \quad \text{ou à} \quad 547\,544\,662 \text{ gr}\ldots.$$

3° Le poids du cuivre est $\frac{1}{10}$ du nombre précédent, ou

$$54\,754\,466^g,2.$$

4° Le poids de l'or est 9 fois celui du cuivre, ou

$$492\,790\,195^g,8.$$

5° Placées à la suite les unes des autres, elles occuperaient une longueur de

$$21^{mm} \times 84\,877\,486, \quad \text{ou de} \quad 1\,782\,427\,206 \text{ millimètres.}$$

6° De Paris à Orléans, on pourrait en mettre

$$\frac{121\,000\,000}{21}, \quad \text{ou} \quad 5\,761\,904 + \frac{16}{21}.$$

Rép. 1° On a fabriqué 84 877 486 pièces.
2° Elles pèsent 547 544 kilogr. et 662 grammes.
3° Elles contenaient 54 754 kilogr. et 466 grammes de cuivre.
4° Elles contenaient 492 790 kilogr. et 196 grammes d'or.
5° Elles occuperaient 1782 kilomètres 427 mètres et 206 millimètres.
6° De Paris à Orléans on pourrait placer un peu plus de 5 761 904 pièces les unes à la suite des autres.

---

826. 1° Pour $\frac{4}{3}$ d'hectare il faut.. 200^k de sel;

Pour 1 hectare......... 200^k : $\frac{4}{3}$, ou 150^k;

Pour 4 hectares $\frac{5}{7}$....... 150$^k \times 4\frac{5}{7}$, ou 707^k,1.

2° Pour $\frac{4}{3}$ d'hectare il faut. 24 000^k de fumier;

Pour 1 hectare......... 24 000^k : $\frac{4}{3}$, ou 18 000^k;

Pour 4 hectares $\frac{5}{7}$...... 18 000$^k \times 4\frac{5}{7}$, ou 84 857^k,1.

3° Avec 22 kilogr. de fumier on obtient 1^k,87 de froment;

Avec 1 kilogr.......... $\frac{1^k,87}{22}$;

Avec 84 857 kilogr...... $\frac{1^k,87}{22} \times 84\,857$ ou 7212^k,8.

L'emploi du sel augmente cette quantité

de $\frac{1}{50}$, ou de........................ 144^k,2.

Total........... 7357^k.

Rép. 1° Il faudra 707 kilogr. de sel et 84 857 kilogr. de fumier.

2° On obtiendra 7357 kilogr. de froment.

---

827. Le premier capital placé à $5\frac{1}{4}$ p. 100 a rapporté

$$6378^f,75;$$

placé comme le second à $6\frac{1}{2}$ p. 100, il aurait rapporté :

$$6378^f,75 \times \frac{4}{21} \times \frac{13}{2}, \quad \text{ou} \quad 7897^f,50.$$

Ainsi les deux capitaux, placés pendant le même temps et au même taux, auraient rapporté:

Le 1er..... 7897^f,50;
Le 2e..... 11846^f,25.

Ils sont donc dans le même rapport que ces deux nombres, dont la différence est

$$3948^f,75\,;$$

d'où résulte le calcul suivant :

Si la différence des capitaux était	$3948^f,75$,
Le 1er capital serait............	$7897^f,50$;
Le 2e capital serait.............	$11846^f,25$.

Si la différence des capitaux était 1 fr.,

Le 1er capital serait $\frac{7897^f,50}{3948,75}$, ou 2 fr.;

Le 2e serait........ $\frac{11\,846^f,25}{3948,75}$, ou 3 fr.

La différence des capitaux est 8100 fr.;

Le 1er capital est $2^f \times 8100$, ou 16200;

Le 2e.......... $3^f \times 8100$, ou 24300.

Le 1er capital est placé à $5\frac{1}{4}$ p. 100; il rapporte donc :

$$\frac{16\,200}{100} \times 5\frac{1}{4}, \quad \text{ou} \quad 850^f,50 \text{ en 1 an;}$$

Il rapporte 1 fr. en $\frac{1^{an}}{850,50}$

et $6378^f,75$ en $\frac{1^{an}}{850,50} \times 6378,75$.

Ce qui donne 7 ans $\frac{1}{2}$ pour le temps pendant lequel a été placé le premier capital.

En déterminant par un calcul semblable le temps pendant lequel a été placé le second capital, on trouve le même temps, comme l'exige l'énoncé.

Avec le premier capital, on a acheté 60 pièces de toile de 108 mètres chacune, ou 6480 mètres ; le prix du mètre est donc :

$$\frac{16\,200^f}{6480}, \quad \text{ou} \quad 2^f,50.$$

Avec le second capital, on a acheté 75 pièces de toile de 108 mètres chacune, ou 8100 mètres ; le prix du mètre est donc :

$$\frac{24\,300^f}{8100}, \quad \text{ou} \quad 3 \text{ fr.}$$

Rép. 1° Les capitaux placés sont:

Le 1er........ 16 200 fr.

Le 2e........ 24 300 fr.

2° Le temps du placement est de 7 ans 6 mois.

3° Le prix de la toile est $2^f,50$ pour la première;

3 fr. pour la seconde.

---

828. La quantité de toile contenue dans les deux ballots est la même, ils ne diffèrent que par la quantité de calicot.

Le 1er en contient $75^m,6 \times 4$..................	$302^m,4$
Le 2e	$679^m,8$
Différence........	$377^m,4$

Le 1er vaut..................................	$2406^f,36$
Le 2e	$2557\ ,32$
Différence........	$150^f,96$

Cette différence doit être le prix des $377^m,4$ que le second contient de plus que le premier ; le prix du mètre de calicot est donc :

$$\frac{150^f,96}{377,4}, \quad \text{ou} \quad 0^f,40.$$

Le 1er vaut..................................	$2406^f,36$
Il contient $302^m,4$ de calicot à 40 c. le mètre...	$120\ ,96$
Reste pour le prix de $703^m,2$ de toile...........	$2285^f,40$

ce qui fait $\frac{2285^f,40}{703,2}$, ou $3^f,25$ par mètre....

Rép. 1° Le prix du mètre de toile est $3^f,25$.

Le prix du mètre de calicot est 40 centimes.

---

829. Les corps dans l'air perdent une partie de leur poids égale à celui de l'air qu'ils déplacent.

1° Le mètre cube d'eau pèse 1000 kilogr.; le mètre cube de bois dont la densité est $\frac{1}{2}$ pèse donc 500 kilogr., et le demi-mètre cube (supposé massif) pèse 250 kilogr. Mais il perd un poids égal à celui d'un demi-mètre cube d'air, ou $1^g,293 \times 500$, ou $646^g,5$, ou $0^k,6465$; le demi-mètre cube de bois pèsera donc dans l'air:

$$250^k - 0^k,6465, \quad \text{ou} \quad 249^k,3535.$$

2° Le décimètre cube de laiton pèserait dans le vide $8^k,3$, et dans l'air $8^k,3 - 0^k,001293$, ou $8^k,298707$; par conséquent le volume d'une quantité de laiton pesant $249^k,3535$ serait, en décimètres cubes, $\frac{249,3535}{8,298707}$, ou 30,047....

Le côté du cube équivalent est, en décimètres, la racine cubique de 30,047, ou 3,108....

Rép. 1° Le demi-stère de bois pèsera $249^k,354$.
2° Le cube de laiton du même poids aura pour arête 311 millimètres.

---

830. 1° 1 mètre cube transporté à 1000 mètres coûte. $2^f,25$
1 mètre cube transporté à 1 mètre coûterait. 0,00225
1 mètre cube transporté à 1678 mètres coûtera $0^f,00225 \times 1678$ ou 3,7755
Prix d'achat du mètre cube................ 45

Prix total de 1 mètre cube................ $48^f,7755$

Prix de $2^{mc},079$.... $48^f,7755 \times 2,079$, ou $101^f,404$....

2° A 1000 mètres on transporte pour		$2^f,25$	1^{mc};
A 1 mètre	»	2,25	1000^{mc};
A 1678 mètres	»	2,25	$\frac{1000^{mc}}{1678}$;
A 1678 mètres	»	1^f,	$\frac{1000^{mc}}{1678 \times 2,25}$;
A 1678 mètres	»	2465^f,	$\frac{1000^{mc} \times 2465}{1678 \times 2,25}$;

ou $652^{mc},9$.

Rép. 1° $2^{mc},079$ transportés à 1678 mètres reviendront à $101^f,40$.

2° Pour 2465 fr., on fera transporter à 1678 mètres une quan- de bois égale à $652^{mc},9$.

---

831. La pièce a une longueur égale à 7 robes moins $2^m,50$; ce qui fait $7^m,50 \times 7 - 2^m,50$, ou 50 mètres.

Le prix du mètre est donc $175^f : 50$, ou $3^f,50$.

Par suite, le prix de la robe est $3^f,50 \times 7,50$, ou $26^f,25$.

Rép. 1° Prix du mètre : $3^f,50$.
2° Prix de la robe : $26^f,25$.

---

832. 1° La durée totale de l'éclairage, en janvier, est égale à $(12^h - 4^h\,30^m) \times 31$, ou à $232^h\,30^m$; la dépense a été de $32^f,55$; cela fait par heure $\dfrac{32^f,55}{232\frac{1}{2}}$, ou 14 centimes

La durée totale de l'éclairage, en février, est égale à

$$(12^h - 5^h\,20^m) \times 28, \quad \text{ou à} \quad 186^h\,40^m\,;$$

la dépense est donc $14^c \times 186\dfrac{2}{3}$, ou $26^f,13$.

2° Le nombre de mètres cubes de gaz consommés en février est

$$\frac{26,13}{0,45}, \quad \text{ou} \quad 58,067.$$

---

833. 326 hectolitres coûtent $6542^f,65$; le prix de l'hectolitre est donc $\dfrac{6542^f,65}{326}$; celui de $127^h,42$ est par conséquent :

$$\frac{6542^f,65}{326} \times 127,42, \quad \text{ou} \quad 2557^f,252....$$

Rép. $2557^f,25$.

---

834. Après avoir acheté les $\frac{2}{7}$ et les $\frac{3}{8}$ ou les $\frac{37}{56}$ de sa marchandise, le reste doit en être les $\frac{19}{56}$. Ainsi, $4^k,375$ sont les $\frac{19}{56}$ du nombre de kilogrammes achetés; celui-ci est donc les $\frac{56}{19}$ de $4^k,375$ ou $12^k,895$, à 1 gramme près.

Le marchand a donc acheté :

1° $\frac{2}{7}$ de $12^k,895$,	ou	$3^k,684$ à $11^f,50$.........	$42^f,37$
2° $\frac{3}{8}$ de $12^k,895$,	ou	$4^k,836$ à 12............	58 ,03
3° Le reste,	ou	$4^k,375$ à 13 ,70.........	59 ,94
		Dépense totale...	$160^f,34$
		Bénéfice..............	175
		Prix total de vente	$335^f,34$

Ce prix étant celui de $12^k,895$ ou de $128^h,95$, le prix de l'hectogramme doit être égal à $\frac{335^f,34}{128,95}$, ou à $2^f,60$.

Rép. 1° Dépense du marchand, $160^f,34$.
2° Il doit revendre $2^f,60$ l'hectogramme.

---

835. La première journée a produit :

Pour les premières	$13^f,55 \times 68$......	$921^f,40$
Pour les secondes	$10^f,15 \times 187$......	1898 ,05
Pour les troisièmes	$8^f,45 \times 469$......	3963 ,05
	Total......	$6782^f,50$

Pour la seconde journée le nombre des places a été :

Pour les premières 636,85 : 13,55.........	47
Pour les secondes 1096,20 : 10,15.........	108
Pour les troisièmes 3725 : 8,45.........	441
Total......	596

Avec une erreur de $1^f,45$.

Rép. Le premier jour :

Les premières ont produit............	921f,40
Les secondes........................	1898 ,05
Le stroisièmes.......................	3963 ,05
Recette totale.....	6782f,50

Le second jour on a délivré :

47 billets de premières,

108 billets de secondes,

441 billets de troisièmes; avec une erreur de caisse de 1f,45.

---

836. Les dépenses se composeront de :

1° Frais de culture 189f,50 × 12,034........	2280f,44
2° Loyer $\frac{22^f,50}{42} \times 1203,4$..................	644 ,68
Dépense totale......	2925f,12

La récolte a été de 32h,75 × 12,034, ou 394h,1135, et la recette de 19f,50 × 394,1135... 7685f,21

Différence ou bénéfice...... 4760f,09

Rép. Le bénéfice total est de 4760f,09.

---

837. Le volume exprimé en mètres cubes est représenté par le produit 5,4 × 0,63 × 0,59, ou 2,00718.

La densité étant 0,93, le décimètre cube pèse 0k,93 et le mètre cube 930 kilogr. Le poids total est donc 930k × 2,00718, ou 1866,6774.

Rép. 1° Le volume est de 2 mètres cubes et 7 décimètres cubes.

2° Le poids est de 1866 kilogr. 677 grammes.

---

838. La surface du pré en mètres carrés est exprimée par le nombre 180 × 109, ou 19620, ce qui fait 196ares,2.

Ce pré produit 2000 bottes de foin; cela en fait donc par are :

$$\frac{2000}{196{,}2}, \quad \text{ou} \quad 10{,}19\ldots.$$

Rép. Le produit est de 10 bottes $\frac{2}{10}$, ou 10 bottes $\frac{1}{5}$ par are.

---

839. Prix d'achat d'un mètre............. 85ᶜ

Bénéfice $85^c \times \frac{19}{100}$, ou............. $16^c{,}15$

Prix de vente pour un mètre...... $101^c{,}15$

$9^m{,}09$ à $101^c{,}15$ le mètre font $919^c{,}45\ldots.$

Rép. 1° Il doit vendre $1^f{,}01$ le mètre.

2° Le coupon de $9^m{,}09$ coûtera $9^f{,}19$.

---

840. 1° La surface de la vigne est exprimée en mètres carrés par le nombre 197×98, ou 19306, ce qui fait $193^{ares}{,}06$, ou $1^{hect}{,}9306$.

La dépense se compose de :

Fermage $400^f \times 1{,}9306$.................... $772^f{,}24$

Frais d'exploitation...................... 783

Total...... $1555^f{,}24$

Le produit est 109 pièces de 225 litres, ou 24 525 litres, ou $245^{hect}{,}25$. La recette est le prix de :

$245^{hect}{,}25$ à $17^f{,}65$ l'un............... $4328^f{,}66$

Différence ou bénéfice...... $2773^f{,}42$

2° La vigne ayant produit en tout 24 525 litres, le produit par are est $\frac{24525^l}{193{,}06}$, ou $127^l{,}0\ldots$, ce qui fait $12^{décal}{,}70\ldots.$

3° Si le propriétaire exploitait lui-même, il n'aurait pas de fermage à payer; il aurait donc :

Pour recette	4328f,66
Pour dépense	783
Pour revenu	3545f,66
Revenu pour un capital de 15000 fr...	3545f,66
Pour 1 fr........................	$\frac{3545^f,66}{15000}$
Pour 100 fr........................	$\frac{3545^f,66}{15000}\times 100,$

ce qui fait 23f,63....

Rép. 1° Bénéfice net du vigneron, 2773f,42.
2° Produit par are, 12 décalitres et 7 litres.
3° Le propriétaire aurait un revenu de 23f,63 pour 100 fr.

---

811. La tapisserie exige d'une part 15 journées de la mère et 15 journées de la fille;

D'autre part 6 journées de la mère et 42 journées de la fille;

Par conséquent les 27 journées que la fille a travaillé de plus dans le second cas, équivalent aux 9 journées que la mère a travaillé de moins; 9 journées de la mère équivalent donc à 27 journées de la fille.

Le travail exige donc :

1° 15 journées de la mère équivalant à

$\frac{27}{9}\times 15$, ou....................	45 journées de la fille;
2°	15 »
Total......	60 journées de la fille;

et par conséquent $60\times\frac{9}{27}$, ou 20 journées de la mère.

Rép. 1° La mère seule ferait l'ouvrage en 20 jours.

2° La fille seule ferait l'ouvrage en 60 jours.

---

842. Les 975 fr. devant être payés en 7 ans, cela fait par an $\frac{975^f}{7}$; cette somme doit être les $\frac{5}{6}$ de la recette nette; celle-ci doit donc être les $\frac{6}{5}$ de $\frac{975^f}{7}$, ou $167^f,14$.

La rétribution totale doit donc se composer de :

1° La recette nette....................	$167^f,14$
2° Le loyer...........................	300
3° L'entretien........................	450
Total......	$917^f,14$

Cette somme répartie entre les 11 mois dont se compose l'année scolaire donne pour chaque mois $\frac{917^f,14}{11}$, et pour chaque élève :

$$\frac{917^f,14}{11} : 37, \quad \text{ou} \quad 2^f,25\ldots.$$

Rép. La rétribution mensuelle doit être fixée à $2^f,25$.

---

843. La surface couverte par chaque rouleau est représentée en mètres carrés par le nombre :

$$0,50 \times 6,80, \quad \text{ou} \quad 3,40.$$

Pour tapisser l'excès de la seconde pièce sur la première, il a fallu 3 rouleaux $\frac{4}{5}$; la surface de cet excès est donc égale à :

$$3^{mq},40 \times 3\frac{4}{5}, \quad \text{ou à} \quad 12^{mq},92.$$

Cette surface contient en outre une fenêtre occupant une surface de $(1,15 \times 2,80)^{mq}$, ou $3^{mq},22$.

La surface totale de cet excès est donc de

$$12^{mq},92 + 3^{m},22, \quad \text{ou} \quad 16^{mq},14;$$

et comme cette surface excédante a une hauteur de $3^m,20$, la base est de $\left(\frac{16,14}{3,2}\right)^m$, ou $5^m,04375$;

ce qui fait pour la largeur excédante de chaque face opposée $2^m,521\,875$.

Rép. La seconde pièce est plus large que la première de $2^m,522$.

---

811. Le loyer annuel étant de 900 fr., cela fait 225 fr. par trimestre.

Première hypothèse. Si le locataire paye le tout dès le commencement de l'année, il aura à prélever :

1° L'intérêt de 225^f pendant		3 mois, ou		$1^f,50 \times \frac{225}{100}$		$3^f,375$
2°	» 225	»	6	»	$3,375 \times 2$	$6,750$
3°	» 225	»	9	»	$3,375 \times 3$	$10,125$
4°	» 225	»	12	»	$3,375 \times 4$	$13,500$
				Total à prélever	....	$33^f,75$
Capital					....	900^f
				Reste net à payer comptant	......	$866^f,25$

Deuxième hypothèse. Si le locataire paye le tout à la fin de l'année, il aura à payer en plus :

1° L'intérêt de 225^f pendant		9 mois	....	$10^f,125$
2° »	225^f	» 6 »	....	$6,750$
3° »	225^f	» 3 »	....	$3,375$
			Total..............	$20^f,25$
Capital			....	900
			Total à payer	$920^f,25$

Troisième hypothèse. Si le locataire veut payer à une époque telle que la somme à payer soit égale à 900 fr., il faut que les intérêts à payer soient égaux aux intérêts à retenir; il suffit pour cela que les capitaux soient égaux ainsi que les temps, ce qui est possible dans l'exemple actuel.

Pour rendre égaux les capitaux payés d'avance et les capitaux payés après l'échéance, il faut composer les uns et les autres de deux termes, et pour cela payer dans le courant du troisième trimestre. Pour rendre les temps égaux, il faut payer au milieu du troisième trimestre. Ainsi le locataire aura à payer l'intérêt

de.......................... 225^f pendant $4^{mois}\frac{1}{2}$

et l'intérêt de............... 225^f » $1\ \frac{1}{2}$;

il aura à retenir l'intérêt de... 225^f » $1\ \frac{1}{2}$

et l'intérêt de............... 225^f » $4\ \frac{1}{2}$.

Et il est évident que ces intérêts se compensent, et de plus que cette compensation est indépendante du taux.

Rép. 1° Si le locataire paye comptant, il doit payer $866^f,25$.
2° S'il paye au bout de l'année, il doit $926^f,25$.
3° S'il veut payer 900 fr., il doit payer au bout de 7 mois 1/2.

---

845. La vache mange en 1jour l'herbe de 80 centiares, et par conséquent, en 90 jours, celle de

$$0^a,80\times 90, \quad \text{ou} \quad 72^{ares}.$$

Elle donne 1779 litres de lait; cela fait par litre :

$$\frac{72^a}{1779}, \quad \text{ou} \quad 0^a,04047\ldots$$

et par kilogramme de beurre :

$$\frac{72^a}{64}, \quad \text{ou} \quad 1^a\frac{1}{8}.$$

Rép. 1° Pour chaque litre de lait, il faut 4 mètres carrés et 5 décimètres carrés.

2° Pour chaque kilogr. de beurre, il faut 1 are $\frac{1}{8}$.

---

846. Pendant $8^h\ 57^m$, ou 537^m, il parcourt $780^m\times 537$. $418\,860^m$
Pendant $2^h\ 25^m$, ou 145^m, il parcourt $615^m\times 145$. $89\,175^m$

Total.. .... $508\,035^m$

Rép. 508 kilomètres et 35 mètres.

---

847. 8 centimètres equivalent à $8^{dm},5$; la surface de la broderie est donc :

$$(8,5 \times 8,5)^{dmq}, \quad \text{ou} \quad 72^{dmq},25.$$

A raison de 35 cent. par décimètre carré, cela fait

$$35^{c} \times 72,25, \quad \text{ou} \quad 25^{f},2875.$$

Cette somme étant le produit de 11 jours $\frac{1}{2}$ de travail, cela fait par jour

$$25^{f},2875 : 11,5, \quad \text{ou} \quad 2^{f},198\ldots.$$

Rép. 1° Le prix de la broderie est de $25^{f},29$.
2° L'ouvrière gagne $2^{f},20$ par jour.

---

848. 4 ouvr. travaill. 7^{h} par j^{r} en 12^{j} font $1713^{m},6$.

1	»	7	12 fera	$\frac{1713^{m},6}{4}$;
	»	7	12 feront	$\frac{1713^{m},6 \times 6}{4}$;
6	»	1	12 »	$\frac{1713^{m},6 \times 6}{4 \times 7}$;
6	»	9	12 »	$\frac{1713^{m},6 \times 6 \times 9}{4 \times 7}$;
6	»	9	1 »	$\frac{1713^{m},6 \times 6 \times 9}{4 \times 7 \times 12}$;
6	»	9	17 »	$\frac{1713^{m},6 \times 6 \times 9 \times 17}{4 \times 7 \times 12}$,

ou $4681^{m},8$.

Autrement. 4 ouvriers pendant 12 jours, cela fait 48 journées; chaque journée est de 7 heures ; cela fait donc 336 heures de travail pour faire $1713^{m},6$; ils font donc par heure :

$$\frac{1713^{m},6}{336}.$$

6 ouvriers pendant 17 jours, cela fait 102 journées; chaque journée est de 9 heures, cela fait 918 heures de travail ; l'ouvrage fait sera donc

$$\frac{1713^{m},6}{336} \times 918, \quad \text{ou} \quad 4681^{m},80.$$

Rép. Ils feront 4681 mètres et 80 centimètres.

---

849. Les trois premières ayant reçu respectivement $\frac{1}{4}$, $\frac{1}{5}$, $\frac{1}{7}$ de la somme, elles en ont reçu ensemble :

$$\frac{1}{4}+\frac{1}{5}+\frac{1}{7}, \quad \text{ou} \quad \frac{83}{140};$$

il en est donc resté les $\frac{57}{140}$ pour la quatrième. Or ces $\frac{57}{140}$ de la somme totale valent $105^f,74$; la somme totale est donc les

$$\frac{140}{57} \text{ de } 105^f,74, \quad \text{ou} \quad 259^f,71....$$

La 1re a eu $\frac{1}{4}$ de $259^f,71$....................	$64^f,93$
La 2e » $\frac{1}{5}$ de 259 ,71....................	51 ,94
La 3e » $\frac{1}{7}$ de 259 ,71.	37 ,10
La 4^e^	105 ,74
Total.............	$259^f,71$

Rép. 1° La somme à partager est de $259^f,71$.

2° La 1re part est de	....	$64^f,93$
La 2e »	....	51 ,94
La 3e »	....	37 ,10
La 4e »	....	105 ,74

---

850. La première étoffe a $\frac{5}{4}$ de mètre, ou $1^m,25$ de large ; on en emploie 145 mètres ; cela fait une surface égale à :

$$(145 \times 1,25)^{mq}, \quad \text{ou à} \quad 181^{mq},25.$$

On a fait 25 robes, il faut donc pour chaque robe :

$$181^{mq},25 : 25, \quad \text{ou} \quad 7^{mq},25.$$

Avec la nouvelle étoffe, on doit faire $25 + 7$, ou 32 uniformes; a surface nécessaire est donc :

$$7^{mq},25 \times 32, \quad \text{ou} \quad 232^{mq}.$$

Ce nombre doit être le produit de la longueur par la largeur; le nombre de mètres contenus dans la longueur est donc :

$$232 : \frac{5}{6}, \quad \text{ou} \quad 278,4.$$

Cela coûtera $5^f,25 \times 278,4$, ou $1461^f,60$.

Rép. 1° Il faudra $278^m,40$ d'étoffe.

2° Cela coûtera $1461^f,60$.

---

851. Le bénéfice est les $\frac{2}{5}$ du capital; le capital est les $\frac{5}{5}$ de lui-même; le bénéfice et le capital réunis forment donc une somme qui est les $\frac{7}{5}$ du capital.

Ainsi 192 000 fr. sont les $\frac{7}{5}$ du capital; par conséquent le capital est les $\frac{5}{7}$ de 192000 fr., ou $137\,142^f,857\ldots$

Le bénéfice est donc

$$192\,000^f - 137\,142^f,86 \quad \text{ou} \quad 54\,857^f,14.$$

Le bénéfice est les $\frac{2}{5}$ ou 0,40 du capital. Ces 40 pour 100 répondent à $5^a\,2^m$, ou à 62 mois. Cela fait $\frac{40^f}{62}$ pour 100 fr. par mois, et

$$\frac{40^f}{62} \times 12 \text{ pour } 100^f \text{ par an, ou } 7^f,741\ldots \text{ pour 100 fr.}$$

Rép. 1° Le capital est $137\,142^f,86$.

2° Le bénéfice est $54\,857^f,14$.

3° Le capital rapporte $7^f,74$ pour 100 fr. par an.

---

852. $2^f,75$ de dépense par jour font par an :

$2^f,75 \times 365$	$1003^f,75$
Économies....................	198 ,35
Gain total........	$1202^f,10$

26 jours de travail par mois font par an :

$$26^j \times 12, \quad \text{ou} \quad 312 \text{ jours;}$$

le gain de chaque jour est donc de :

$$\frac{1202^f,10}{312}, \quad \text{ou de} \quad 3^f,852\ldots.$$

Rép. Il gagne $3^f,85$ par jour.

---

853. Le kilogramme d'huile coûtant $1^f,15$, le gramme coûte $0^f,00115$; 275 gr. coûteront donc

$$0^f,00115 \times 275, \quad \text{ou} \quad 0^f,31625;$$

cette quantité d'huile dure 19 heures; cela fait donc par heure une dépense de :

$$0^f,31625 : 19 \quad \text{ou de} \quad 0^f,0166\ldots.$$

D'autre part, 5 bougies coûtent $1^f,60$, ce qui fait $0^f,32$ pièce ; la bougie dure 8 heures ; cela fait donc par heure une dépense de :

$$0^f,32 : 8, \quad \text{ou de} \quad 0^f,04.$$

Pour obtenir l'éclat de la lampe, il faudrait 2 bougies, ce qui ferait $0^f,08$ par heure au lieu de $0^f,0166\ldots$; la lampe est donc beaucoup plus économique (cinq fois environ).

L'éclairage à la lampe pendant 30 jours, et $6^h\frac{3}{4}$ par jour, coûtera :

$$0^f,0166 \times 6\frac{3}{4} \times 30, \quad \text{ou} \quad 3^f,36 \text{ par mois.}$$

Rép. 1° L'éclairage à la lampe est 5 fois plus économique que l'éclairage à la bougie.

2° Cet éclairage coûtera $3^f,36$ par mois.

---

854. Le revenu demandé comprend :

1° La pension que l'on paye	150^f
2° Le loyer, etc	160
3° Dépense journalière $1^f,50 \times 365$	547 ,50
4° $(3500^f - 1537^f,60) : 5$	392 ,48
Total	$1249^f,98$

soit 1250 fr.

Rép. Le revenu est 1250 fr.

---

855. 98 barriques à 67f,30 font.................. 6595f,40

On accorde pour la tare une diminution de 6595f,40 × 0,06 ou de.............................. 395 72

Prix net.................. 6199f,68

L'escompte à raison de 6 pour 100 par an fait pour 8 mois les $\frac{2}{3}$ de 6, ou 4 pour 100.

6199f,68 × 0,04 donne.................. 247f,98

Reste à payer comptant.................. 5951f,70

Rép. La somme à débourser comptant est de 5951f,70.

---

856. Lorsqu'on achète de la rente à 4 $\frac{1}{2}$ pour 100 au cours de 92f,50,

92f,50 rapportent.................... 4f,50

$\frac{92^f,50}{4,50}$ rapportent.................... 1f

$\frac{92^f,50}{4,50} \times 170$ rapportent.............. 170f

Le capital demandé est donc :

$$\frac{92^f,50}{4,50} \times 170, \quad \text{ou} \quad 3494^f,44.$$

Si la rente était à 95, le capital serait :

$$\frac{95^f}{4,50} \times 170, \quad \text{ou} \quad 3588^f,89.$$

Si la rente était à 97, le capital serait :

$$\frac{97^f}{4,50} \times 170, \quad \text{ou} \quad 3664^f,44.$$

Si la rente était à 100, le capital serait :

$$\frac{100^f}{4,50} \times 170, \quad \text{ou} \quad 3777^f,78.$$

L'augmentation du capital serait donc :

Dans le 1er cas.. .... $3588^f,89 - 3494^f,44$ ou $94^f,45$;

Dans le 2e cas............ $3664^f,44 - 3494^f,44$ ou 170^f;

Dans le 3e cas .... $3777^f,78 - 3494^f,44$ ou $283^f,34$.

Rép. 1° Les 170 fr. de rente coûteront $3494^f,44$.

2° En revendant à 95 fr., on gagnera $94^f,45$.

3° En revendant à 97 fr., on gagnera 170 fr.

4° En revendant à 100 fr., on gagnera $283^f,34$.

---

857. En supposant que les 9 mois dont il est question aient commencé le 1er mars, il y aura :

5 mois de 31 jours......................	155 jours
4 mois de 30 jours......................	120 jours
Plus................................	17 jours
Total................	292 jours.

La dépense totale a été de $3845^f,50$; cela fait donc par jour :

$$\frac{3845^f,50}{292}, \quad \text{ou} \quad 13^f,169\ldots$$

On voudrait dépenser 4000 fr. en 365 jours, ce qui fait par jour :

$$\frac{4000}{365}, \quad \text{ou} \quad 10^f,9589\ldots.$$

L'économie journalière doit donc être de :

$$13^f,17 - 10^f,96, \quad \text{ou de} \quad 2^f,21.$$

Rép. Il faut diminuer la dépense de $2^f,21$ par jour.

---

858. A la 1re époque, la montre est en avance de :

$$1^h\ 25^m\ 15^s;$$

à la 2e, cette avance est devenue :

$$9^h\ 17^m\ 36^s - 7^h\ 17^m\ 44^s, \quad \text{ou} \quad 1^h\ 59^m\ 52^s;$$

l'avance a donc augmenté de :

$$1^h\ 59^m\ 52^s - 1^h\ 25^m\ 15^s, \quad \text{ou de} \quad 34^m\ 37^s$$

qui équivalent à 2077 secondes. Pour trouver la valeur de l'augmentation de chaque jour, il faut diviser l'augmentation totale 2077 secondes par le nombre des jours qui se sont écoulés depuis la 1re époque jusqu'à la 2e. Ce temps est égal à

$$27^{j}\ 7^{h}\ 17^{m}\ 44^{s};$$

en le réduisant en secondes, on obtient :

$$2\,359\,064 \text{ secondes};$$

or le jour contient

$$24 \times 60 \times 60, \quad \text{ou} \quad 86\,400 \text{ secondes};$$

la seconde est donc

$$\frac{1}{86\,400} \text{ de jour},$$

et le temps écoulé entre les deux époques :

$$\frac{2\,359\,064}{86\,400} \text{ de jour.}$$

L'avance diurne est donc :

$$2077^{s} : \frac{2\,359\,064}{86\,400}, \quad \text{ou} \quad 76^{s},069\ldots, \quad \text{ou bien} \quad 1^{m}\ 16^{s},069\ldots$$

Rép. La montre avance de $1^{m}\ 16^{s},07$ par jour.

---

859. La quantité de bois achetée se compose de :

$$1^{\circ} \ldots\ldots\ldots\ldots\ldots\ldots\ 15^{st}\frac{3}{4}$$

$$2^{\circ} \ldots\ldots\ldots\ldots\ldots\ldots\ 12^{st}\frac{3}{8}$$

$$3^{\circ} \ldots\ldots\ldots\ldots\ldots\ldots\ 16^{st}\frac{2}{3}$$

$$\text{Total} \ldots\ldots\ 44^{st}\frac{19}{24}$$

Elle en a brûlé 20 stères et $\frac{50}{6}$, ou.... $28^{st}\frac{1}{3}$

$$\text{Il en reste} \ldots\ldots\ 16^{st}\frac{11}{24}$$

Or elle brûle $\frac{3}{8}$ de stère par jour ; le nombre de jours que durera le reste est donc égal à :

$$16\frac{11}{24} : \frac{3}{8} \quad \text{ou à} \quad 43\frac{8}{9}.$$

Les 16st $\frac{11}{24}$ qui restent valent :

$$9^f,06 \times 16\frac{11}{24}, \quad \text{ou} \quad 149^f,11.$$

Les 16st $\frac{11}{24}$ qui restent équivalent en hectolitres à :

$$16\frac{11}{24} \times 10, \quad \text{ou à} \quad 164\frac{7}{12};$$

le nombre de caisses qu'on pourra remplir est donc le quotient de

$$164\frac{7}{12} \text{ par } 2,50, \quad \text{ou} \quad 65\frac{5}{6}.$$

Rép. 1° Le reste du bois durera 43 jours $\frac{8}{9}$.

2° Ce reste vaut 149f,11.

3° Ce reste remplira 65 caisses $\frac{5}{6}$.

---

860. L'énoncé de ce problème est le même que celui du n° **801**, excepté que le bénéfice doit être de 30 pour 100, tandis qu'au n° **801** on ne voulait gagner que 3 pour 100.

On trouvera donc par un calcul identique à celui du n° **801** :

1° Pour le prix d'achat, 5960 fr.;
2° Pour prix du mètre carré, 4 fr.

Le reste doit être vendu à un prix tel que le bénéfice soit de 30 pour 100 du prix d'achat, ou $5960^f \times 0,30$, ou 1788 fr. ; le vendeur doit donc retirer du total $5960^f + 1788^f$, ou 7748 fr. ; or il a déjà reçu 6079f,20 ; il doit donc vendre les 521 mètres carrés qui lui restent pour

$$7748^f - 6079^f,20, \quad \text{ou} \quad 1668^f,80.$$

Rép. 1° Le prix d'achat était 5960 fr.
2° Le prix du mètre carré était 4 fr.
3° Il doit vendre le reste pour 1668f,80.

---

861. Le champ contient 120 ares ou 12 000 mètres carrés ; or la longueur est de 130 mètres; la largeur est donc représentée en mètres par le nombre

$$12\,000 : 130, \quad \text{ou} \quad 92,3\ldots$$

Il faut partager cette largeur en parties, l'une de 5 mètres et les suivantes de 10 mètres ; il y aura 8 parties de 10 mètres, et il restera du côté opposé à la partie de 5 mètres une dernière partie de $7^{m},3\ldots$

Il faudra donc en tout 9 rangs de drains.

9 rangs de drains, de 130 mètres chacun, formeront une longueur totale de 1170 mètres.

Chaque tuyau a $0^{m},35$ de long; le nombre des tuyaux nécessaires sera donc

$$1170 : 0,35, \quad \text{ou} \quad 3342\,\frac{6}{7}; \quad \text{soit} \quad 3343.$$

Mais, à cause du déchet de 3 pour 100, le nombre des tuyaux mis en place est les $\frac{97}{100}$ du nombre total; celui-ci est donc les $\frac{100}{97}$ de 3343, ou $3446\,\frac{38}{97}$; soit 3447.

Le prix est de $1^{f},90$ le 100, ou $0^{f},019$ la pièce; le prix total est donc

$$0^{f},019 \times 3447, \quad \text{ou} \quad 65^{f},49.$$

Rép. 1° Le nombre des tuyaux est 3447.
2° Leur prix est de $65^{f},49$.

---

862. En supposant qu'on vende le mélange à raison de 72 fr. l'hectolitre ou 72 centimes le litre, il ne doit en résulter ni perte ni bénéfice.

Sur chaque litre à 80^{c}, on perdrait $80^{c} - 72^{c}$, ou........ 8^{c};

Sur chaque litre à 55^{c}, on gagnerait $72^{c} - 55^{c}$, ou........ 17^{c}.

Les nombres de litres de ces deux espèces doivent donc être tels que, mulitipliés respectivement par 8 et 17, ils donnent des produits égaux ; les nombres 17 et 8 remplissent cette condition, puisque $8 \times 17 = 17 \times 8$. Les nombres de litres doivent donc être 17 et 8, ou dans le même rapport que ces deux nombres. Le nombre de litres de la seconde espèce doit donc être les $\frac{8}{17}$ de ceux de la première, ou $250 \times \frac{8}{17}$; ce qui fait 117,65.

Vérification :

250 litres à 80^c........................	200^f
117^l,65 à 55^c........................	64 ,71
Total.........	264^f,71

367^l,65 à 72 centimes font 264^f,71.

Rép. On devra employer 117 litres $\frac{65}{100}$ du dernier vin.

---

863. Chaque hectare produit 17^h,5 pesant chacun 72 kilogr., ce qui fait $72^k \times 17,5$, ou 1260 kilogr.; le nombre d'hectares est donc $\frac{2648}{1260}$, ou 2,10158....

Rép. 2 hectares 10 ares et 16 centiares.

864.

Prix d'achat........................	12 548^f,35
Dépenses d'amélioration..........	748 ,85
Bénéfice........................	2 000 ,
Total ou prix de vente......	15 297^f,20

Or le terrain contient 2 hectares 45 centiares, ou 200^a,45; le prix de vente de l'are est donc $\frac{15\,297^f,20}{200,45}$, ou 76^f,3142...

Rép. On doit revendre à raison de 76^f,31 l'are.

---

865. Le revenu de chaque action est, par semestre, 24^f,55; pour 12 actions, cela fait $24^f,55 \times 12$, ou 294^f,60.

Les 12 actions rapportent en 6 mois..........	294^f,60
En 3 mois, la moitié de la somme précédente.	147, 30
En 10 jours, $\frac{1}{9}$ de la somme précédente......	16 ,36
Revenu total en 9 mois 10 jours....	458^f,26

Ce revenu total doit être partagé en trois parties qui soient dans le même rapport que les nombres $\frac{2}{3}$, 1, $\frac{3}{5}$, ou $\frac{10}{15}, \frac{15}{15}, \frac{9}{15}$; ou dans le rapport des nombres entiers 10, 15, 9.

La première part doit donc être les $\frac{10}{9}$ de la troisième;

La seconde » » $\frac{15}{9}$ de la troisième;

La troisième » » $\frac{9}{9}$ d'elle-même;

Les trois parts réunies seront donc $\frac{34}{9}$ de la troisième.

Ainsi : 458f,26 est les $\frac{34}{9}$ de la troisième part; par suite, cette part est les $\frac{9}{34}$ de 458f,26, ou 121f,30.

La première part est donc $121^f,30 \times \frac{10}{9}$, ou 134f,78, et la seconde $121^f,30 \times \frac{15}{9}$, ou 202f,17.

Rép. 1re part, 134f,78.
2e part, 202f,17.
3e part, 121f,30.

---

866. Le poids de l'argent contenu dans le lingot est de 0k,92 par kilogramme ; il est donc en tout égal à $0^k,92 \times 1,5025$, ou 1k,3823.

L'alliage monétaire se compose de 0,835 d'argent et de 0,165 de cuivre ; le cuivre est donc les $\frac{165}{835}$ de l'argent; or le lingot donné contient 1k,3823 d'argent; il doit donc contenir $\frac{1^k,3823 \times 165}{835}$ de cuivre, ou 0k,273149 ; il en contient déjà $0^k,08 \times 1,5025$, ou 0k,1202; il en faut donc ajouter 0k,273149 — 0k,1202, c'est-à-dire 0k,152949.

Le lingot pèsera en tout 1k,5025 + 0k,152949, ou 1k,655449, ou bien 1655g,449. Le franc pèse 5 grammes ; le nombres de pièces de 1 franc qu'on pourra fabriquer est donc le quotient de 1655,449 par 5, ce qui donne 331, et pour reste 0,449.

Rép. 1° On doit ajouter 152 grammes et 949 milligrammes de cuivre.

2° On pourra fabriquer 331 pièces de 1 franc, et il restera 449 milligrammes.

---

867. La superficie, exprimée en hectares, est égale à

$$120,75 \times 120.75, \quad \text{ou à} \quad 14580,5625.$$

La mise en état a coûté :

$291^f,50 \times 14\,580,5625$	$4\,250\,233^f,97$
Prix d'achat................	$1\,578\,600$
Total de la dépense...	$5\,828\,833^f,97$

Sur ce capital, on a reçu 5 pour 100 d'intérêt et $3\frac{1}{4}$ pour 100 de dividende, en tout $8\frac{1}{4}$ pour 100, ce qui fait une somme de

$\frac{5\,828\,833^f,97}{100} \times 8\frac{1}{4}$, ou $480\,878^f,80$.

Le produit net par hectare a donc été de :

$480\,878^f,80 : 14\,580,5625$, ou de....	$32^f,98$
Frais de culture..................	231
Produit brut....	$263^f,98$

Rép. Le produit brut de la terre a été de $263^f,98$ par hectare.

---

868. 1° La densité étant 19,5, le métal pèse $19^g,5$ par centimètre cube ; le nombre de centimètres cubes est donc $\frac{4075}{19,5}$, ou 208,974.

2° Le volume étant $208^{cmc},974$, le nombre de millimètres cubes est 208 974. Par conséquent, si on réduit ce métal à 1 millimètre d'épaisseur, il formera une plaque de 208 974 millimètres carrés.

Rép. 1° Le volume est $208^{cmc},974$.

2° On pourra faire une plaque de 208 974 millimètres carrés sur 1 millimètre d'épaisseur.

---

869. 1° Pendant chaque heure, l'un s'éloigne du point de départ de 44 kilomètres, l'autre de 64 kilomètres; ils s'éloignent donc l'un de l'autre de 108 kilomètres. Le nombre d'heures nécessaires pour qu'ils s'éloignent l'un de l'autre de 480 kilomètres est donc $\frac{480}{108}$, ou $4\frac{4}{9}$. Les entiers représentent des heures; je transforme la fraction accompagnante en minutes et secondes, et j'obtiens $26^m\ 40^s$.

2° Le temps de leur marche étant $4^h\frac{4}{9}$, leurs distances au point de départ seront :

$$44^k \times 4\frac{4}{9}, \quad \text{ou} \quad 195^k,555\ldots \text{ pour le premier;}$$

$$64^k \times 4\frac{4}{9}, \quad \text{ou} \quad 284^k,444\ldots \text{ pour le second.}$$

Rép. 1° Ils seront éloignés l'un de l'autre de 480 kilomètres au bout de $4^h\ 26^m\ 40^s$.
2° Le premier sera à 195 556 mètres du point de départ et le second à 284 444 mètres.

---

870. Le vase plein pèse.................... $16^k,33$
Vide, il pèse.......................... $11\ ,65$
Poids du liquide... $4^k,68$

Or ce liquide pèse $1^k,5$ par litre; le nombre de litres est donc :

$$\frac{4,68}{1,5}, \quad \text{ou} \quad 3,12.$$

Rép. 3 litres et 12 centilitres.

---

871. Prix d'achat......................... 28
Sciage................................ 0 ,35
Total des déboursés........ $28^f,35$
Prix de vente, $2^f,75 \times \frac{630}{50}$............ 34 ,65
Bénéfice.................. $6^f,30$

Bénéfice pour 100 fr., $\frac{6^f,30 \times 100}{28,35}$, ou $22^f,2222\ldots$

Rép. Il gagne $22^f,22$ pour 100 francs.

---

872. Prix d'achat........................ $157^{f},70$
Bénéfice $157^{f},70 \times 0,15$, ou.......... $23,66$

Total ou prix de vente. $181^{f},36$

La capacité est celle d'un cube ayant pour côté :

$$55^{cm}, \quad \text{ou} \quad 5^{dm},5;$$

cette capacité exprimée en litres est donc :

$$5,5 \times 5,5 \times 5,5, \quad \text{ou} \quad 166,375.$$

Le prix de vente du litre est donc :

$$181^{f},36 : 166,375, \quad \text{ou} \quad 1^{f},090....$$

Rép. $1^{f},09$ le litre.

---

873. 1° La surface de la rue exprimée en mètres carrés est

$$8,50 \times 11,80, \quad \text{ou} \quad 100,3.$$

Chaque pavé a une surface égale à

$$\frac{2^{mq}}{3} \times \frac{1}{12}, \quad \text{ou à} \quad \frac{1^{mq}}{18};$$

le nombre de pavés à employer est donc égal à

$$100,3 : \frac{1}{18}, \quad \text{ou à} \quad 1805,4.$$

2° 52 pavés coûtent 20 fr.; ce qui fait pour chaque pavé $\frac{20}{52}$ de francs ; la dépense sera donc

$$\left(\frac{20}{52} \times 1805,4\right)^{f}, \quad \text{ou} \quad 694^{f},384...$$

Rép. 1° Le nombre de pavés sera 1805,4.
2° La dépense sera de $694^{f},38$.

---

874. En supposant que la vitesse de l'écoulement ne change pas, il faudra que l'aire de la section reste la même ; il faut donc que la nouvelle largeur exprimée en mètres, multipliée par 1,95, donne un produit égal à $2,50 \times 1,25$; la largeur demandée **est** donc

$$\left(\frac{2,50 \times 1,25}{1,95}\right)^{m}, \quad \text{ou} \quad 1^{m},60256...$$

Rép. 1 mètre 603 millimètres.

---

875. La superficie du terrain en mètres carrés est de :

$$3025 \times 3025, \quad \text{ou} \quad 9\,150\,625\,;$$

ce qui fait $915^{h},0625$.

Prix d'achat.....................	$900\,500^{f}$
Frais $210^{f} \times 915,0625$	$192\,163,125$
Total de la dépense......	$1\,092\,663^{f},125$
Bénéfice $1\,092\,663^{f},125 \times 0,80$....	$874\,130,500$
Prix de vente...........	$1\,966\,793^{f},625$

Ce qui fait pour prix du mètre :

$$\frac{1\,966\,793^{f},625}{9\,150\,625}, \quad \text{ou} \quad 0^{f},2149...$$

Rép. 21 centimes $\frac{1}{2}$ le mètre carré.

---

876. Dépense annuelle $15^{c} \times 2000 \times 365$... $109\,500^{f}$

Dépense annuelle $15^{c} \times 2000 \times 365$...	$109\,500^{f}$
Bénéfice............................	$10\,000$
Prix de vente........	$119\,500^{f}$

Ce prix est celui de

$$2000^{k} \times 365, \quad \text{ou} \quad 730\,000^{k};$$

cela fait donc par kilogramme ;

$$\frac{119\,500^{f}}{730\,000}, \quad \text{ou} \quad \frac{1195^{f}}{7300},$$

et pour 100 kilogr. $\frac{1195^{f}}{73}$, ou $16^{f},369...$

Rép. Le prix de vente doit être $16^{f},37$ les 100 kilogr.

---

877. 1° Le produit total du travail est 15 000 litres de grains; or chaque gerbe produit 3 litres; le nombre des gerbes est donc :

$$\frac{15\,000}{3}, \quad \text{ou} \quad 5000.$$

Chaque jour on bat $80^{g} \times 5$ ou 400 gerbes; le nombre de jours de travail sera donc

$$\frac{5\,000}{400}, \quad \text{ou} \quad 12\,\frac{1}{2}.$$

2° Les batteurs étant au nombre de 5, chacun a dû battre

$$5000^{g} : 5, \quad \text{ou} \quad 1000^{g}.$$

3° Chaque homme ayant travaillé pendant $12^{j}\frac{1}{2}$, son salaire est de

$$2^{f},50 \times 12\,\frac{1}{2}, \quad \text{ou de} \quad 31^{f},25.$$

Chaque homme a donc à recevoir

$$31^{f},25 - \frac{31^{f},25}{26}, \quad \text{ou} \quad 30^{f},05.$$

Rép. 1° Le travail a duré 12 jours $\frac{1}{2}$.
2° Chaque homme a battu 1000 gerbes.
3° Chaque homme doit recevoir $30^{f},05$.

---

878. La première doit être les $\frac{7}{8}$ ou $\frac{14}{16}$ de la troisième;

La seconde doit être $\frac{15}{16}$ de la troisième ;

La troisième est $\frac{16}{16}$ d'elle-même.

Les trois parts réunies sont les $\frac{45}{16}$ de la troisième.

Ainsi 28 025 litres sont les $\frac{45}{16}$ de la troisième part.

La troisième part est donc les $\frac{16}{45}$ de 28 025 litres,

ou $\frac{89\,680}{9}$ de litre.................... ou $9964^{l},44$

La première $\frac{89\,680^{l}}{9} \times \frac{7}{8}$, ou $\frac{78\,470}{9}$, ou $8718\,,89$

La seconde $\frac{89\,680}{9} \times \frac{15}{16}$, ou $\frac{84\,075}{9}$, ou $9341\,,67$

Total..... $28\,025^{l}\,00$

Rép. La 1re part est de 8718l,89
La 2e » .... 9341 ,67
La 3e » .... 9964 ,44

---

879. Consommation diurne.............. 1k,8 de pain.
Consommation annuelle 1k,8 × 365... 657k »
Quantité de farine 657k × $\frac{3}{4}$......... 492k,75
Quantité de blé 492k,75 × $\frac{10}{9}$........ 547k,50
Nombre d'hectolitres de blé $\frac{547^k,5}{75}$.... 7 ,3
Nombre d'ares demandé 7,3×5...... 36 ,5

Rép. 36 ares $\frac{1}{2}$.

---

880. 1° 223 ares font 2h,23.
Prix d'acquisition, 3060f×2,23 .... 6823f,80
Dépenses accessoires, 7963f,50—6823,80, ou 1139f,70

Les dépenses accessoires seront donc de 1139f,70 pour 6823f,80;

elles seront de $\frac{1139^f,70}{6823\ ,80}$ pour 1 fr.,

et de $\frac{1139^f,70}{6823\ ,80} \times 100$ pour 100 fr.

ou de 16f,70 pour 100 fr.

2° Le revenu a été de 1187f,38 — 603f,35.

ou de 584f,03 pour 7963f,50;

il serait de $\frac{584^f,03}{7963,50}$ pour 1 fr.

et de $\frac{584^f,03}{7963,50} \times 100$ pour 100 fr.

Ce qui fait 7f,33 pour 100 fr.

Rép. 1° Les dépenses accessoires ont augmenté les déboursés de 16f,70 pour 100 fr.

2° Le revenu a été de 7f,33 pour 100 fr.

---

881. La fraction $\frac{4}{7}$ réduite en décimales donne

0,57 14285...

Ce nombre ayant été calculé en prenant le mètre carré pour unité :

Les centièmes représentent des décimètres carrés ;

Les dix-millièmes représentent des centimètres carrés.

Les millionièmes représentent des millimètres carrés.

Rép. 57 décimètres carrés 14 centimètres carrés et 28 millimètres carrés et $\frac{1}{2}$.

---

882. Le poids du liége étant $\frac{1}{4}$ de celui de l'eau, à volume égal, son volume, à poids égal, est quadruple de celui de l'eau.

100 kilogr. d'eau occupent 100 décimètres cubes ;

100 kilogr. de liége occupent donc 400 décimètres cubes ou 0mc,4.

Le prix de 100 kilogr. est par conséquent de

$100^f \times 0{,}4$, ou de 40 fr.

Rép. 40 francs.

---

883. Section 0mq,000013 ;

Longueur 93 600 000 mètres ;

Volume (93 600 000 × 0,000013) mètres cubes ;

Poids 7788k × 93 600 000 × 0,000013 ou 9476438k,4 ;

Prix 75c × 94 76 438,4, ou 7 107 328f,80.

Rép. 1° Le poids est de 9 476 438k,4.

2° Le prix est de 7 107 328f,80.

---

884. 1° La superficie de la France cultivée en blé est égale à $\frac{53\,000\,000^h}{7}$, ou à 7 571 428 hectares; la production est donc de :

$$13^{\text{hectol.}} \times 7\,571\,428, \quad \text{ou} \quad \text{de } 98\,428\,564^{\text{hectol.}};$$

soit 98 millions d'hectolitres.

2° Le nombre d'habitants qu'on pourrait nourrir avec cette quantité de blé serait de $\frac{98\,428\,564}{2,43}$, ou de 40 505 581, . .; soit 40 500 000

---

885. Poids total de l'alliage $2^k,25 + 5^k,6$... $7^k,85$

Déchet $7^k,85 \times 0,02$.................. $0^k,157$

Poids net............. $7^k,693$

Le prix se composera de :

1° Prix du 1er métal................	$43^f,50$
2° Prix du 2e métal...............	$27^f,00$
3° Frais de fabrication.............	$12^f,00$
Total.................	$82^f,50$

Le prix de 1 kilogr. sera donc $\frac{82^f,50}{7,693}$, ou $10^f,72$.

---

886. Après qu'elle a acheté la maison, elle place les $\frac{4}{5}$ du reste à 5 p. 100 et le cinquième en obligations; le capital placé est donc quadruple du prix des actions; ainsi :

A chaque obligation coûtant 330 fr. et rapportant........	15^f
Répondent $330^f \times 4$, ou 1320^f placés à 5 p. 100 et rapportant.	66^f
Total............................	81^f

Je compare à ce revenu le revenu total 6237^f; $\frac{6237}{81} = 77$; il faut donc que le placement soit 77 fois celui qui a rapporté 81 fr.; il se compose par conséquent de :

77 act. coût. 330f × 77, ou	25410f, et rappt. 15f × 77f, ou...	1155f
et 25410f × 4, ou......	101640f, et rappt. 5 p. 100 ou......	5082f
En tout..........	127050f, rapportant.............	6237f

Argent placé soit à 5 p. 100, soit en obligations......	127050f
L'héritage total est de..............................	200000f
Le prix de la maison est la différence................	72950f

Rép. 1° Capital placé à 5 p. 100; 101640 fr.
2° Nombre des actions : 77 ;
3° Prix de la maison : 72950 fr.

---

887. On a donné à-compte :

1° Prix de 675 fr. de rente 3 p. 100 à 65f,50*......	14737f,50
2° 5000 fr. moins l'escompte $\frac{5000 \times 2,50}{100}$, ou 125 f.	4875f,00
3° En argent..................................	40387f,50
Total.....................	60000f,00

Cet à-compte est les $\frac{5}{12}$ du prix de la maison; celui-ci est donc les $\frac{12}{5}$ de 60000 fr., ou 144000 fr.

Ce prix est les $\frac{4}{5}$ de son bénéfice pendant 15 ans; ce bénéfice est par conséquent les $\frac{5}{4}$ de 144000 fr., ou 180000 fr.; ce qui fait par an :

$$\frac{180000^f}{15}, \text{ ou } 12000 \text{ fr.}$$

La dette contractée est les $\frac{7}{12}$ de 144000, ce qui fait 84000 fr.

Rép. Le bénéfice annuel est de 12000 fr.
La dette contractée est de 84000 fr.

---

* Voir notre *Arithm.*, n° **281**.

888. 1° Le revenu se compose de :

Loyers	12500f,00
Revenu des actions, 28f,75×25	718f,75
Total	13218f,75
Dont il faut retrancher	3500f,00
Revenu net	9718f,75

2° Le capital se compose de :

Prix de la maison	150000f
Frais d'acquisition	10500f
Achat de 25 actions à 495 fr. l'une	12375f
Total	172875f

3° Le taux du placement est :

$$\frac{9718^{f},75 \times 100}{172875}, \quad \text{ou} \quad 5^{f},62 \text{ pour } 100 \text{ fr.}$$

---

889. Le premier a mis :

Pendant 1 mois.

1° 12000f, 15 mois, ou 12000f × 15 = 180000f
2° 7000f, 5 mois, ou 7000f × 5 = 35000f
3° 9500f, 4 mois, ou 9500f × 4 = 38000f

En tout ... 253000f

Le second a mis :

Pendant 1 mois.

1° 16000f, 9 mois, ou 16000 × 9 = 144000f
2° 17000f, 6 mois, ou 17000 × 6 = 102000f

En tout ... 246000f

Il faut donc partager le bénéfice 60000 fr. en parties proportionnelles aux deux nombres : 253 000 et 246 000, ou aux nombres : 253 et 246; les parts seront par conséquent :

Pour le 1er $\dfrac{60\,000^f \times 253}{253 + 246}$, ce qui fait $30\,420^f,84$;

Pour le 2e $\dfrac{60\,000^f \times 246}{253 + 246}$, ce qui fait $29\,579^f,16$

Total................ $60\,000^f,00$

Rép. Part du 1er $30\,420^f,84$.

Part du 2e $29\,579^f,16$.

---

890. Le rapport de la circonférence au diamètre étant 3,1416, la circonférence est égale au diamètre 23^{mm} multiplié par ce rapport, ou à $72^{mm},2568$.

Le cercle est égal à la circonférence multipliée par la moitié du rayon; l'une des faces du franc est donc égale, en millimètres carrés, à

$$72,2568 \times \frac{23}{4}, \quad \text{ou à} \quad 415,4766.$$

Le volume d'un cylindre est égal au produit de sa base par sa hauteur; le volume du franc, en millimètres cubes, est donc

$$415,4766 \times 1, \quad \text{ou} \quad 415,4766.$$

Ce qui fait $0^{cmc},41548$, à 0,00001 près.

D'autre part, le franc pèse 5 grammes, la densité est donc (*Arithmétique*, n° **214**):

$$\frac{5}{0,41548}, \quad \text{ou} \quad 12,03....$$

Rép. Le volume est $0^{cmc},41548$ à 0,00001 près, et la densité un peu plus de 12.

Remarque. J'ai supposé, comme on a coutume de le faire, que le franc a 1 millimètre d'épaisseur; la densité trouvée est trop forte (celle de l'argent est entre 10 et 11) ; il faut en conclure que le franc doit avoir un peu plus de 1 millimètre d'épaisseur.

CINQUIÈME PARTIE.

SALLES D'ASILE.

891. Le gramme coûterait $\frac{1^f,75}{485}$; le kilogramme coûterait donc :

$$\frac{1^f,75 \times 1000}{485}, \text{ ce qui fait } 3^f,60.$$

---

892. 1° Prix de l'étoffe $2^f,95 \times 248,4$...... $732^f,78$

Remise $732^f,78 \times 0,02$.............. $14^f,66$

Prix net à payer....... $718^f,12$

2° Le nombre de robes sera le quotient de $248^m,40$ par $3^m,45$, ce qui donne 72.

---

893. $98^k,06$ à $1^f,95$...................... $192^f,27$

$106^k,25$ à $0^f,80$...................... $85^f,00$

Combustible........................ $5^f,50$

Dépense totale.......... $282^f,77$

Le prix de revient de 1 kilogr. est donc :

$$\frac{282^f,77}{125,75}, \text{ ou } 2^f,2486...; \text{ soit } 2^f,25.$$

---

894. Prix brut........................ $3702^f,86$

Rabais $3702^f,86 \times 0,09$............ $333^f,26$

Prix net............ $3369^f,60$

---

895. $0^m,65$ d'étoffe à $1^f,75$ le mètre.......... $1^f,14$
Façon.............................. 75
Bénéfice........................... 1,00
Prix du pantalon.......... $2^f,89$

---

896. 1° Première pièce................. $32^m,35$
Deuxième pièce................. $46^m,70$
Troisième pièce................. $28^m,09$
Total.............. $107^m,14$

Prix d'achat $2^f,15 \times 107,14$, ou $230^f,35$.

2° Le nombre de blouses est le quotient de 107,14 par 2, ou 53 avec un reste de $1^m,14$.

3° Le nombre de blouses à 2 fr. est le quotient de 230,35 par 2, ou 115, avec un reste de 35 centimes.

---

897. La dépense pour chaque enfant est le quotient de 360088 fr. par 15819, ou $22^f,76$.

---

898. Elle a reçu par jour................... $3^f,00$
Elle a dépensé..................... $1^f,75$
Différence ou économie par jour...... $1^f,25$

Et pour 283 jours : $1^f,25 \times 283$, ou $353^f,75$.

---

899. 1° Prix du pain : $42^c \times 85$............ $35^f,70$
Prix de la viande : $1^f,25 \times 18$...... $22^f,50$
Dépense totale.......... $58^f,20$

2° La dépense par enfant est égale à $58^f,20 : 79$, ou à 74 centimes.

---

900. Laitue............................. 2 c.
Huile $2^f,80 \times 0,025$.................. 7
Vinaigre $80^c \times 0,0125$................ 1
Poivre et sel........................ 1
Total.............. 11 c.

---

901. 1° Chaque mètre cube contient 1000 décimètres cubes, ou 1000 litres ; la contenance du réservoir est donc de 87 675 litres.

2° Un litre d'eau pèse 1 kilogr.; le poids de l'eau contenue dans le réservoir est donc de 87 675 kilogrammes.

---

902. 1° Pour faire la première, il faut 12^m,54 d'étoffe de 78 centimètres de largeur; la surface de cette quantité d'étoffe est :

$$(1254 \times 78)^{cmq}, \quad \text{ou} \quad 97\,812^{cmq}.$$

La longueur de la seconde étoffe, exprimée en centimères, doit donc être telle qu'en la multipliant par la largeur 112, le produit soit 97 812; cette longueur doit être, par conséquent, représentée en centimètres par le quotient :

$$97\,812 : 112, \quad \text{ou} \quad 873;$$

ainsi, il faudra 8^m,73 de la seconde étoffe.

2° Prix de la première robe : 2^f,45 × 12,54.......	30^f,72
Prix de la seconde » : 3^f,25 × 8,73........	28 ,37
Différence demandée..........	2^f,35

---

903. La pièce d'étoffe ayant 9 mètres de long, en la partageant en 18 parties égales, chacune aura une longueur de $\frac{1}{2}$ mètre, ou de 5 décimètres; il faut donc que le nombre 5 multiplié par le nombre de décimètres contenus dans la largeur donne 40 pour produit; cette largeur est, par conséquent, de 40 : 5, ou de 8 décimètres, ou de 80 centimètres.

---

904. La dépense se compose de :

4 citrons à 10 centimes la pièce.....	40^c
0^k,125 de sucre à 1^f,60 le kilogr....	20^c
Total.....................	60^c

Le nombre de verres obtenus est égal à 2 : 0,08, ou 25; il y a deux verres de déchet; le nombre de verres vendus est donc 23, qui, à 5 centimes pièce, donnent une recette de .... 1^f,15

Dépense..............................	60
Différence ou bénéfice..	0^f,55

---

905. La dépense se compose de :

$2^f,75 \times 15$	$41^f,25$
$1^f,50 \times 19$	$28^f,50$
$1^f,75 \times 28$	49^f
Dépense totale..........	$118^f,75$
En retranchant cette somme de	150^f
on obtient pour reste.... ...	$31^f,25$

En employant cette somme à acheter des portions à $8^c\frac{1}{2}$ la pièce, le nombre de portions sera de $3125 : 8\frac{1}{2}$, ou de 367, et il restera $3125^c - 8^c\frac{1}{2} \times 367$, ce qui fait $5^c\frac{1}{2}$.

---

906. L'are contenant 100 mètres carrés, le centiare n'est autre chose qu'un mètre carré ; le nombre de mètres carrés donné contient donc 320 000 centiares. C'est le troisième nombre demandé.

Le nombre d'ares s'obtient en divisant le nombre précédent par 100, et on trouve 3200 ares ; c'est le second nombre demandé.

Pour avoir le nombre d'hectares il faut encore diviser par 100, ce qui donne 32 hectares. C'est le premier nombre demandé.

SIXIÈME PARTIE.

EXAMENS DIVERS.

907. 1° Le millimètre cube est $\frac{1}{1000}$ du centimètre cube, (*Arithm.*, n° **190**). Or le centimètre cube d'eau, par définition, pèse 1 gramme ; par conséquent le millimètre cube pèse 1 milligr.

Le centimètre cube pèse 1 gramme (c'est la définition du gramme).

Le décimètre cube vaut 1000 centimètres cubes ; par suite, le décimètre cube d'eau pèse 1000 grammes, ou 1 kilogramme.

Le mètre cube vaut 1000 décimètres cubes ; le mètre cube d'eau pèse donc 1000 kilogrammes, ou une tonne.

2° Le mètre carré valant 35 centimes, l'are qui contient 100 mètres carrés vaut $35^c \times 100$, ou 35 fr.

L'hectare valant 100 ares, coûtera 3500 fr. Cela posé :

3 hectares valent $3500^f \times 3$... ...	$10\,500^f$
5 ares valent $35^f \times 5$.......	175^f
Total...............	$10\,675^f$

---

908. Les perpendiculaires DE et CF partagent le terrain en trois parties que j'évalue chacune séparément en mètres carrés, savoir : chaque triangle en multipliant la base par la moitié de la hauteur, et le trapèze en multipliant la demi-somme des bases par la hauteur ; ensuite il suffira de faire la somme des trois résultats trouvés· J'obtiens ainsi :

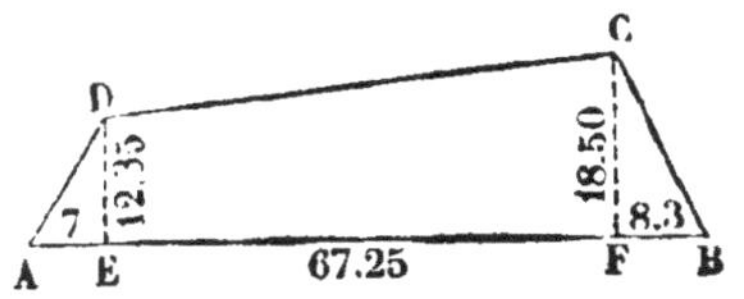

Triangle ADE $= 3,5 \times 12,35$............	$43^{mq},225$
Triangle CBF $= 4,15 \times 18,5$............	76 ,775
Trapèze DCFE $= \frac{12,35 + 18,5}{2} \times 51,95$...	801 ,32875
Total....................	$921^{mq},32875$

La surface demandée est $921^{mq},32875$.

---

909. L'une des locomotives parcourant 40 kilomètres par heure et l'autre 32, l'intervalle qui les sépare diminue de 72 kilomètres en 1 heure; le nombre d'heures qu'il faudra pour la réduire à 0, c'est-à-dire pour que les locomotives se croisent, est égal au quotient de 386 par 72, ou à $5\frac{13}{36}$: c'est donc après $5^h\ 21^m$ de marche qu'elles se croiseront.

Pendant ce temps, la première aura parcouru $40^k \times 5\frac{13}{36}$, ou 214 kilomètres, et la seconde $32^k \times 5\frac{13}{36}$, ou 172 kilomètres.

Ainsi, le croisement aura lieu au bout de $5^h\ 21^m$, à 214 kilomètres de Paris, et à 172 kilomètres de Lunéville.

---

910. La diagonale parcourue par le piéton est égale à :

$$0^m,78 \times 550, \quad \text{ou} \quad 429 \text{ mètres.}$$

Cette diagonale partage le carré en deux triangles rectangles; or le carré de l'hypoténuse d'un triangle rectangle est la somme des carrés des côtés de l'angle droit qui, dans le cas actuel, sont égaux entre eux; par conséquent 429^2, ou 184041, est égal à deux fois le carré du côté demandé; ce carré est donc 92020,5, et le côté (exprimé en mètres) s'obtiendra en calculant la racine carrée de ce dernier nombre.

On trouve ainsi $303^m,35$ pour la longueur demandée, à $0^m,01$ près.

---

911. Ce problème ayant été l'objet d'une contestation par suite de la rédaction de l'énoncé, nous en donnons la solution très-détaillée.

Si le prêteur remettait effectivement 5848 francs, cette somme ne pourrait pas comprendre les intérêts, puisque le prêteur *payerait* les intérêts au lieu de les *recevoir*.

L'énoncé ne peut donc s'entendre qu'en ce sens : que le prêteur remet une somme qui, avec les intérêts du prêt, forme une dette ou prêt total de 5848 francs.

On peut supposer que l'intérêt ou escompte est *en dehors* ou *en dedans*.

S'il est calculé *en dehors*, l'emprunteur, en rendant au bout de huit mois, retiendra l'escompte *en dehors*.

S'il est calculé *en dedans*, l'emprunteur, au bout de huit mois, retiendra l'escompte *en dedans*.

Escompte en dehors.

Le prêteur remet nominalement 5848 francs et, sur cette somme, il retient l'intérêt à 5 pour 100 de cette somme totale :

$$\frac{5^{f}}{100}\times 5848 = 292^{f},40\,;$$

$$5848^{f} - 292^{f},40 = 5555^{f},60.$$

La somme que reçoit l'emprunteur est donc

$$5555^{f},60.$$

Au bout de huit mois, l'emprunteur restitue 5848 francs, sur lesquels il retient l'intérêt de quatre mois :

$$\frac{5^{f}}{100}\times 5848 \times \frac{4}{12} = 97^{f},46\,;$$

$$5848^{f} - 97^{f},46 = 5750^{f},54.$$

Donc, Réponse : $5750^{f},54$.

Escompte en dedans.

Le prêteur remet une somme qui, avec les intérêts pendant un an, forme un total de 5848 francs.

105^{f} payables dans un an valent aujourd'hui			100^{f} ;
1^{f}	»	»	$\frac{100^{f}}{105}$;
5848^{f}	»	»	$\frac{100^{f}}{105}\times 5848$;

$$\frac{100^{f}}{105}\times 5848 = 5569^{f},52.$$

La somme effective que reçoit l'emprunteur est donc

$$5569^{f},52.$$

Au bout de huit mois, l'emprunteur doit remettre une somme

qui, avec les intérêts pendant quatre mois, forme un total de 5848 francs.

$100^f + 5^f \times \frac{4}{12}$ dans quatre mois valent aujourd'hui 100^f;

1^f » » $\frac{100^f}{100 + 5 \times \frac{4}{12}}$;

5848^f » » $\frac{100^f}{100 + 5 \times \frac{4}{12}} \times 5848$;

$$\frac{100^f}{100 + 5 \times \frac{4}{12}} \times 5848 = \frac{584800^f}{100 + \frac{5}{3}} = \frac{584800^f \times 3}{300 + 5} = 5752^f,13.$$

Donc, Réponse : $5752^f,13$.

Remarques. I. Dans l'une et l'autre solution, il y a deux calculs. Le premier est inutile si on veut se borner strictement à trouver la réponse à la question : Que doit-on rendre ?

II. Dans la seconde solution, on peut aussi, après avoir fait le premier calcul, dire :

L'emprunteur s'est engagé à rendre au bout d'un an :

1° Le capital reçu......................	$5569^f,52$
2° L'intérêt pour un an..................	$278^f,48$
Total.........	$5848^f,00$

Mais, au bout de huit mois, il ne doit rendre que :

1° Capital reçu..........................	$5569^f,52$
2° Les $\frac{2}{3}$ de $278^f,48$, ou................	$185^f,65$
Total.........	$5755^f,17$

Somme différente du résultat précédent.

La différence vient de ce que l'emprunteur devait payer l'intérêt au bout d'un an seulement, et il le paye avant l'échéance, sans retenir l'intérêt de ce payement fait par anticipation.

La vraie solution (en dedans) est celle pour laquelle on a

$5752^f,13$.

912. 1° Le nombre de pièces est égal à $\frac{5\,000\,000\,000}{20}$, ou à 250 000 000; ces pièces, placées les unes à côté des autres, occuperont une longueur de 0m,021 × 250 000 000, ou de 5 250 000 mètres, ce qui fait 5250 kilomètres.

2° La hauteur demandée est 0m,001 375 × 250 000 000, ou 343 750 mètres.

3° La surface occupée par chaque pièce, y compris les vides qui existeront nécessairement entre elle et les quatre qui la touchent, sera un carré de 21 millimètres de côté et par conséquent de 441 millimètres carrés de surface, ce qui fait pour toutes les pièces 441mmq × 250 000 000, ou 110 250 000 000 de millimètres carrés, ou 11 hectares 2 ares 50 centiares.

4° Le nombre de pièces étant 250 000 000, j'extrais la racine carrée de ce nombre, et j'obtiens 15811, avec un reste de 12279; or 15811 pièces font une longueur de 0m,021 × 15811, ou de 332m,031. Le carré demandé aura donc pour côté 332m,031 et il restera 12279 pièces, nombre insuffisant pour faire un carré plus grand.

5° Le poids demandé est 6g,45161 × 250 000 000, ou 1 612 902 500 gr., ou 1 612 902k,5.

Rép. 1° 5250 kilomètres;
2° 343 750 mètres;
3° 11 hectares 2 ares 50 centiares;
4° 15 811 pièces, ou 332m,031, avec un reste de 12 279 pièces;
5° 1 612 902 kilogrammes $\frac{1}{2}$.

---

913. 1° Revenus : Loyers................	10 925f,
25 actions rapportant chacune 28f,75.	718 ,75
50 actions rapportant chacune 52f,25.	2 612 ,50
Total du revenu brut.....	14 256f,25
Impôts, etc.............	3 675
Revenu net.......	10 581f,25
2° Capital : Maison................	143 675
Frais..................	152 ,35
25 actions à 495 fr. l'une.	12 375
50 actions à 925 fr. l'une.	46 250
Total.............	202 452f,35

3° Taux du revenu $\frac{10\,581^f,25}{202\,452\,,35} \times 100$, ou 5f,22 pour 100 fr.

914. La première pompe viderait le bassin en 8 heures; en 1^h elle extrait donc $\frac{1}{8}$ du bassin plus 80 litres que la fontaine y a versés pendant ce temps; de même, la seconde pompe, en 1^h, extrait $\frac{1}{6}$ du bassin plus 80 litres. Par suite, lorsque les deux pompes agissent ensemble pendant 1^h, elles extraient $\frac{1}{8}+\frac{1}{6}$ ou les $\frac{7}{24}$ du bassin plus 160 litres, et en 3 heures les $\frac{7}{8}$ du bassin plus 480 litres. Mais d'autre part, pendant ce même temps 3 heures, elles vident le bassin, y compris les 240 litres que la fontaine a produits. Il faut donc que les deux sommes :

$$\frac{7}{8} \text{ du bassin} + 480 \text{ litres,}$$

$$\frac{8}{8} \text{ du bassin} + 240 \text{ litres,}$$

soient égales entre elles; or la seconde, comparée à la première, contient $\frac{1}{8}$ du bassin de plus et 240 litres de moins; par suite $\frac{1}{8}$ de la capacité du bassin est égal à 240 litres, et la capacité totale est $240^l \times 8$, ou 1920 litres.

---

915. La fortune du défunt se compose de :

Une maison..............................	$100\,000^f$
3500 fr. de rentes 3 p. 100 valant $65^f \times \frac{3500}{3}$.	75 833,33
Dot de son fils..............................	30 000
Dot de la fille aînée..............................	30 000
Total....	235 833,33

Le quart de l'héritage est de $\frac{235\,833,33}{4}$, ou de $58\,958^f,33$;

La veuve aura donc $58\,958^f,33 \times \frac{2}{3}$, ou $39\,305^f,56$.

Chaque neveu aura donc la moitié du tiers de $58\,958^f,33$, ou $9826^f,39$.

Il reste les $\frac{3}{4}$ de l'héritage à partager entre les trois enfants, ce qui fait pour chacun le quart de l'héritage, ou $58\,958^f,33$.

Récapitulation et preuve :

Part de la veuve..........................	39 305f,56
Part du 1er neveu........................	9 826 ,39
Part du 2e neveu.........................	9 826 ,39
Part du fils aîné 58 958f,33 — 30 000 fr......	28 958 ,33
Part de la fille aînée.........................	28 958 ,33
Part de la seconde fille......................	58 958 ,33
Avancé aux deux premiers enfants.........	60 000
Total............	235 833 ,33

916. La lettre pesant 70 gr. devrait payer (affranchie) 70 centimes pour 50 gr., plus 50 centimes pour les 20 grammes d'excédant, en tout 1f,20 ; l'affranchissement de 70 centimes est donc insuffisant, et la lettre sera taxée comme non affranchie.

Elle devra payer, pour 50 gr., 1 fr., et pour les 20 grammes d'excédant 75 centimes, en tout 1f,75 ; de cette somme il faut ôter les 70 centimes d'affranchissement; reste donc à payer:

1f,75 — 70c, ou 1f,05.

917.

	Intérêts.	Capital.
	—	—
15 janvier 1860..........................		30 000f
Intérêt de 30 000 fr. du 15 janvier 1860 au 15 juillet 1861 ; 1 an 6 mois................	2250	
15 septembre 1861. Payé 8000 fr., savoir : Intérêts échus............................	2250	
A-compte sur le capital...		5 750
Reste dû..........	0	24 250
Intérêt de 30 000 fr. du 15 juillet 1861 au 15 septembre 1861 ; 2 mois................	250	
Intérêt de 24 250 fr. du 15 septembre 1861 au 15 juillet 1863; 1 an 10 mois.............	2222,92	
	2472,92	
20 juillet 1863. Payé 5500 fr., savoir : Intérêts échus............................	2472,92	
A-compte sur le capital...		3 027,08
Reste dû.....	0	21 222,92

	Intérêts.	Capital.
	—	—
Report...............		21 222,92
Intérêt de 24 250 fr. du 15 juillet 1863 au 20 juillet 1863 : 5 jours.........	16,84	
Intérêt de 21 222^{f},92 du 20 juillet 1863 au 15 janvier 1867 ; 3 ans 5 mois 25 jours......	3699,27	
	3716,11	
13 mars 1867. Payé 12 400 fr., savoir : Intérêts échus.............................	3716,11	
A-compte sur le capital...		8 683,89
Reste dû..........	0	12 539,03
Intérêt de 21 222^{f},92 du 15 janvier 1867 au 13 mars 1867; 1 mois 28 jours.............	170,96	
Intérêt de 12 539^{f},03 du 13 mars 1867 au 15 juillet 1869 ; 2 ans 4 mois 2 jours	1466,37	
	1637,33	
10 octobre 1869. Payé 4100 fr., savoir : Interêts échus................................	1637,33	
A-compte sur le capital...		2 462,67
Reste dû..........	0	10 076,36
Intérêt de 12 539^{f},03 du 15 juillet 1869 au 10 octobre 1869; 2 mois 25 jours............	148,03	
Intérêt de 10 076^{f},36 du 10 octobre 1869 au 15 janvier 1872; 2 ans 3 mois 5 jours........	1140,59	
	1288,62	1 288,62
Le 15 janvier 1872, il est dû pour solde. ..		11 364,98

---

918. Le premier train a une vitesse de 41 kilomètres par heure, et doit parcourir 167 kilomètres ; la durée du trajet est donc $\frac{167}{41}$ d'heure, ou $4^{h}\ 4^{m}$; par conséquent l'heure de son arrivée sera : $8^{h}\ 10^{m} + 4^{h}\ 4^{m}$, ou midi 14 minutes.

Le second train a une vitesse de 49 kilomètres par heure, et doit parcourir 167 kilomètres; la durée du trajet est donc $\frac{167}{49}$ d'heure, ou $3^h\,24^m$; par conséquent l'heure de son arrivée sera :

$$9^h\,20^m + 3^h\,24^m, \quad \text{ou} \quad \text{midi 44 minutes.}$$

En supposant que le train intermédiaire ait une vitesse telle qu'il arrive en même temps que le premier, il ne le rencontrerait pas ; mais si, par un accident quelconque, le premier est ralenti, ou l'autre accéléré, il y aura rencontre ; pour éviter cette chance, le train extraordinaire doit arriver après midi 14 minutes.

En supposant que le train intermédiaire ait une vitesse telle qu'il arrive en même temps que le second, il ne le rencontrera pas; mais si, par accident, celui-ci est accéléré, ou l'autre ralenti, il y aura rencontre ; le train extraordinaire doit donc arriver avant midi 44 minutes.

Pour que le danger d'une rencontre soit le plus petit possible, il faut donc que le train intermédiaire arrive à une heure moyenne entre $12^h\,14^m$ et $12^h\,44$, c'est-à-dire à

$$\frac{12^h\,14^m + 12^h\,44^m}{2}, \text{ ou à } 12^h\,29^m;$$

or il est parti à $8^h\,40^m$; la durée du trajet est donc :

$$12^h\,29^m - 8^h\,40^m, \quad \text{ou } 3^h\,49^m,$$

et la vitesse $\dfrac{167}{3\frac{49}{60}}$; ce qui fait $43^k,7$.

---

919. Le nombre de lettres contenues dans le manuscrit est égal à $36 \times 24 \times 535$; celui de chaque page d'impression à 54×32; le nombre de pages d'impression sera donc :

$\frac{36 \times 24 \times 535}{54 \times 32}$, ou	268	pages
Pour les blancs et les titres	6	»
Total	274	»

Le nombre de feuilles sera par conséquent de $\frac{274}{16}$, ou de $17\,\frac{1}{8}$.

---

920. J'extrais la racine carrée de 1352 ; je trouve 36 avec un reste ; pour former un carré incomplet, je plante donc les arbres en un carré de 37 arbres de côté ; il en faudrait pour le carré complet 37×37.................................. 1369 arbres.

Or j'en ai.. 1352

Il en manque donc.................. 17

---

921. Premier projet :

418^{mq} de terrain à 150 fr. le mètre coûteront.... 62 700^f

Surface bâtie : $\frac{418^{mq} \times 2}{3}$, à $110^f \times 7$............ 214 573

Total de la dépense. .... 277 273^f

Surface louée : $\frac{418^{mq} \times 2}{3} \times \frac{6}{7}$, à 12×6 .... 17 197^f

Taux : $\frac{17\,197^f \times 100}{277\,273} = 6^f,20$ pour 100 fr.

Deuxième projet.

500^{mq} de terrain à 600 fr. le mètre............. 300 000^f

Surface bâtie : $\frac{500^{mq} \times 2}{3}$, à 125×7............ 291 666

Total de la dépense.............. 591 666^f

Surface louée : $\frac{500^{mq} \times 2}{3} \times \frac{6}{7}$ à $24^f \times 6$........ 41 142^f

Taux : $\frac{41\,142 \times 100}{591\,666} = 6^f,95$ pour 100 fr.

Le second projet est donc le plus avantageux.

---

922. La capacité de la barrique doit être un multiple exact des capacités $0^l,64$; $1^l,50$; 2^l ; et $3^l,50$. Si on exprime cette capacité en centilitres, le nombre obtenu doit être le plus petit multiple des nombres 64, 150, 200 et 350 ; pour l'obtenir, il faut (*Arithm.*, n° **87**) faire le produit des facteurs premiers de ces nombres, communs et non communs, chacun de ces facteurs étant affecté du plus grand de ses exposants dans les nombres proposés.

En décomposant les nombres proposés en facteurs premiers, on obtient :

$$64 = 2^6;\quad 150 = 2.3.5^2;\quad 200 = 2^3.5^2;\quad 350 = 2.5^2.7.$$

Le plus petit commun multiple de ces nombres est donc : $2^6.3.5^2.7$, ou 33 600. Par conséquent la capacité demandée est de 33 600 centilitres, ou de 336 litres.

Le nombre de bouteilles de chaque sorte qu'elle contiendra est de :

$$336 : 0{,}64 = 525;\quad 336 : 1{,}50 = 224;\quad 336 : 2 = 168;$$
$$336 : 3{,}50 = 96.$$

---

923. De $5^h\frac{1}{2}$ à $5^h\frac{1}{2}$ du lendemain.............. 24^h

De $5^h\frac{1}{2}$ à 7^h .... $1^h\frac{1}{2}$

Total...... $25^h\frac{1}{2}$

La montre avance en 24^h de.............. $2^m\frac{1}{4}$

» en 1^h de............ $\dfrac{2^m\frac{1}{4}}{24}$

» en $25^h\frac{1}{2}$ de............ $\dfrac{2^m\frac{1}{4}\times 25\frac{1}{2}}{24}$

ce qui donne $2^m\ 23^s\frac{7}{16}$.

La montre marquera donc : $7^h\ 2^m\ 23^s\frac{7}{16}$.

---

924. On nomme *angle de deux courbes* l'angle de leurs tangentes ; les tangentes partant du point M font donc un angle droit ; les rayons OM et CM sont respectivement perpendiculaires aux tangentes ; ils font donc aussi un angle droit. Le triangle OCM est rectangle ; par conséquent, la distance des centres étant l'hypoténuse, son carré est égal à la somme des carrés des rayons, c'est-à-dire à 9 + 16 ou 25 ; elle est donc égale à 5 mètres.

En prenant OM pour base du triangle OMC, MC sera la hauteur

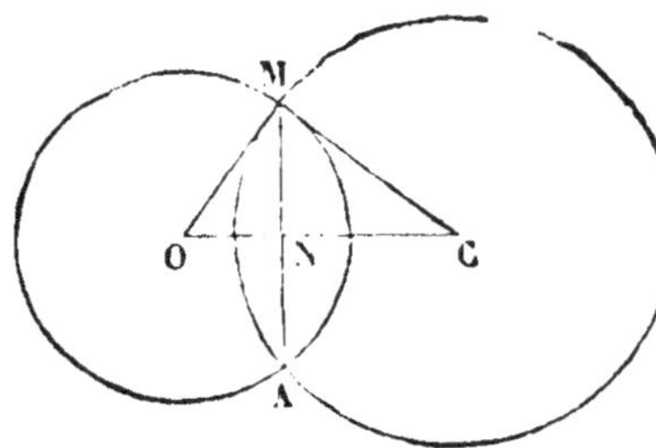

par suite la mesure du triangle sera la moitié du produit OM $\times$ MC ou de 12. D'autre part, si on prend OC pour base, la hauteur sera MN et la mesure de la surface sera la moitié du produit OC $\times$ MN ou de 5 MN; 5 MN est donc égal à 12, et par conséquent

$$MN = \frac{12}{5} \text{ et } MA = \frac{24}{5} = 4,8.$$

Ainsi : 1° la distance des centres est 5 mètres;
2° la corde commune est 4^{m},8.

---

925. Le prix du terrain, évalué en francs, sera à peu près représenté par le produit 50 $\times$ 300 $\times$ 200. Le second facteur doit être multiplié par le produit des deux autres 50 $\times$ 200 ou 10000; l'erreur commise sur ce second facteur sera donc répétée 10 000 fois; le troisième facteur doit être multiplié par le produit des deux premiers 50 $\times$ 300 ou 15 000; l'erreur commise en évaluant le troisième facteur sera répétée 15 000 fois; il en résulte, qu'en supposant la seconde erreur égale à la première, elle sera répétée en tout 25 000 fois, et il faut que cela donne une erreur totale plus petite que 500; l'erreur partielle commise sur chacun des deux facteurs doit donc être plus petite que $\frac{500}{25\,000}$, ou $\frac{1}{50}$; il sera plus que suffisant qu'elle soit moindre que 0,01; on évaluera donc chaque dimension du rectangle à 0,01 près.

Vérification. Je suppose qu'en mesurant la base, on la trouve comprise entre 307^{m},30 et 307^{m},31, et qu'en mesurant la hauteur, on la trouve comprise entre 213^{m},72 et 213^{m},73; on en conclura que le prix demandé est entre

$$50^{f} \times 307,30 \times 213,72 \quad \text{et} \quad 50^{f} \times 307,31 \times 213,73,$$

ou entre

$$3\,283\,807^{f},80 \quad \text{et} \quad 3\,284\,068^{f},315.$$

Les chiffres au-dessous des centaines ne sont pas les mêmes

dans ces deux résultats, leur valeur exacte reste par conséquent inconnue; j'en conclus que le prix du terrain en question est entre

3 283 800 fr. et 3 284 100 fr. ;

ainsi, en prenant 3 283 800 fr. pour prix du terrain, l'erreur est moindre que 300 fr.; elle est donc en effet plus petite que 500 comme on le demandait.

---

926. Je suppose que le capital soit 10 000 fr.

Première personne. Montant de la rente achetée au commencement du 1er semestre (*Arithm.*, n° **281**, III) :

$$\frac{3^{f} \times 10\,000}{75{,}40} = \ldots\ldots\ldots\ldots \quad 397^{f}{,}87$$

Somme à recevoir à la fin du 1er semestre :

$$\frac{397^{f}{,}87}{2} = 198^{f}{,}93.$$

Montant de la rente achetée au commencement du second semestre : $\frac{3^{f} \times 198{,}93}{76{,}90}$ .... 7 ,76

Total...... $405^{f}{,}63$

Somme à recevoir à la fin du 2e semestre :

$$\frac{405^{f}{,}63}{2} = 202^{f}{,}81.$$

Montant de la rente achetée au commencement du 3e semestre : $\frac{3^{f} \times 202{,}81}{78{,}40}$ .... $7^{f}{,}76$

Total...... $413^{f}{,}39$

Somme à recevoir à la fin du 3e semestre :

$$\frac{413^{f}{,}39}{2} = 206^{f}{,}69.$$

Montant de la rente achetée au commencement du 4e semestre : $\frac{3^{f} \times 206{,}69}{79{,}90}$ .... $7^{f}{,}76$

Total...... $421^{f}{,}15$

Somme à recevoir à la fin du 4e semestre : $\frac{421^{f}{,}15}{2}$ $210^{f}{,}57$

Somme à recevoir pour la vente de $421^{f}{,}15$ de rente au cours de $81^{f}{,}40$ (*Arithm.*, n° **281**, II) : $\frac{81^{f}{,}40 \times 421{,}15}{3} = 11\,427^{f}{,}20$

Total...... $11\,637^{f}{,}77$

Seconde personne. Capital placé pendant le 1er semestre 10 000f,00

Intérêt pendant six mois : $\frac{6^f \times 10\,000}{100} \times \frac{1}{2} =$ 300f,00

Capital placé pendant le 2e semestre.............. 10 300f,00

Intérêt pendant six mois : $\frac{6^f \times 10\,300}{100} \times \frac{1}{2} =$ 309f,00

Capital placé pendant le 3e semestre............... 10 609f,00

Intérêt pendant six mois : $\frac{6^f \times 10\,609}{100} \times \frac{1}{2} =$ 318f,27

Capital placé pendant le 4e semestre............... 10 927f,27

Intérêt pendant six mois : $\frac{6^f \times 10\,927,27}{100} \times \frac{1}{2} =$ .. 327f,81

Total...... 11 255f,08

Le premier placement est donc le plus avantageux; la différence est, au bout de deux ans, de 11 637f,77 — 11 255f,08, ou de 382f,69.

---

927. Le poids de l'orge employée exprimé en kilogr. est égal à $\frac{155,40}{0,185}$ ou à 840.

L'hectolitre pèse 56 kilogr.; les 840 kilogr. employés, exprimés en hectolitres, valent donc $\frac{840}{56}$, ou 15 hectolitres.

Pour chaque hectare, on a employé 15 doubles décalitres ou 3 hectolitres, le nonn re d'hectares est donc $\frac{15}{3}$, ou 5.

La surface d'un ıpposé est égale au carré du rayon multiplié par le rapport de la 30 etnférence au diamètre; par conséquent, en la divisant par cee erport (soit 3,14) le quotient sera le carré du rayon. Or la surfa. , du cercle dont il s'agit, réduite en mètres carrés, est 125 600 mètres carrés; le carré de son rayon est donc $\frac{125\,600^{mq}}{3,14}$, ou 40 000 mètres carrés; le rayon exprimé en mètres est par conséquent la racine carrée de 40 000 ou 200.

La hauteur du trapèze est donc 200 mètres et sa surface 5 hectares, ou 50 000 mètres carrés; or un trapèze est égal à sa hauteur multipliée par la demi-somme des bases; cette demi-somme est donc $\left(\frac{50000}{200}\right)^{m}$ ou 250 mètres, et la somme entière est 500 mètres; l'une des deux est 350 mètres, l'autre est donc $500^{m} - 350^{m}$, ou 150 mètres.

---

928. 4 demi-décastères ou 20 stères à $30^{f},90$ le stère, cela fait $30^{f},90 \times 20$, ou 618 fr.

Les intérêts de la somme placée à $4^{f},50$ pour 100 fr. par an, cela fait pour 8 mois les $\frac{2}{3}$ de $4^{f},50$ ou 3 fr. pour 100 fr.; l'intérêt est donc les $\frac{3}{100}$ du capital; ajoutés au capital, cela fait les $\frac{103}{100}$ du capital. Ainsi 618 sont les $\frac{103}{100}$ du capital placé; celui-ci est donc les $\frac{100}{103}$ de 618 fr., ou $618^{f} \times \frac{100}{103}$, ou 600 fr.

---

929. $\frac{3}{8} + \frac{1}{6} + \frac{1}{12} = \frac{5}{8}$; on a donc tiré du réservoir les $\frac{5}{8}$ de l'eau qu'il contenait; il en reste les $\frac{3}{8}$ et ces $\frac{3}{8}$ valent 405 litres; 405 litres sont donc les $\frac{3}{8}$ du volume de l'eau; celui-ci est par conséquent les $\frac{8}{3}$ de 405 litres, ou 1080 litres; cette eau occupait les $\frac{2}{3}$ du réservoir; la capacité de celui-ci est donc les $\frac{3}{2}$ de 1080 litres, ou 1620 litres, ou $1^{mc},620$

---

930. Le litre d'eau pèse 1000 grammes; par conséquent l'eau contenue dans la bouteille pèse $1000^{g} \times \frac{5}{6}$ ou $833^{g}\,\frac{1}{3}$; la pièce de 1 fr. pèse 5 grammes; la somme demandée exprimée en francs est donc $166^{f},6\frac{2}{3}$. Mais on ne frapppe pas de pièces d'argent au-dessous de 20 centimes; la somme la plus approchée possible de la somme demandée est donc $166^{f},60$, et il manquera $\frac{2}{3}$ de décime, ou le tiers d'une pièce de 20 centimes.

---

931. La surface latérale d'un tronc de cône est égale à une circonférence moyenne entre celles des bases, multipliée par le côté AB.

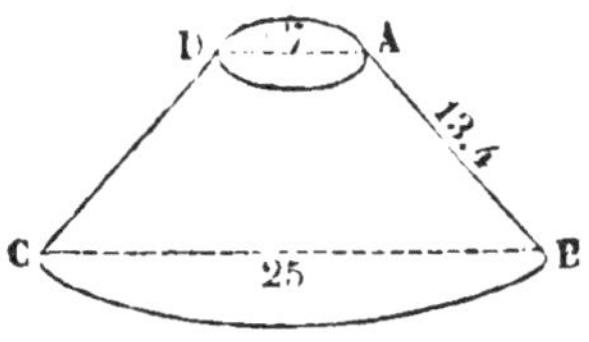

Le diamètre moyen entre BC et AD est $\frac{250^{mm} + 70^{mm}}{2}$, ou 160 millimètres ; en multipliant ce diamètre par le rapport de la circonférence au diamètre, soit 3,1416, on obtient pour la circonférence moyenne $160^{mm} \times 3,1416$, ou $502^{mm},656$; la surface exprimée en millimètres carrés est donc : $502,656 \times 134$, ou $67355^{mmq},904$, ou $673^{cmq},55904$; par conséquent le prix demandé est

$$0^{f},03 \times 673,55904, \quad \text{ou} \quad 20^{f},21.$$

---

932. Chaque kilogramme de terre ajoutée contient 400 gr. de calcaire, c'est-à-dire 380 grammes de plus que n'en doit contenir le mélange; chaque kilogr. de terre, avant cette addition, contient 5 gr. de calcaire, c'est-à-dire 15 de moins que le mélange ; les poids de la terre ajoutée et de la terre primitive doivent donc être tels qu'en les multipliant, l'un par 380, l'autre par 15, les produits obtenus soient égaux entre eux, afin que ce qu'il y a de trop dans l'une compense ce qu'il y a de moins dans l'autre; ces poids seront donc 15 et 380, ou des poids qui soient entre eux dans le même rapport, car les produits 380×15 et 15×380 seront égaux comme composés des mêmes facteurs ; la quantité de terre ajoutée doit donc être les $\frac{15}{380}$ ou les $\frac{3}{76}$ de celle à laquelle on l'ajoute.

Or la terre primitive a pour surface 1 hectare, ou 10 000 mètres carrés, et pour épaisseur $0^{m},3$; son volume est donc $(10\,000 \times 0,3)^{mc}$, ou 3000 mètres cubes ; par conséquent, elle pèse $1400^{k} \times 3000$, ou 4 200 000 kilogrammes.

Le poids de la terre ajoutée doit donc être $\frac{4\,200\,000^{k} \times 3}{76}$ et son volume $\left(\frac{4\,200\,000 \times 3}{76} : 1500\right)^{mc}$; ce qui fait $110^{mc},526$.

---

933. Le volume d'une sphère est égal à sa surface multipliée par le tiers du rayon; la surface est quadruple de celle d'un grand cercle; la surface d'un cercle est égale au carré du rayon multiplié par le rapport de la circonférence au diamètre : soit 3,1416 ce rapport. J'aurai :

1° Rayon de la sphère intérieure $= \frac{3^{m},44}{2} = 1^{m},72$;

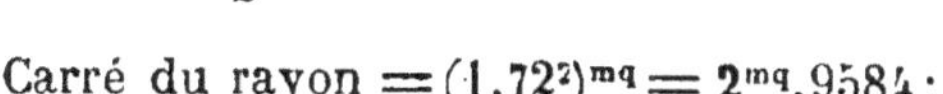

Carré du rayon $= (1,72^2)^{mq} = 2^{mq},9584$;

Surface du cercle $= 2^{mq},9584 \times 3,1416 = 9^{mq},29410944$;

Surface de l'hémisphère $= 9^{mq},29410944 \times 2 = 18^{mq},58821888$;

Volume intérieur $= \left(18,58821888 \times \frac{1,72}{3}\right)^{mc} = 10^{mc},65725$ *.

2° Rayon de la surface extérieure $= 1^{m},72 + 0^{m},038 = 1^{m},758$;

Carré du rayon $= (1,758^2)^{mq} = 3^{mq},090564$;

Surface du cercle $= 3^{mq},090564 \times 3,1416 = 9^{mq},7093158624$;

Surface de l'hémisphère $= 9^{mq},7093158624 \times 2 = 19^{mq},4186317248$;

Volume de l'hémisphère

$$= \left(19,4186317248 \times \frac{1,758}{3}\right)^{mc} = 11^{mc},37932$$

Volume intérieur à retrancher.......	$10^{mc},65725$
Volume de la fonte...	$0^{mc},72207$

Poids de la fonte $= 7^{tonnes},3 \times 0,72207 = 5^{tonnes},271111$;

Prix de la fonte $= 221^{f} \times 5,271111 = 1164^{f},92$.

3° La surface plane du bord est la différence de deux cercles :

Le plus grand contient............	$9^{mq},70932$
Le plus petit.........................	$9^{mq},29411$
Surface plane à peindre...	$0^{mq},41521$
Surface extérieure........	$19^{mq},41863$
Surface totale à peindre ..	$19^{mq},83384$

Prix de la peinture : $4^{f},15 \times 19,83384 = 82^{f},31$.

---

* Je ne conserve que 5 décimales, les décimales suivantes n'étant pas justes ; en effet, le rapport de la circonférence au diamètre est 3,14159... ; en prenant 3,1416, l'erreur est de plus d'une unité de la 5e décimale, et cette erreur a été multipliée par 2,9..., par 2 et par 0,5....

4° Un cylindre équilatéral est celui dont la hauteur est égale au diamètre de la base, ou à deux rayons.

Le volume d'un cylindre est égal à sa base multipliée par la hauteur.

Le cercle, qui est la base du cylindre, est égal à $R^2 \times 3{,}1416$; en multipliant par $2R$, qui est la hauteur, on obtient, pour le volume, $R^3 \times 6{,}2832$; or ce volume doit être $10^{mc},65725$; par conséquent, en divisant ce dernier nombre par 6,2832, on a le cube du rayon exprimé en mètres ; or $\frac{10{,}65725}{6{,}2832} = 1{,}69615\ldots$ Le rayon exprimé en mètres est donc la racine cubique de ce dernier nombre ; extrayant cette racine, on trouve 1,1926 ; d'où l'on conclut que le diamètre, ainsi que la hauteur, est égal à $1^m,1926 \times 2$, ou à $2^m,3852$; soit $2^m,385$, à 1 millimètre près.

934.

Poids de la lampe pleine.............	206^g
Poids de la lampe après avoir brûlé...	170
Poids de l'essence brûlée ...	36^g
Volume de l'essence brûlée : 36 : 0,72.	50^{cmc}
Prix du litre ou de 1000^{cmc}............	1^f
Prix du centimètre cube.............	$0^f,001$
Prix de 50^{cmc}, $0^f,001 \times 50$............	$0^f,05$
Et pour 1 heure, $0^f,05 : 5\frac{1}{2}$.........	0,009

ou $\frac{9}{10}$ de centime.

---

935. Le nombre de pièces de 5 fr. est égal à $\frac{1\,000\,000\,000}{5}$, ou à 200 000 000 ; le nombre de secondes employées sera 100 000 000 ; réduisant ce résultat en nombre complexe (*Arithm.*, n° **246**), à raison de 26 jours par mois et 12 heures par jour, on obtient $7^a\ 5^m,\ 9^h\ 46^m\ 40^s$.

---

936. 1° Le volume des 5 œufs est égal au vide qu'on a mesuré dans le litre, et qui a $32^{mm},5$ de hauteur, tandis que le litre entier en a une de $108^{mm},4$; ce volume est donc les $\frac{325}{1084}$ d'un litre, ou $1000^{cmc} \times \frac{325}{1084}$, et celui d'un œuf de $1000^{cmc} \times \frac{325}{1084} \times \frac{1}{5}$, ce qui donne $59^{cmc},96...$; soit 60 centimètres cubes.

2° Par les mêmes raisons, le volume des 5 œufs, dans la seconde expérience, est égal, pour chacun, à $1000^{cmc} \times \frac{217}{1084} \times \frac{1}{5}$, ce qui donne $40^{cmc},03....$; soit 40 centimètres cubes.

3° Le volume moyen est $\frac{60^{cmc} \times 40^{cmc}}{2}$, ou 50 centimètres cubes.

---

937. Je prends pour unité la ration d'un bœuf en 1 jour.

Le troupeau de 40 bœufs a mangé en 20 jours, 40×20, ou 800 rations ; cette quantité d'herbe représente le produit de la prairie pendant $30^{j} + 20^{j}$, ou 50 jours ; la production, en 1 jour, est donc $\frac{800^{r}}{50}$, ou 16 rations.

Le premier troupeau a mangé en 25 jours, $30^{r} \times 25$, ou 750 rations, et ces 750 rations se composent de l'herbe qu'il y avait primitivement dans la prairie, plus la production pendant 25 jours; cette production est égale à $16^{r} \times 25$, ou à 400 rations ; la quantité d'herbe qu'il y avait d'abord est donc égale à $750^{r} - 400^{r}$, ou à 250 rations. Ainsi : 1° il y avait d'abord dans la prairie 250 rations, et elle en produisait 16 par jour.

---

938. Le pied valant 35 centimètres, le volume du pied cube sera 35^3 centimètres cubes, ou 42 875 centimètres cubes ; or le centimètre cube d'eau pèse 1 gr. ; le poids du talent était donc 42 875 gr.; par suite, la mine pesait $\frac{42875^{g}}{120}$, ou $357^{g},2...$; l'once $\frac{357^{g},2}{12}$, ou $29^{g},766$; et le karat $\frac{29^{g},766}{144}$, ou $0^{g},20$ *.

---

939. 1° La mine pesait.............. 357^{g}

Elle contenait $\frac{1}{20}$ de cuivre.. $17^{g},85$

Poids de l'argent......... $339^{g},15$

---

* Le karat s'est perpétué jusqu'à nos jours; c'est l'unité de poids pour les pierres précieuses.

A raison de $4^g \frac{1}{2}$ par franc, cela fait $\left(\frac{339,15}{4,5}\right)^f$, ou $75^f,37$. Le statère valait donc $75^f,37$.

2° La mine pesait 357 grammes.

Le statère valant autant qu'une mine d'argent, son poids devait être $357^g : 12\frac{1}{2}$, ce qui fait $28^g,56$.

---

910. En appliquant la règle exprimée dans l'énoncé, on obtient le tableau qui suit :

Rang de l'année dans la période de 30 ans.	Durée calculée.	Durée adoptée.
1.....	$354+\frac{11}{30}$..............................	354
2.....	$354+\frac{11}{30}+\frac{11}{30}=354+\frac{22}{30}=355-\frac{8}{30}$......	**355**
3.....	$354+\frac{11}{30}-\frac{8}{30}=354+\frac{3}{30}$................	354
4.....	$354+\frac{11}{30}+\frac{3}{30}=354+\frac{14}{30}$................	354
5.....	$354+\frac{11}{30}+\frac{14}{30}=354+\frac{25}{30}=355-\frac{5}{30}$......	**355**
6.....	$354+\frac{11}{30}-\frac{5}{30}=354+\frac{6}{30}$................	354
7.....	$354+\frac{11}{30}+\frac{6}{30}=354+\frac{17}{30}=355-\frac{13}{30}$......	**355**
8.....	$354+\frac{11}{30}-\frac{13}{30}=354-\frac{2}{30}$................	354
9.....	$354+\frac{11}{30}-\frac{2}{30}=354+\frac{9}{30}$................	354
10.....	$354+\frac{11}{30}+\frac{9}{30}=354+\frac{20}{30}=355-\frac{10}{30}$......	**355**
11.....	$354+\frac{11}{30}-\frac{10}{30}=354+\frac{1}{30}$................	354
12.....	$354+\frac{11}{30}+\frac{1}{30}=354+\frac{12}{30}$................	354
13....	$354+\frac{11}{30}+\frac{12}{30}=354+\frac{23}{30}=355-\frac{7}{30}$......	**355**

14 ..... $354+\frac{11}{30}-\frac{7}{30}=354+\frac{4}{30}$................ 354

15 ..... $354+\frac{11}{30}+\frac{4}{30}=354+\frac{15}{30}$................ 354

16 ..... $354+\frac{11}{30}+\frac{15}{30}=354+\frac{26}{30}=355-\frac{4}{30}$...... **355**

17 ..... $354+\frac{11}{30}-\frac{4}{30}=354+\frac{7}{30}$................ 354

18 ..... $354+\frac{11}{30}+\frac{7}{30}=354+\frac{18}{30}=355-\frac{12}{30}$...... **355**

19 ..... $354+\frac{11}{30}-\frac{12}{30}=354-\frac{1}{30}$................ 354

2 ..... $354+\frac{11}{30}-\frac{1}{30}=354+\frac{10}{30}$................ 354

21 ..... $354+\frac{11}{30}+\frac{10}{30}=354+\frac{21}{30}=355-\frac{9}{30}$...... **355**

22 ..... $354+\frac{11}{30}-\frac{9}{30}=354+\frac{2}{30}$................ 354

..... $354+\frac{11}{30}+\frac{2}{30}=354+\frac{13}{30}$................ 354

24 ..... $354+\frac{11}{30}+\frac{13}{40}=354+\frac{24}{30}=355-\frac{6}{30}$...... **355**

25 ..... $354+\frac{11}{30}-\frac{6}{30}=354+\frac{5}{30}$................ 354

26 ..... $354+\frac{11}{30}+\frac{5}{30}=354+\frac{16}{30}=355-\frac{14}{30}$,...... **355**

27 ..... $354+\frac{11}{30}-\frac{14}{30}=354-\frac{3}{30}$................ 354

28 ..... $354+\frac{11}{30}-\frac{3}{30}=354+\frac{8}{30}$................ 354

29 ..... $354+\frac{11}{30}+\frac{8}{30}=354+\frac{19}{30}=355-\frac{11}{30}$...... **355**

30 ..... $354+\frac{11}{30}-\frac{11}{30}=354$.................... 354

---

941. Je suppose que les 113 ans dont il s'agit commencent avec une période de 30 ans du calendrier musulman.

113 ans contiennent 3 périodes de 30 ans, plus 23 ans de la

4e période ; ces 23 ans, d'après le tableau du n° **940**, contiennent 8 jours intercalaires, les 113 ans font donc :

113 années communes = $354^j \times 113$.....	40 002 jours
3 fois 11 jours intercalaires pour les périodes complètes..................	33
8 jours intercalaires pour les 23 années suivantes.........................	8
Total de la vie de l'iman exprimée en jours	40 043 jours

Pour calculer l'espace qu'occupent ces 40 043 jours sur le calendrier grégorien, je suppose que les 113 ans commencent par une année qui suit une année bissextile et fassent partie du 18e et du 19e siècle, de sorte qu'ils ne renferment qu'une année séculaire non bissextile.

40 043 : 365 donnent 109 pour quotient avec un reste.

109 années communes = $365^j \times 109$......	39 785 jours
En 100 ans, 24 années bissextiles..........	24
En 9 ans, 2 années bissextiles............	2
Total..........	39 811
Ce nombre ôté de....................	40 043
donne pour reste......................	232j

Il a donc vécu 109 ans et 232 jours.

Savoir		
	Janvier......	31 jours
	Février.....	28 »
	Mars	31 »
	Avril........	30 »
	Mai.........	31 »
	Juin........	30 »
	Juillet......	31 »
		212 jours
	Ce nombre ôté de......	232 »
	il reste.................	20 jours.

L'iman a donc vécu, dans les hypothèses que j'ai posées, 109 ans 7 mois et 20 jours.

Remarques. Dans d'autres hypothèses, cela ferait quelques jours de plus ou de moins, à cause des jours intercalaires soit dans le calendrier musulman, soit dans le calendrier grégorien, et à cause de l'inégalité des mois dans le calendrier grégorien.

---

942. La population étant de 6 habitants, et devant arriver à 1 000 000 000, il faut qu'elle soit multipliée par $\frac{1\,000\,000\,000}{6}$, ou par 166 millions environ.

En 150 ans, elle est multipliée par		2
En 300 ans,	»	par........2×2 ou.....4
En 600 ans,	»	par........4×4 ou.....16
En 900 ans,	»	par.......16×4 ou.....64
En 1800 ans,	»	par.......64×64 ou.....4 096
En 2700 ans,	»	par.....4096×64 ou environ...262 000
En 3600 ans,	»	par...$262\,000 \times 64$ ou environ. 16 768 000
En 4200 ans,	»	par $16\,768\,000 \times 16$ ou environ 268 000 000

4200 ans est donc trop grand; mais 150 ans avant, c'est-à-dire au bout de 4050 ans, le multiplicateur n'était que la moitié de 268 000 000, ou 134 millions au lieu de 166.

Ainsi, 4050 ans est trop petit et 4200 ans est trop grand; donc enfin c'est au bout de 4100 ans environ, ou 41 siècles, que la population dépassera un milliard.

Remarque. Le nombre 6 que nous avons pris pour point de départ est celui des enfants de Noé avec leurs femmes (nous supposons que Noé n'a pas eu d'enfant après le déluge). Le nombre final, un milliard, représente à peu près la population actuelle de la terre.

L'accroissement de la population, qui la rendrait double en 150 ans, est un peu inférieur à celui de la première moitié de notre siècle *.

Or, depuis le déluge, il s'est écoulé plus de 41 siècles; d'où on peut conclure que la race humaine de notre temps est plus féconde que celle des temps anciens.

---

* Il faudrait 146 ans pour que la population devînt double de ce qu'elle est maintenant. (*Annuaire du Bureau des longitudes*, 1861, p. 185.)

943. Le second économise chaque mois 25 francs au lieu de 32 francs, c'est-à-dire 7 francs de moins que le premier. Par conséquent l'excès de ses économies sur celles de son frère, $5411^f - 3542^f$, ou 1869^f, diminuera chaque mois de 7 francs. Ainsi 1° le nombre de mois demandé est le quotient de 1869 par 7, ou 267, ce qui fait 22 ans 3 mois; 2° au bout de 267 mois, l'économie du premier sera $3542^f + 32^f \times 267$, ou 12 086 francs, et celle du second sera $5411^f + 25^f \times 267$, ou 12 086 francs, somme en effet égale à la précédente.

---

944. Capital placé au commencement de la première année

Capital placé au commencement de la première année	1000 fr.
Intérêts d'un an	60
Second placement	1000
Intérêts de 2000 francs durant la 2ᵉ année	120
Troisième placement	1000
Intérêts de 3000 francs durant la 3ᵉ année	180
Quatrième placement	1000
Intérêts de 4000 francs durant la 4ᵉ année	240
Cinquième placement	1000
Intérêts de 5000 francs durant la 5ᵉ année	300
Sixième placement	1000
Total	6900 fr.

Un an plus tard, il y aurait à ajouter 360 francs d'intérêts et la somme dépasserait 7000 francs; c'est donc dans le courant de la sixième année que les capitaux placés et leurs intérêts formeront le total voulu.

Au commencement de la sixième année la somme monte à 6900 francs; il manque donc 100 francs pour qu'elle atteigne 7000 francs, et le problème est ramené au suivant :

Pendant combien de temps faut-il placer 6000 francs à 6 pour 100 pour obtenir 100 francs d'intérêts? problème qu'on résoudra par l'un des moyens enseignés pour résoudre les règles de trois.

On trouve ainsi 100 jours pour le temps à ajouter à 5 ans; le temps demandé est donc 5 ans et 100 jours.

---

945. 1° Une pièce de 1 franc contient $0^g,165 \times 5$, ou $0^g,825$ de cuivre; le nombre de francs demandé est donc le quotient entier de 100 par 0,825, ce qui donne 121.

2° Chaque franc contient $0^{g},835 \times 5$, ou $4^{g},175$ d'argent; la quantité d'argent demandée est donc $4^{g},175 \times 121$, ou $505^{g},175$.

3° Chaque franc contient $0^{g},825$ de cuivre; la quantité de cuivre employée sera donc $0^{g},825 \times 121$, ou $99^{g},825$; le cuivre qu'on aura de reste sera par conséquent $100^{g} - 99^{g},825$, ou $0^{g},175$.

---

946. Salaire primitif, $2^{f} \times 26$........................ 52 fr.
Salaire nouveau, $3^{f},50 \times 26$........................ 91
Augmentation........................ 39 fr.

L'ouvrière payera donc 39 francs par mois.

Somme due........................	250
Intérêts pendant un mois........................	1,25
	251,25
1er à-compte........................	39
Reste dû........................	212,25
Intérêts pendant un mois........................	1,06
	213,31
2e à-compte........................	39
Reste dû........................	174,31
Intérêts pendant un mois........................	0,87
	175,18
3e à-compte........................	39
Reste dû........................	136,18
Intérêts pendant un mois........................	0,68
	136,86
4e à-compte........................	39
Reste dû........................	97,86
Intérêts pendant un mois........................	0,49
	98,35
5e à-compte........................	39
Reste dû........................	59,35
Intérêts pendant un mois........................	0,30
	59,65
6e à-compte........................	39
Reste dû........................	20,65
Intérêts pendant un mois........................	0,10
	20,75
7e payement pour solde........................	20,75
	0 fr.

Il reste donc à l'ouvrière, à la fin du 7e mois, après que la machine sera payée, $39^f - 20^f,75$, ou $18^f,25$.

---

917. Le premier billet, payable à 6 mois, subira un escompte de 3 pour 100; le second, payable à un an, subira un escompte de 6 pour 100; le troisième, à 18 mois, un escompte de 9 pour 100; le quatrième, un escompte de 12 pour 100, et le cinquième, un escompte de 15 pour 100. Mais les billets sont d'égales sommes; le résultat sera donc le même que si on leur fait subir à tous un escompte de 9 pour 100. Les billets éprouvant une diminution de $\frac{9}{100}$, leur valeur actuelle sera les $\frac{91}{100}$ de leur valeur nominale, et les cinq auront une valeur égale à $\frac{91}{100} \times 5$, ou aux $\frac{91}{20}$ du montant de l'un d'eux; or cette valeur doit être de 10 000 francs; par conséquent 10 000 francs sont les $\frac{91}{20}$ du montant de l'un des billets; ce montant est donc les $\frac{20}{91}$ de 10 000 francs, ou $2197^f,80$.

---

918. Je suppose qu'on ait allié 820 grammes d'étain avec 180 grammes de plomb; j'aurai les résultats suivants, exprimant des centimètres cubes :

Volume de l'étain $\frac{820}{7,305}$, ou............	112,252
Volume du plomb $\frac{180}{11,299}$, ou............	15,930
Somme des volumes....................	128,182
Volume de l'alliage $\frac{1000}{7,765}$, ou...........	128,783
Dilatation ou augmentation de volume....	0,601

Rapport du volume primitif à la dilatation, $\frac{128,182}{0,601} = 213....$

Remarque. Les métaux, en s'alliant, éprouvent souvent une *contraction;* le plomb et l'étain, au contraire, éprouvent une *dilatation*

---

949. 1° Nombre de brouettes : $\frac{10000}{0,1}$, ou 100 000.

Distance à parcourir : $100^m \times 100\,000$, ou $10\,000\,000^m$

Temps du parcours : $\frac{10\,000\,000}{3000}$, ou $3333^h\frac{1}{3}$.

Temps du chargement : $2^m \times 100\,000$, ou $3333^h\frac{1}{3}$.

Temps total : $6666^h\frac{2}{3}$.

Prix : $50^c \times 6666\frac{2}{3}$, ou $3333^f,33$.

2° Nombre de tombereaux : 10 000.

Distance à parcourir : $100 \times 10\,000$, ou $1\,000\,000^m$.

Temps du parcours : $\frac{1\,000\,000}{3000}$, ou $333^h\frac{1}{3}$.

Temps du chargement : $20^m \times 10\,000$, ou $3333^h\frac{1}{3}$.

Temps total : $3666^h\frac{2}{3}$.

Prix : $1^f \times 3666\frac{2}{3}$, ou $3666^f,66$.

Le transport au tombereau coûte..... $3666^f,66$
» à la brouette........... $3333^f,33$
Économie avec la brouette.......... $333^f,33$

---

950. 1° Nombre de brouettes : $\frac{10\,000}{0,1}$, ou 100 000.

Distance à parcourir : $1000^m \times 100\,000$, ou 100 000 000.

Temps du parcours : $\frac{100\,000\,000}{3000}$, ou $33\,333^h\frac{1}{3}$.

Temps du chargement : $2^m \times 100\,000$ ou $3\,333^h\frac{1}{3}$.

Temps total : $36\,666^h\frac{2}{3}$.

Prix : $50^c \times 36\,666\frac{2}{3}$, ou $18\,333^f,33$.

2° Nombre de tombereaux : 10 000.

Distance à parcourir : $1000^m \times 10\,100$, ou $10\,000\,000^m$.

Temps du parcours : $\frac{10\,000\,000}{3000}$, ou $3333^h \frac{1}{3}$.

Temps du chargement : $23^m \times 10\,000$, ou $3333^h \frac{1}{3}$.

Temps total : $6666^h \frac{2}{3}$.

Prix : $1^f \times 6666 \frac{2}{3}$, ou $6666^f,66$.

Le transport à la brouette coûte....	18 333f,33
» au tombereau »	6 666f,66
Économie avec le tombereau.......	11 666f,67

Remarque. L'emploi du tombereau est d'autant plus avantageux que la distance est plus grande.

951.

Mise du premier	10 000f
Mise du second.........................	12 000
Mise du troisième.......................	50 000
Mise du quatrième......................	120 000
Mise totale	192 000
Recette..................	250 000
Différence ou bénéfice total	58 000

Le premier prélève 10 pour 100, ou 5800 fr

Le second prélève 5 pour 100, ou 2900

Ensemble ... 8700 .... 8 700

Différence ou bénéfice net. 49 300f

Cette somme doit être partagée proportionnellement aux mises ou aux nombres : 10, 12, 50 et 120, dont la somme est 192 ; par conséquent :

Le premier prendra	$\frac{49\,300^f}{192} \times 10$	ou	2 567^f,71
Le second »	$\frac{49\,300^f}{192} \times 12$	ou	3 081^f,25
Le troisième »	$\frac{49\,300^f}{192} \times 50$	ou	12 838^f,54
Le quatrième »	$\frac{49\,300^f}{192} \times 120$	ou	30 812^f,50
Total égal au bénéfice net....			49 300^f,00

Les sommes à recevoir par chacun des associés seront donc :

Pour le premier, sa mise.....	10 000^f,00		
Son prélèvement........	5 800^f,00		
Sa part dans les bénéfices	2 567^f,71		
	18 367^f,71	...	18 367^f,71
Pour le second, sa mise.......	12 000^f,00		
Son prélèvement........	2 900^f,00		
Sa part dans les bénéfices	3 081^f,25		
	17 981^f,25	....	17 981^f,25
Pour le troisième, sa mise....	50 000^f,00		
Sa part dans les bénéfices	12 838^f,54		
	62 838^f,54	....	62 838^f,54
Pour le quatrième, sa mise....	120 000^f,00		
Sa part dans les bénéfices	30 812^f,50		
	150 812^f,50	....	150 812^f,50
Total égal à la somme reçue.....			250 000^f,00

---

952. Si les 2375 grammes étaient en argent, ils vaudraient 2375 : 5, ou 475 francs ; il manquerait donc 2360^f — 475^f, ou 1885 fr.

Le gramme d'argent valant 20 centimes, chaque gramme d'or vaut 20^c × 15,5, ou 3^f,10 ; ainsi chaque gramme d'argent qu'on remplacera par un gramme d'or augmentera la valeur du total de

$3^f,10 - 0^f,20$, ou de $2^f,90$; le nombre de grammes d'argent à remplacer par autant d'or est donc égal à $\frac{1885}{2,90}$, ou à 650.

Il y aura donc $2375^g - 650^g$, ou 1725 grammes d'argent et 650 grammes d'or.

Les 1725 grammes d'argent valent 1725 : 5, ou....	345 fr.
Et les 650 grammes d'or, $\frac{650}{5} \times 15,5$, ou...........	2015
Total......	2360 fr.

---

953. La hauteur de la partie au-dessus de l'entresol, étant égale à la somme des hauteurs des autres parties, est la moitié de la hauteur totale; le rez-de-chaussée et l'entresol surpassent de 4 mètres la moitié de la partie qui est au-dessus, ou $\frac{1}{4}$ de la hauteur totale; celle-ci se compose donc de sa moitié, de son quart plus 4 mètres, et de 4 mètres; en tout elle se compose de ses $\frac{3}{4}$ plus 8 mètres; 8 mètres en est donc le quart; cette hauteur est donc égale à $8^m \times 4$ ou à 32 mètres.

---

954. 1° Les fragments de pierre à chaux remplissant l'hectolitre ou 100 litres laissent entre eux des vides qui exigent pour être remplis $43^l,5$ d'eau; ils occupent donc, abstraction faite des vides, $100^l - 43^l,5$, ou $56^l,5$; d'ailleurs, ils pèsent 156 kilogrammes; par conséquent leur densité est $\frac{156}{56,5}$, ou 2,76.

2° La pierre à chaux massive pèse $2^k,76$ par décimètre cube; elle perd, par la cuisson, $\frac{1}{5}$ de son poids; le décimètre cube de chaux pèse donc $2^k,76 - \frac{2^k,76}{5}$, ou $2^k,21$; par suite, sa densité est 2,21.

3° L'hectolitre de pierre à chaux en fragments pèse 156 kilogrammes; l'hectolitre de chaux pèse donc $156^k - \frac{156^k}{5}$, ou $124^k,8$.

---

955. Puisque l'ouvrier reçoit 3 francs par jour plus la nourriture qui vaut 2 francs, son salaire total est de 5 francs, ce qui ferait 150 francs pour 30 jours; au lieu de cette somme, il reçoit 30 jours de nourriture valant 60 francs et en outre 45 fr., en tout 105 francs.

Ayant reçu 105 francs pour son salaire qui est de 5 fr. par jour, le nombre de jours de travail est $\frac{105}{5}$, ou 21.

---

956. Si on avait payé 6 pour 100 toute l'année, cela aurait fait $\frac{10\,000}{100} \times 6$ ou 600 francs d'intérêt; on n'a payé que $512^f,50$; il y a donc une économie de $600^f - 512^f,50$, ou de $87^f,50$. Or 10000 fr. à 6 pour 100 font 600 francs par an, ou 50 francs par mois; et 10000 francs à $4\frac{1}{2}$ pour 100 font $\frac{10\,000}{100} \times 4\frac{1}{2}$, ou 450 par an, ou $\frac{450^f}{12}$, ou $37^f,50$ par mois; il y a donc une économie de $50^f - 37^f,50$, ou de $12^f,50$ par mois; or l'économie totale est de $87^f,50$; le nombre des mois pendant lesquels on n'a payé que $4\frac{1}{2}$ est donc égal à $\frac{87,50}{12,50}$, ou à 7; par suite, le nombre des mois, pendant lesquels on a payé 6 pour 100, est égal à $12 - 7$, ou à 5.

---

957. En acceptant la seconde offre, on dépensera $9^f \times 5$, ou 45 fr.; en acceptant la première, on dépensera $6^f \times 7$, ou 42 fr.; avec la seconde, on augmentera donc la dépense de 3 francs, mais on gagnera deux jours et, par conséquent, on évitera un dommage de 10 francs. La seconde est donc la plus avantageuse, et l'avantage est de 7 francs.

---

958. Sur la première espèce, le marchand gagne 8 pour 100 du prix d'achat; il vend donc 108 francs ce qu'il a acheté 100 fr., et son bénéfice est les $\frac{8}{108}$ du prix de vente. De même sur la seconde espèce, le bénéfice est les $\frac{12}{112}$ du prix de vente.

La surface de la base, qui est un cercle, est égale au carré du rayon multiplié par le rapport de la circonférence au diamètre.

Cela fera donc, en prenant le centimètre pour unité linéaire, $\left(\frac{3}{2}\right)^2 \times 3{,}1416$; par suite, le volume du tube supposé plein est égal à $\left(\frac{3}{2}\right)^2 \times 3{,}1416 \times 100$, ou à 706,86.

J'obtiendrai de même, pour le volume du vide intérieur,

$$\left(\frac{5}{4}\right)^2 \times 3{,}1416 \times 100, \quad \text{ou} \quad 490{,}875.$$

Le volume du tube est donc $706^{cmc},86 - 490^{cmc},875$, ou $215^{cmc},985$. Mais le centimètre cube de plomb pèse $11^{g},3$: le poids demandé est donc $11^{g},3 \times 215{,}985$, ou $2440^{g},6305$; soit $2^{k},441$.

---

966. La densité étant 1,15, le décimètre cube pèse $1^{k},15$, et le mètre cube, 1150 kilogrammes. Le poids demandé est donc $1150^{k} \times 1{,}875$, ou $2156^{k},25$.

---

967. La densité d'un corps est le rapport du poids de ce corps au poids d'un égal volume d'eau ; or 825 centimètres cubes d'eau pèsent 825 grammes ; la densité demandée est donc le rapport de $8662^{g},5$ à 825 grammes, ou $\frac{8662{,}5}{825}$, ou 10,50.

---

968. L'intérêt étant les $\frac{5}{100}$, ou $\frac{1}{20}$ du capital, le capital est égal à 20 fois l'intérêt; par conséquent la valeur demandée est $67^{f},50 \times 20$, ou 1350 francs.

Remarque. Le capital social, 7 millions, et la valeur nominale des actions, 1000 francs, sont des données surabondantes; elles n'ont aucune influence sur le nombre demandé.

---

969. La vie de Diophante se compose, d'après l'énoncé, de $\frac{1}{6} + \frac{1}{12} + \frac{1}{7} + \frac{1}{2}$, ou des $\frac{75}{84}$ du nombre demandé, plus 9 ans; or si d'une quantité quelconque on ôte les $\frac{75}{84}$ de cette quantité, il en reste les $\frac{9}{84}$; il faut donc que 9 ans soient les $\frac{9}{84}$ du nombre demandé; celui-ci est donc les $\frac{84}{9}$ de 9 ans, ou 84 ans.

---

970. Du pôle à l'équateur, il y a 10 000 000 mètres; cette distance se partage en 90 degrés; cela fait donc pour chaque degré $\frac{1\,000\,000^{m}}{9}$; et pour 47°, $\frac{1\,000\,000^{m}}{9} \times 47$, ou $5\,222\,222^{m}\frac{2}{9}$, ou, en kilomètres, $5222^{k},222\ldots$

---

971. $\frac{3}{7}+\frac{1}{8}+\frac{2}{17}=\frac{639}{952}$. Le fonctionnaire dont il s'agit ayant dépensé les $\frac{639}{952}$ de son traitement, il lui en reste les $\frac{313}{952}$; ainsi, 939 francs doivent être les $\frac{313}{952}$ de son traitement; le montant de celui-ci est donc les $\frac{952}{313}$ de 939 francs, ou 2856 francs.

---

972. En supposant qu'on puisse disposer le bois dans le chantier sans qu'il y ait de la place perdue, il faudra que la base exprimée en mètres carrés, c'est-à-dire 64×48, multipliée par la hauteur inconnue, donne pour produit 36 864; cette hauteur, exprimée en mètres, sera donc $\frac{36\,864}{64 \times 48}$, ou 12 mètres.

Mais si l'on a égard à la longueur des bûches, qui est de $1^{m},137$, et qu'on veuille disposer les bûches en pile régulière, on ne pourra pas remplir le chantier sans perdre une partie de sa surface.

En plaçant les bûches dans le sens de la longueur du chantier, le nombre des bûches qu'on pourra placer bout à bout sera égal au quotient entier de 64 mètres par $1^{m},137$, qui est 56; or $1^{m},137 \times 56 = 63^{m},672$. En retranchant cette longueur de 64 mètres, qui est la longueur du chantier, on obtient 328 millimètres: il y aura donc, au bout de la 56ᵉ bûche, un vide de 328 millimètres. Alors la place occupée par la pile aura seulement 63^{m},672 de long sur 48 mètres de large, et la hauteur de la pile de bois, exprimée en mètres, sera $\frac{36864}{63,672 \times 48}$, ou 12,0618.... La hauteur de la pile sera donc 12^{m},06.

---

973. Le franc pèse 5 grammes; par conséquent la somme d'argent monnayé qui pèse 2025 grammes, exprimée en francs, est égale à $\frac{2025}{5}$, ce qui fait 405 francs. Le nombre d'hectolitres à 5 francs qu'on aura sera donc $\frac{405}{5}$, ou 81.

---

974. L'aîné fournit les $\frac{4}{5}$ de la somme totale; par conséquent les deux autres doivent en fournir $\frac{1}{5}$; or le cadet fournit la moitié de ce surplus, ou $\frac{1}{10}$ de la somme totale; le troisième doit donc fournir l'autre moitié. La somme fournie par le dernier est donc $\frac{1}{10}$ de la somme totale, et ce dixième doit être les $\frac{2}{3}$ de la valeur du terrain; cette valeur est donc les $\frac{3}{2}$ de $\frac{1}{10}$ de 590 000 francs, ou 88 500 francs.

Par suite, la valeur des constructions est 590 000^{f} — 88 500^{f}, ou 501 500 francs.

---

975. La latitude d'une ville est sa distance à l'équateur exprimée en degrés; or du pôle à l'équateur il y a 90°; le mètre en est la 10 000 000e partie; chaque mètre vaut donc $\frac{90^{0}}{10\,000\,000}$, ou 0°,000009; par suite, 5 426 265 mètres, distance de Paris à l'équateur, valent

$$0^{0},000009 \times 5\,426\,265, \quad \text{ou} \quad 48^{0},836385.$$

Pour réduire la fraction de degré 0°,836385 en minutes, je la multiplie par 60, et j'obtiens 50',1831; puis, pour réduire 0',1831 en secondes, je multiplie également par 60, ce qui donne 10",986; soit 11"; j'ai donc, pour la latitude demandée, 48° 50' 11".

---

976. Les deux villes étant l'une à 15° au *nord* de l'équateur, l'autre à 12° au *sud*, l'arc du méridien qui va de l'une à l'autre est 15° + 12°, ou 27°. Or chaque degré vaut $\frac{10\,000\,000^m}{90}$; la distance entre les deux villes est donc $\frac{10\,000\,000^m}{90} \times 27$, ou $\frac{1\,000\,000^m \times 27}{9}$, ou 3 000 000 mètres, ou 3000 kilomètres.

---

977. L'intérêt de 100 fr. pendant 1 an est...... 5^f
» » pendant 3 mois........ $1^f,25$
» » pendant 15 mois........ $6^f,25$

Ainsi, le temps étant 15 mois, au capital 100 francs répond l'intérêt $6^f,25$.

Lorsque le temps est le même, les capitaux sont proportionnels à leurs intérêts. Or 8925 francs contient le capital placé et son intérêt; il faut donc partager cette somme en deux parties qui soient entre elles dans le même rapport que 100 francs et $6^f,25$.

En appliquant la règle des partages proportionnels (*Arithm.*, **285**), on obtient :

Pour le capital.... $\frac{8925^f}{106,25} \times 100$, ou 8400 fr.,

Pour l'intérêt...... $\frac{8925^f}{106,25} \times 6,25$, ou 525 fr.

Vérification. $8400^f + 525^f = 8925$ fr.

---

978. La capacité du vase est...................... $4^l,5$
On y verse de l'eau dont le volume est.............. $3^l,2$
Le vide restant, qu'on remplit de mercure, est...... $1^l,3$

Le poids total se compose donc de :

Poids du vase.................... $0^k,8$
Poids de l'eau.................... $3^k,2$
Poids du mercure, $13^k,56 \times 1,3$... $17^k,628$
Total........ $21^k,628$

979. 175 litres de vin à 60 centimes coûtent $60^c \times 175$ ou 10 500 centimes. Ainsi le mélange est de 250 litres et coûte 10 500 centimes ; chaque litre coûte donc $\frac{10\,500^c}{250}$, ou 42 centimes.

---

980. Le lingot pèsera $95^g + 125^g + (5^g \times 150) + 55^g$, ou 1025 gr. L'argent pur qu'il contiendra se composera de :

$0^g,800 \times 95$,	ou	76^g
$0^g,950 \times 125$,	ou	$118^g,75$
$0^g,835 \times 5 \times 150$,	ou	$626^g,25$
Total......		$821^g,00$

Le titre est donc $\frac{821}{1025}$, ou 0,801, à $\frac{1}{1000}$ près.

---

981. Chaque kilogramme du premier coûte 50 centimes de plus que le prix voulu ; chaque kilogramme du second coûte 30 centimes de moins que le prix voulu; les nombres de kilogrammes qu'on prendra de l'un et de l'autre doivent donc être tels que 50 multiplié par le premier donne le même produit que 30 multiplié par le second. Or $50 \times 30 = 30 \times 50$; les deux nombres demandés sont donc 30 et 50, ou deux autres nombres dont le rapport soit le même, c'est-à-dire celui de 3 à 5.

---

982. Après que le dernier aura pris un certain nombre de fois 1000 francs, nombre marqué par son rang, cela formera sa part entière ; car le sixième du reste ne peut être que nul, puisque sans cela il resterait après lui les $\frac{5}{6}$ du même reste, et le partage ne serait pas terminé. Cela posé, l'avant-dernier a de plus que le dernier $\frac{1}{6}$ du reste, et de moins une somme de 1000 francs ; il faut donc, pour que les parts soient égales, que $\frac{1}{6}$ du reste soit égal à 1000 francs ; ce reste est donc égal à 6000 francs, et, après que l'avant-dernier en aura pris $\frac{1}{6}$, il restera pour le dernier 5000 fr.;

la part de celui-ci étant 5000 francs, il est le cinquième. Ainsi, il y a 5 enfants, la part de chacun est 5000 francs, et, par suite, l'héritage est de 25 000 francs.

Vérification. L'héritage est de 25 000 francs.

Le premier prend... $1000^f + \frac{24\,000^f}{6}$, ce qui fait 5000 francs, et il reste.................... $20\,000^f$.

Le second prend.... $2000^f + \frac{18\,000^f}{6}$, ce qui fait 5000 francs, et il reste.................... $15\,000^f$.

Le troisième prend.. $3000^f + \frac{12\,000^f}{6}$, ce qui fait 5000 francs, et il reste.................... $10\,000^f$.

Le quatrième prend. $4000^f + \frac{6000^f}{6}$, ce qui fait 5000 francs, et il reste.................... 5000^f.

Le cinquième prend.. $5000 + \frac{0^f}{6}$, ce qui fait 5000 francs, et le partage est terminé.

---

983. Un litre à........ 55^c
Un litre à........ 48^c
Un litre à....... .. 44^c

Cela fait 3 litres pour.... 147^c; le litre coûte donc $\frac{147^c}{3}$, ou 49^c.

D'autre part, un litre à.... 30^c
un litre à.... 28^c

Cela fait 2 litres pour...... 58^c; le litre coûte donc $\frac{58^c}{2}$, ou 29^c.

Le problème est donc ramené à celui-ci :

Dans quel rapport faut-il mêler deux liquides, l'un à 49 centimes le litre, l'autre à 29 centimes, pour que le mélange revienne à 40 centimes?

Pour chaque litre du premier, il y aura un excès de prix égal à 9 centimes; pour chaque litre du second, il y aura une économie de 11 centimes; les nombres de litres qu'on prendra de chaque espèce doivent donc être tels qu'en multipliant 9 centimes et 11 centimes par ces deux nombres, les produits soient égaux entre eux, afin que l'excès de dépense soit compensé par l'économie; la solution la plus simple est donc 11 litres et 9 litres; car $9 \times 11 = 11 \times 9$. Ainsi on devra prendre 11 litres du premier et 9 litres du second, ou d'autres nombres qui soient dans le même rapport.

---

984. Elle a donné $\frac{1}{3} + \frac{1}{4} + \frac{1}{12}$, ou les $\frac{8}{12}$ de ce qu'elle avait; le quart de ce qu'elle a donné est donc $\frac{2}{12}$ de ce qu'elle avait. Dès lors la somme entière se compose de ses $\frac{8}{12}$, de ses $\frac{2}{12}$ et de 2 francs; ces 2 francs doivent donc être les $\frac{2}{12}$ de la somme; par suite, cette somme est les $\frac{12}{2}$ de 2 francs, ou 12 francs.

---

985. Elle donne au premier $\frac{1}{9}$ de ce qu'elle a : il lui en reste les $\frac{8}{9}$; elle donne au second $\frac{1}{4}$ de ces $\frac{8}{9}$, ce qui fait $\frac{2}{9}$: il lui en reste alors les $\frac{6}{9}$; elle donne au troisième les $\frac{2}{3}$ de ce reste : il lui en reste le tiers, 'est-à-dire $\frac{2}{9}$; ces $\frac{2}{9}$ doivent être égaux à 5 francs, qu'elle donne au quatrième, plus 3 francs qui lui restent, c'est-à-dire à 8 francs. Ainsi, 8 francs sont les $\frac{2}{9}$ de la somme demandée; celle-ci est donc les $\frac{9}{2}$ de 8 fr., ou 36 fr.

---

986. Le reste de chaque division étant 3, si l'on ôte 3 du nombre donné, lerésultat sera divisible par 8 et par 9, sans reste; il sera donc un multiple de 8×9, ou de 72; le nombre demandé est donc égal à un multiple de 72 plus 3; il est donc égal à l'un des nombres $72 + 3$, $72.2 + 3$, $72.3 + 3$, etc.; mais on veut qu'il n'ait que deux chiffres, il ne peut donc être que $72 + 3$, ou 75.

---

987. Je compare d'abord chacune des parties à l'une d'entre elles, à la quatrième, par exemple :

$\frac{1}{8} : \frac{1}{6} = \frac{3}{4}$; la 3e est donc les............. $\frac{3}{4}$ de la 4e.

$\frac{3}{5} : \frac{1}{2} = \frac{6}{5}$; la 2e est donc les $\frac{6}{5}$ des $\frac{3}{4}$ ou les $\frac{9}{10}$ de la 4e.

$\frac{1}{4} : \frac{1}{3} = \frac{3}{4}$; la 1re est donc les $\frac{3}{4}$ des $\frac{9}{10}$ ou les $\frac{27}{40}$ de la 4e.

Le nombre à partager doit donc contenir les $\frac{3}{4}$, les $\frac{9}{10}$ et les $\frac{27}{40}$, ou les $\frac{93}{40}$ de la 4e, plus encore la 4e, en tout les $\frac{133}{40}$ de la 4e; donc, réciproquement, cette quatrième part doit être les $\frac{40}{133}$ de 931, ou 280.

Alors la 1re est $280 \times \frac{27}{40}$, ou 189
la 2e est $280 \times \frac{9}{10}$, ou 252
la 3e est $280 \times \frac{3}{4}$, ou 210
la 4e. 280
Total égal au nombre donné 931.

---

988. Le nombre des journées étant entier dans chacun des deux cas, le prix de la journée doit être une partie aliquote des deux sommes 48 francs et 54 francs, et par conséquent égal à leur plus grand commun diviseur, 6 francs, ou à l'une de ses parties aliquotes; mais les parties aliquotes de 6 francs sont 3 fr., 2 fr., 1[f],50, etc. Or le prix demandé doit être plus grand que 3 fr.; il ne peut donc être que 6 francs.

---

989. 40 pièces de 5 francs feraient 200 francs, c'est-à-dire 51 francs de trop; chaque pièce de 5 francs qu'on remplacera par une de 2 francs diminuera la somme de 3 francs; le nombre de pièces de 2 francs doit donc être de $\frac{51}{3}$, ou de 17. On devra donc employer 40 — 17 ou 23 pièces de 5 francs, et 17 de 2 francs.

---

990. Le chemin que parcourra la grande aiguille doit être supérieur à celui que parcourra la petite d'un tour entier; mais le premier est égal à 12 fois le second; l'excès, qui doit être de 1 tour, est donc égal à 11 fois le chemin parcouru par la seconde; celui-ci est donc $\frac{1}{11}$ de tour. Or c'est en 12 heures que la petite aiguille fait un tour entier; le temps demandé est donc $\frac{12^h}{11}$, ou $1^h\frac{1}{11}$, ou $1^h5^m\frac{5}{11}$.

---

991. La quantité d'eau douce étant les $\frac{4}{7}$ de la quantité d'eau de mer, celle-ci est les $\frac{7}{4}$ de la quantité d'eau douce; elle la surpasse donc des $\frac{3}{4}$ de son volume; or cet excès doit être de 129 litres; 129 litres sont donc les $\frac{3}{4}$ du volume de l'eau douce; réciproquement, la quantité d'eau douce est les $\frac{4}{3}$ de 129 litres, ou 172 litres; par suite, la quantité d'eau de mer est $172^l + 129^l$, ou 301 litres.

---

992. Pour consommer les vivres en 5 jours, la garnison devait manger chaque jour $\frac{1}{5}$ de la provision; or on veut qu'elle dure 8 jours; la garnison ne doit donc en consommer que $\frac{1}{8}$ chaque jour. Le rapport de la nouvelle ration à l'ancienne est donc $\frac{1}{8} : \frac{1}{5}$, ou $\frac{5}{8}$.

---

993. Après qu'il a vendu $\frac{1}{3}+\frac{1}{5}+\frac{1}{6}$, ou $\frac{7}{10}$ de la pièce, il en reste les $\frac{3}{10}$ à vendre. Les bénéfices faits sur ces quatre parties sont 1 franc par litre pour la première, $\frac{1}{2}$ franc pour la seconde,

2 francs pour la troisième, et 3 francs pour la quatrième. Si donc on connaissait la capacité de la pièce, on obtiendrait le bénéfice total en multipliant :

1° 1 franc par $\frac{1}{3}$ de la capacité ou $\frac{1^f}{3}$ par la capacité;

2° $\frac{1}{2}$ franc par $\frac{1}{5}$ de la capacité ou $\frac{1^f}{10}$ par la capacité;

3° 2 francs par $\frac{1}{6}$ de la capacité ou $\frac{2^f}{6}$ par la capacité;

4° 3 francs par $\frac{3}{10}$ de la capacité ou $\frac{9^f}{10}$ par la capacité.

Et, en ajoutant les produits, le total serait égal à $\frac{1^f}{3}+\frac{1^f}{10}+\frac{2^f}{6}+\frac{9^f}{10}$ ou à $\frac{5^f}{3}$ multiplié par la capacité; mais ce total doit être 440 fr.; le multiplicateur, c'est-à-dire la capacité, est donc égal au produit 440 divisé par le facteur connu $\frac{5}{3}$; or $440 : \frac{5}{3} = 264$; la capacité demandée est donc de 264 litres.

---

994. Après que les nombres d'élèves contenus dans les salles d'étude auront été égalisés, il y en aura dans chacune $\frac{210}{6}$, ou 35; avant cette répartition, il y en avait donc :

Dans la 1re	35 — 0	ou	35,
Dans la 2[e]	35 — 10	ou	25,
Dans la 3[e]	35 — 7	ou	28,
Dans la 4[e]	35 — 3	ou	32,
Dans la 5[e]	35 — 2	ou	33,
Dans la 6[e]	35 — 1	ou	34,
Dans la 7[e]	....		23,
	Total..........		210.

---

995. Un homme, une femme et un enfant reçoivent ensemble $40^f + 21^f + 12^f$, ou 73^f; or $3723 : 73 = 51$; on emploie donc 51 fois un homme, une femme et un enfant, ou 51 hommes, 51 femmes et 51 enfants.

---

996. $\frac{1}{45}$ de 547 200 est égal à 12 160; ce dernier nombre doit être 160 fois le plus petit des deux nombres demandés; celui-ci est donc 12 160 : 160, ou 76.

Par conséquent, le plus grand est 547 200 : 76, ou 7200.

---

997. Depuis la température de la glace fondante jusqu'à celle de l'eau bouillante, il y a $212 - 32$, ou 180 degrés Fahrenheit; dans le même intervalle, il y a 100 degrés centigrades; chaque degré Fahrenheit vaut donc $\frac{100}{180}$, ou $\frac{5}{9}$ de degré centigrade.

Cela posé, la température 53° Fahrenheit est de $53° - 32°$, ou 21° au-dessus de la glace fondante; ces 21 degrés en valent $\frac{5}{9} \times 21$, ou $11\frac{2}{3}$ centigrades; la température demandée est donc $11°\frac{2}{3}$.

---

998. Chaque degré centigrade vaut $\frac{9}{5}$ de degré Fahrenheit; 65° centigrades équivalent donc à $\frac{9}{5} \times 65$, ou à 117° Fahreinheit au-dessus de la glace fondante; celle-ci est à 32° au-dessus de 0°; la température demandée est donc $117° + 32°$, ou 149°.

---

999. La circonférence de la roue est égale à $1^m \times \frac{22}{7}$; le nombre de mètres parcourus en 1 seconde est donc $\frac{22}{7} \times \frac{5}{4}$; pour parcourir 26 000 mètres, le nombre de secondes sera :

$$26\,000 : \left(\frac{22}{7} \times \frac{5}{4}\right), \quad \text{ou} \quad 6618\,\frac{2}{11},$$

ce qui fait................	$1^h\ 50^m\ 18^s\ \frac{2}{11}$
En ajoutant le temps de repos	10^m
cela fait en tout.........	$2^h\ 0^m\ 18^s\ \frac{2}{11}$.

1000. Un cercle de 28 mètres de diamètre ou de 14 mètres de rayon aurait pour surface $14^2 \times 3,1416$; celle d'un cercle de 12 mètres de diamètre ou de 6 mètres de rayon serait $6^2 \times 3,1416$. Pour prendre la moyenne proportionnelle entre ces deux surfaces, il faut faire leur produit et prendre la racine carrée du résultat; le produit est $14^2 \times 3,1416 \times 6^2 \times 3,1416$, ou $(14^2) \times (6^2) \times (3,1416^2)$; la racine carrée sera donc $14 \times 6 \times 3,1416$, ou 263,8944. La surface demandée est donc $263^{mq},8944$

FIN.

TABLE DES MATIÈRES.

PREMIÈRE PARTIE.

Examen pour le certificat d'études (ou brevet de sous-maîtresse).

DEUXIÈME PARTIE.

Examen du second ordre (brevet d'institutrice).

TROISIÈME PARTIE.

Examen du degré supérieur.

NOTICE

DE

LIVRES ÉLÉMENTAIRES

A L'USAGE

1° DE L'ENSEIGNEMENT DANS LES SALLES D'ASILE

2° DE L'ENSEIGNEMENT PRIMAIRE

3° DE L'ENSEIGNEMENT SPÉCIAL

PARIS

LIBRAIRIE HACHETTE ET Cie

79, BOULEVARD SAINT-GERMAIN, 79

Octobre 1875

TABLE DES MATIÈRES

ENSEIGNEMENT DANS LES SALLES D'ASILE

Livres, Tableaux, Images, Registres.

Alphabet mural en caractères romains. 26 lettres de 16 centimètres de hauteur. Prix. 1 fr.

Les 26 lettres collées isolément sur carton pour être suspendues. 4 fr.

Alphabet des salles d'asile, 20 tableaux de 50 centimètres de hauteur sur 32 centimètres de largeur. 2 fr.

Les 20 tableaux collés sur dix cartons. Prix. 4 fr. 50 c.

Cerise (Dr). *Le médecin des salles d'asile*, ou manuel d'hygiène et d'éducation physique de l'enfance, destiné aux médecins et aux directeurs de ces établissements, et pouvant servir aux mères de famille; 2e édition. 1 vol. in-8, broché. 3 fr. 50 c.

Chansons à l'usage des salles d'asile, sur des airs connus. Brochure in-8. 75 c.

Chevreau-Lemercier (Mme). *Chants pour les enfants des salles d'asile*, avec les airs notés par MM. Defresne et de la Gastine; 4e édition. 1 vol. in-8. 2 fr.

— *Petites histoires pour les enfants des salles d'asile*, avec un questionnaire à l'usage des maitres. Gr. in-18. 1 fr. 50 c.

Chiffres arabes destinés à être collés sur mur. 10 chiffres de 25 centimètres sur 20 centimètres. 50 c.

Les dix chiffres collés isolément sur carton pour être suspendus. 1 fr. 50 c.

Chiffres romains, destinés à être collés sur mur. 7 chiffres de 25 centimètres de hauteur sur 20 centim. de largeur. 50 c.

Les sept chiffres collés isolément sur carton pour être suspendus. 1 fr.

Enseignement par les yeux, nouvelles images tirées en couleur par la chromolithographie, accompagnées d'histoires et leçons explicatives:

Les images ont 35 centimètres de hauteur sur 50 centimètres de largeur.

Chaque image séparément, 60 c.

Le collage sur carton de chaque image et le vernissage se payent en sus, 50 c.

On peut se procurer ces collections d'images reliées en albums.

Chaque série est accompagnée d'un texte explicatif qui se paye en sus.

Animaux. 1re *série*, 10 sujets : singe; ours; blaireau; loutre; lion; tigre; chat; hyène; loup et renard; chien. 5 fr.

Texte explicatif, par Mme Pape-Carpantier; gr. in 18. 1 fr. 25 c.

2e *série*, 10 sujets : castor, lièvre; vache et bœuf, mouton; chèvre; chamois; cerf; renne; chameau; girafe. 5 fr.

Texte explicatif, par Mme Pape-Carpantier; gr. in-18. 1 fr. 25 c.

3e *série*, 10 sujets : porc; sanglier; hippopotame; cheval; âne; rhinocéros; éléphant; sarigue; phoque; baleine. 5 fr.

Texte explicatif, par Mme Pape-Carpantier; gr. in-18. 1 fr. 25 c.

Les 30 images des 3 premières séries se vendent aussi divisées en *Animaux domestiques*, 10 sujets, 5 fr., et *Animaux sauvages*, 20 sujets, 10 fr.

4e *série*, 10 sujets : aigle; hibou; perroquet; hirondelle et moineau; coq et poule; dinde et dindon; autruche; héron et cygne; canard et oie; pélican et manchot. 5 fr.

Texte explicatif, par Mme Pape-Carpantier; gr. in-18. 1 fr. 50 c.

5e *série*, 10 sujets : chauve-souris; paresseux et écureuil; oiseau-mouche; paon; grenouille, vipère, tortue et lézard; carpe, cyprin doré et anguille; araignée et scorpion, abeille, libellule et ver à soie; écrevisse, sangsue et lombric; huître, moule et coraux. 5 fr.

Texte explicatif, par Mme Pape-Carpantier; gr. in-18. 2 fr.

Culture et emploi du blé, 6 sujets : le labour; les semailles; la moisson; le battage; le moulin; la boulangerie. 3 fr. 50 c.

Texte explicatif, par Mme Pape-Carpantier; gr. in-18, cart. 1 fr.

Histoire sainte, 1re partie, 25 sujets. 15 fr.

Histoire sainte, 2e partie, 25 sujets. 15 fr.

Histoire de N. S. Jésus-Christ, 25 sujets. 15 fr.

Texte explicatif pour les deux parties de l'histoire sainte et pour l'histoire de N. S. Jésus-Christ, par Mme Monternault, née Chevreau-Lemercier; gr. in-18, avec 75 vignettes, cartonné. 1 fr. 50 c.

Histoire de la Sainte-Vierge Marie, 20 sujets. 12 fr.

Texte explicatif, par la sœur Elisabeth, gr. in-18, illustré, cart. 1 fr.

Recommandé et approuvé par plusieurs prélats.

Forney (Mme). *Récits enfantins*, 1 vol. grand in-18, avec vignettes, broché. 1 fr.

Images pour les salles d'asile, de 35 centimètres de hauteur sur 50 centimètres de largeur environ :

Arbres, Arbustes, Plantes, 6 sujets.
En noir. 2 fr. 50 c.
Coloriés. 5 fr.

Arts et métiers, 10 sujets : le maçon, le menuisier, le serrurier, le charron, le cordonnier, le tisserand, le vannier, le potier, l'imprimeur typographe, l'imprimeur lithographe. En noir. 5 fr.
Coloriés. 10 fr.

Notions industrielles, 10 sujets: forges, verrerie, mines, machine à vapeur, chemins de fer, fabrique de papiers, fabrique d'épingles, filature mécanique, atelier de monnayage, fabrique de savon.
En noir. 5 fr.
Coloriés. 10 fr.
Texte explicatif, par M. Boucard, grand in-18. 1 fr.

Sept (les) couleurs principales du spectre solaire qui forment la lumière blanche du soleil. 1 feuille. 1 fr.

Cadre en bois pour recevoir les images des salles d'asile. 4 fr.

Portefeuille pour renfermer lesdites images. 4 fr.

Mallet (Mme Jules). *Chants pour les salles d'asile*, comprenant des cantiques et des chansons, avec les airs notés. 9e édition. 1 vol. grand in-8, broché. 1 fr. 50 c.

Monternault (Mme), née Chevreau-Lemercier, inspectrice des salles d'asile de l'Académie de Douai : *Conseils pratiques sur l'organisation pédagogique des salles d'asile* et sur leur installation matérielle. 1 vol. in-8, broché. » »

Pape-Carpantier (Mme), inspectrice générale des salles d'asile. *Conseils sur la direction des salles d'asile*; 4e édit. in-18, broché. 1 fr. 50 c.

Ouvrage couronné par l'Académie française et autorisé par le Conseil de l'Instruction pub.

— *Enseignement pratique dans les salles d'asile*, ou premières leçons à donner aux petits enfants, suivies de chansons et de jeux pour les récréations de l'enfance; 5e édition approuvée par le Saint-Siége et par Mgr l'évêque du Mans. 1 volume in-8, broché. 6 fr.

Ouvrage couronné par l'Académie française.

— *Histoires et leçons de choses*, pour les enfants; 5e édition. 1 vol. in-12, avec vignettes, broché. 2 fr. 25 c.

Ouvrage couronné par l'Académie française.

— *Lectures et travail* pour les enfants et les mères, 1 vol. in-12, avec vignettes. 1 f. 25.

— *Histoire du blé*. 1 vol. grand in-18 avec vignettes, cart. 1 fr.

— *Jeux gymnastiques* avec chants pour les enfants des salles d'asile; 2e édition. 1 vol. in-8 avec musique et gravures, broché. 2 fr.

— *Enseignement de la lecture* à l'aide du procédé phonomimique de M. Grosselin. 1 vol. gr. in-18, cartonné, 50 c.

— *Tableaux* reproduisant la méthode. 30 tableaux de 50 centimètres de hauteur sur 35 cent. de largeur, 3 fr.

Le collage des 30 tableaux sur 15 cartons se paye en sus, 3 fr. 75

— *Nouveau syllabaire des salles d'asile*, 32 tableaux de 50 centimètres de hauteur sur 32 centim. de largeur, avec un Manuel grand in-18. 3 fr. 50 c.

Le collage des 32 tableaux sur 16 cartons se paye en sus, 4 fr.
On vend séparément :
Chacun des 32 tableaux, 15 c.
Le Manuel, contenant la matière des 32 tableaux reproduits dans le format grand in-18, broché. 25 c.

Régimbeau, ancien instituteur. *Syllabaire-atlas*, méthode de lecture *pour l'enseignement collectif*, à l'usage des salles d'asile et des écoles. (Voir *Enseignement primaire*, page 7.)

Registres prescrits par le règlement des salles d'asile :

1o *Registre des admissions provisoires :*
25 feuilles in-folio, cart. 5 fr.
40 feuilles, *idem.* 7 fr. 50 c.

2o *Registre des admissions définitives :*
25 feuilles in-folio, cartonné. 5 fr.
40 feuilles, *idem.* 7 fr. 50 c.

3o *Registre du médecin :*
25 feuilles in-folio, cart. 5 fr.
40 feuilles, *idem.* 7 fr. 50 c.

4o *Registre des visites d'inspection :*
25 feuilles in-folio, cart. 5 fr.
40 feuilles, *idem.* 7 fr. 50 c.

5o *Liste mensuelle de présence des enfants:* chaque feuille, 10 c.

Voir pour les objets qui composent le matériel des salles d'asile, le Catalogue spécial.

ENSEIGNEMENT PRIMAIRE

1° Méthodes d'enseignement, Pédagogie, Législation.

Barrau. *Direction morale pour les instituteurs;* 9e édit. Grand in-18, 1 fr. 25 c.
Ouvrage couronné par l'Académie française.

Bréal (Michel), professeur au Collége de France. *Quelques mots sur l'École.* 1 vol. in-12, br. 1 fr. 25 c.

Brouard et Defodon. *Inspection des écoles primaires;* ouvrage destiné aux aspirants aux fonctions d'inspecteur primaire, aux inspecteurs primaires, aux délégués cantonaux et généralement aux personnes chargées de la direction et de la surveillance des écoles; 2e éd. 1 vol. in-12, broché. 3 fr.

Brunel. *Les pensions de retraite des instituteurs,* dispositions légales et réglementaires. 1 vol. in-18, br. 75 c.

Conférences pédagogiques faites à la Sorbonne aux instituteurs primaires venus à Paris pour l'exposition universelle de 1867. 3 vol. in-12, br. 3 fr.
Chaque volume se vend séparément 1 fr. et comprend :
1re partie. Législation scolaire; maisons d'école; hygiène.
2e partie. Organisation pédagogique des écoles.
3e partie. Matières de l'enseignement.

Delon (M. et Mme). *Méthode intuitive,* selon les méthodes et les procédés de Pestalozzi et de Frœbel. 1 vol. in-8 avec 24 planches, br. 7 fr.

Laveleye (E. de). *L'instruction du peuple.* 1 vol. in-8, br. 7 fr. 50 c.

Manuel général de l'instruction primaire, journal hebdomadaire des instituteurs et des institutrices; rédacteur en chef, M. Defodon. Prix de l'abonnement pour une année. 6 fr.
Voir, pour plus de détails, page 24.

Mariotti, directeur de l'école normale de Versailles. *Conférences de pédagogie;* 2e édition. 1 vol. in-12, br. 3 fr.

Pichard. *Nouveau code de l'instruction primaire;* 5e édition, donnant l'état de la législation au 1er juillet 1875. 1 volume in-18, broché. 2 fr.

Regnard (Mme). *Manuel des travaux à l'aiguille;* 2e édition. 1 vol. in-12, avec 90 vignettes dans le texte, br. 2 fr.

Salmon, conseiller à la cour de Cassation. *Conférences sur les devoirs des instituteurs primaires;* nouvelle édition. 1 vol. in-12, br. 3 fr.
Ouvrage couronné par l'Académie française.

Simon (Jules). *L'école;* 8e édition mise au courant des dernières statistiques et de l'état actuel de la législation. 1 vol. in-12, broché. 3 fr. 50 c.

2° Cours d'éducation et d'instruction primaire pour les enfants des deux sexes de 5 à 14 ans

A L'USAGE DES ÉCOLES ET DES FAMILLES

Par Mme PAPE-CARPANTIER, inspectrice générale des salles d'asile, avec la collaboration de professeurs de lettres et de sciences.

Ce cours est divisé en trois périodes : 1° Elémentaire. — 2° Moyenne. — 3° Complémentaire, précédées de deux années préparatoires.

Les volumes sont imprimés dans le format grand in-18, contiennent des vignettes intercalées dans le texte et se vendent cartonnés.

Deux éditions de tous les volumes ont été publiées simultanément, l'une à l'usage des garçons, l'autre à l'usage des filles; avoir soin de désigner, dans les demandes, l'édition spéciale que l'on désire recevoir.

Première année préparatoire.

Manuel de l'instituteur, comprenant : l'exposé des principes de la pédagogie et le guide de la première année préparatoire. 1 volume in-12, broché. 2 fr. 50

Enseignement de la lecture, à l'aide

du procédé phonomimique de M. Grosselin, 50 c.
Tableaux (30) reproduisant la méthode. 3 fr.

Petites lectures morales; premières notions de grammaire. 50 c.

Premières notions d'arithmétique, de géométrie et du système métrique. 50 c.

Premières notions de géographie et d'histoire naturelle. 75 c.

Deuxième année préparatoire.

Manuel de l'instituteur, comprenant : le développement des principes pédagogiques et le guide pratique de la deuxième année. 1 volume in-12, broché. 2 fr. 50 c.

Lectures morales et instructives; Grammaire. 1 fr.

Arithmétique; géométrie; système métrique. 1 fr.

Géographie; premières notions sur quelques phénomènes naturels. 75 c.

Histoire naturelle, leçons préparatoires à l'étude de l'hygiène. 1 fr.

Période élémentaire.

Manuel de l'instituteur, guide pratique de la période élémentaire. » »

Grammaire avec exercices, lectures et dictées. 1 fr. 50 c.

Arithmétique; géométrie appliquée; système métrique, avec problèmes. 1 fr. 50 c.

Premiers éléments de cosmographie; géographie. 1 fr. 50

Histoire naturelle. 1 fr. 50

Premières notions d'hygiène, de physique et de chimie. 1 fr.

Période moyenne.

Grammaire, accompagnée de dictées-exercices. 1 fr. 50

(Les autres ouvrages de la *période moyenne* sont en préparation.)

3° Manuels

A l'usage des aspirants et aspirantes aux brevets de capacité d'enseignement primaire et des candidats au volontariat d'un an.

Manuel d'examen pour les brevets de capacité d'enseignement primaire, rédigé conformément à la loi du 14 mai 1850 et de l'arrêté ministériel du 3 juillet 1868, par MM. Berger et Brouard, inspecteurs primaires à Paris; Defodon, professeur à l'École normale primaire de la Seine; Demkès, instituteur communal à Paris, et Devic, ancien élève de l'École centrale des arts et manufactures :

Partie obligatoire. 1 vol. petit in-16, cartonné. 6 fr.

Partie facultative. 1 vol. petit in-16, cartonné. » »

Manuel d'examen pour le volontariat d'un an, contenant les matières de *l'enseignement primaire*, par MM. Berger, Brouard, Defodon et Demkès. 1 vol. petit in-16, cartonné en percaline. » »

4° Instruction morale et religieuse, Livres d'offices.

Abrégé de l'histoire sainte avec les preuves de la religion, par demandes et par réponses. Édition revue et annotée par M. l'abbé Doubet. In-18, cart. 50 c.

Élisabeth (sœur) du tiers ordre de Saint-François. *Histoire de la Sainte-Vierge Marie*, racontée à l'aide des tableaux des grands maîtres, pour l'usage des écoles et des familles. 1 vol. grand in-18, contenant 20 vignettes, cartonné, 1 fr.

Ouvrage recommandé par S. Em. le cardinal Donnet, archevêque de Bordeaux, par Mgr Mermillod, évêque d'Hébron, et approuvé par Mgr l'évêque de Beauvais.

Épitres et Évangiles des dimanches et fêtes de l'année. Edition accompagnée de prières pendant la messe, et revue par M. l'abbé Legravereng. In-18, cartonné. 50 c.

Édition approuvée par Mgr l'év. de Coutances.

Épitres et Évangiles des dimanches et des principales fêtes de l'année, *extraits des traductions de Bossuet*, recueillis, complétés et accompagnés de notes prises en partie du même auteur; par M. H. Wallon, membre de l'Institut. In-18, cartonné. 75 c.

Ouvrage approuvé ou recommandé par un grand nombre de prélats et adopté pour les écoles communales de la ville de Paris.

Fleury. *Petit catéchisme historique,* avec les demandes et les réponses. In-18, cartonné. 30 c.

Édition approuvée par Mgr l'arch. de Cambrai.

— *Mœurs des israélites et des chrétiens.* Édition revue et annotée par M. l'abbé Legraverend. In-12, cart 1 fr. 20 c.
Édit. recommandée par Mgr l'év. de Coutances.

Histoire abrégée de l'Ancien Testament, avec celle de N. S. Jésus-Christ, où sont contenues ses principales actions. Edition revue et annotée par M. l'abbé Legraverend. In-12, cart. 90 c.
Édit. recommandée par Mgr l'év. de Coutances.

Lhomond. *Doctrine chrétienne* en forme de lectures de piété. Edition revue par M. l'abbé Delacouture. In-12. 1 fr. 10 c.

— *Histoire abrégée de la religion* avant la venue de Jésus-Christ. Edition revue par M. l'abbé Doubet. In-12, cart. 1 fr. 10 c.

— *Histoire abrégée de l'Église.* Édition revue et continuée jusqu'à nos jours par M. l'abbé Doubet. In-12, cart. 1 fr. 10 c.

Monternault (Mme), inspectrice des salles d'asile et des écoles de filles de l'Académie de Douai. *Simples récits sur l'ancien et le nouveau Testament.* 1 vol. grand in-18 avec 75 vignettes, cartonné. 1 fr. 50 c.
Ouvrage approuvé par NN. SS. les archevêques de Cambrai, de Besançon et de Toulouse, et par NN. SS. les évêques d'Amiens, d'Arras, de Soissons, de Beauvais et de la Guadeloupe.

Paroissien romain (le), à l'usage des pensionnats et des communautés, contenant les offices des dimanches et fêtes de l'année, *avec les plains-chants en notation moderne* et dans un diapason moyen, par M. F. Clément. 1 vol. in-18, br. 2 f. 50
La reliure, en basane gaufrée, tranche marbrée, se paye en sus 1 fr.; avec tranche dorée, 1 f. 75; la reliure, en chagrin, tranche dorée, 4 fr. 50.
Approuvé par NN. SS. les archevêques de Paris et d'Avignon, et l'évêque de Nevers.

Ségur (comtesse de). *Évangile d'une grand'mère.* 1 vol. in-12, cart. 1 fr. 50 c.
Ouvrage approuvé par S. Em. le cardinal archevêque de Bordeaux, par NN. SS. les archevêques de Sens et de Bourges et les évêques de Séez, de Poitiers, de Nîmes et d'Annecy.

Wallon, membre de l'Institut. *Vie de N. S. Jésus-Christ* selon les quatre Évangélistes. Livre de lecture courante à l'usage des écoles primaires. 3e édition. 1 volume in-12, cartonné. 1 fr.
Ouvrage approuvé ou recommandé par un grand nombre de prélats.

5° Méthodes de Lecture.

Alphabet et premier livre de lecture, à l'usage des écoles primaires. Grand in-18, avec figures, broché. 30 c.
Cartonné. 35 c.
L'*Alphabet* seul. Grand in-18, broché, 10 c.; cartonné. 15 c.
Le premier livre de lecture seul. Grand in-18, broché, 20 c. : cartonné. 25 c.

Pape-Carpantier (Mme). *Enseignement de la lecture* à l'aide du procédé phonomimique de M. Grosselin. Gr. in-18. 50 c.

— *Tableaux* reproduisant la méthode, 30 tableaux. 3 fr.
Le collage sur 15 cartons se paye en sus, 3 fr. 75.

Régimbeau, ancien instituteur, chevalier de la Légion d'honneur. Nouvelle méthode simplifiant l'enseignement de la lecture par la décomposition du langage en sons purs et en sons articulés.
Cette méthode a été couronnée par la Société pour l'Instruction élémentaire, mentionnée à l'Exposition universelle de 1867, et est adoptée pour les écoles communales de la ville de Paris.

— *Syllabaire,* avec 33 images intercalées dans le texte. In-12, cartonné. 60 c.
Ce syllabaire, pouvant se diviser en trois livrets qui se vendent séparément chacun 20 cent., est ainsi à la portée des plus petites écoles.

— *Syllabaire-atlas pour l'enseignement collectif,* à l'usage des écoles et des salles d'asile, 72 tableaux imprimés en caractères de grande dimension, pour être lus à longue distance par tous les élèves d'une même classe. Lesdits tableaux réunis et cartonnés en 1 vol. in-8. 10 fr.
Le même, en feuilles, permettant d'appliquer lesdits tableaux de lecture à l'*enseignement par groupes* dans les écoles et les salles d'asile. 6 fr.
Le collage sur 36 cartons se paye en sus, 9 fr.

— *Petit syllabaire,* reproduisant textuellement, ligne par ligne, la matière des 72 tableaux du *Syllabaire-atlas.* 1 vol. in-18, cart. 30 c.
Le *petit syllabaire* est l'instrument de l'élève comme le *syllabaire-atlas* est l'instrument du maître. Le *petit syllabaire* a été disposé pour que l'élève suive des yeux et indique du doigt, sur son propre livre, les différentes parties de la leçon, au fur et à mesure que le maître lui-même les montre sur le *Syllabaire-atlas.*

— *Tableaux de lecture spécialement destinés à l'enseignement par groupes,* 88 tableaux contenant des exercices plus nombreux et plus variés que ceux des tableaux précédents, mais imprimés en caractères moins gros. 3 fr.
Le collage sur 19 cartons se paye en sus, 4 f. 75.

— *Grand tableau mural méthodique*, composé pour faciliter l'enseignement de la lecture dans les classes nombreuses et représentant en très-gros caractères les divers éléments de la lecture, groupés dans un ordre gradué. Dimension : 1 m. 60 c. de hauteur sur 2 m. 40 c. de largeur. 5 fr.

Le collage sur toile avec gorge et rouleau se paye en sus 12 fr.

Le même tableau, format réduit, pour les petites écoles, à 1 m. 20 c. de hauteur sur 1 mètre 80 c. de largeur. 2 fr. 50 c.

Le collage sur toile avec gorge et rouleau se paye en sus 6 fr.

Tableaux de lecture avec ou sans épellation par MM. Lamotte, Perrier, Meissas et Michelot. 50 tableaux. 3 fr.

Les mêmes, augmentés de 16 tableaux supplémentaires. 66 tableaux. 4 fr.

Les 16 tableaux supplémentaires. 1 fr.

Manuel des tableaux de lecture, à l'usage des maitres. 1 vol., br. 1 fr.

Le même, à l'usage des élèves. Grand in-18, broché, 25 c. ; cart. 30 c.

Les tableaux et les manuels sont autorisés par le Conseil de l'Instruction publique.

Tableaux de lecture, extraits de l'*Alphabet* et *premier livre de lectures*. 24 tableaux. 1 fr.

6° Livres de Lecture courante.

§ 1er. *Ecoles primaires de garçons et de filles.*

Altemont (Louis d'). *Choix de poésies* propres à être apprises par cœur, extraites de divers auteurs et accompagnées de notes. 1 vol. in-18. 75 c.

Aulard, inspecteur d'académie. *Premières leçons de lecture courante*. In-18. 60 c.

— *Deuxièmes leçons de lecture courante*. In-18, cartonné. 60 c.

— *Nouvelles leçons de lecture courante*. In-18, cartonné. 1 fr.

Barrau. *Devoirs des enfants envers leurs parents*. In-18, avec vignettes, cart. 50 c.

Autorisé par le Conseil de l'Instruction publique.

— *Félix*, ou le jeune cultivateur. 1 vol. in-18 avec 4 vignettes, cart. 50 c.

— *Livre de morale pratique*, ou choix de préceptes et de beaux exemples. In-12 de près de 500 pages, avec gravures, cartonné. 1 fr. 50 c.

Autorisé par le Conseil de l'Instruction publique, approuvé par un grand nombre de prélats.

— *La patrie*, description et histoire de la France. In-12, avec grav., cart. 1 fr. 50 c.

Ouvrage dont l'introduction dans les écoles est autorisée par le Conseil de l'Instr. publique.

Barrau-Heuzé : *Simples notions sur l'agriculture*. 1 vol. in-12, cart. 1 fr. 50 c. Voir *Agriculture*, page 18.

Bibliothèque manuscrite des écoles primaires, ou exercices de lecture dans les manuscrits :

1re PARTIE : *Choix gradué de 50 sortes d'écritures* pour exercer à la lecture des manuscrits. 1re édition. 4 cahiers composés chacun de 32 pages grand in-8, et contenant :

Le cahier no 1. *Préceptes de conduite pour les enfants, et anecdotes instructives.*

Le cahier no 2. *Principaux événements de l'histoire ancienne et de l'histoire moderne.*

Le cahier no 3. *Modèles d'actes et de factures. Notions industrielles.*

Le no 4. *Modèles de style épistolaire.*

Les 4 cahiers réunis, cart. 1 fr. 30 c.

Chaque cahier. La douzaine, 3 fr. 90 c.

Autorisé par le Conseil de l'Instr. publique.

Le même ouvrage. Nouvelle édition refondue par M. Barrau. 4 cahiers composés chacun de 32 pages, grand in-8.

Cartonné, 1 fr. 30 c.

Chaque cahier. La douzaine, 3 fr. 90 c.

Ouvrage adopté pour les écoles communales de la ville de Paris.

Pour faciliter aux maîtres l'emploi de cette nouvelle édition, le texte des écritures a été reproduit page pour page en caractères typographiques très-lisibles, et forme un volume in-8 qui se vend. 1 fr. 50 c.

2e PARTIE : *Premières notions d'histoire naturelle et d'économie domestique*, 4 cahiers ornés de 40 dessins ou vignettes, composés chacun de 32 pages grand in-8, et contenant :

Le no 1. *Culture et emploi du blé.*

Le no 2. *Plantes, arbres et arbustes.*

Le no 3. *Animaux sauvages.*

Le no 4. *Animaux domestiques.*

Les 4 cahiers réunis, cart. 1 fr. 30 c.

Chaque cahier. La douzaine. 3 fr. 90 c.

Autorisé par le Conseil de l'Instr. publique.

3e PARTIE : *Histoire sainte et histoire de Notre Seigneur Jésus-Christ*, par M. H. Wallon, membre de l'institut, 4 cahiers, ornés de vignettes, composés chacun de 32 pages grand in-8, et contenant :

Le no 1. *Histoire sainte*, 1re partie.
Le no 2. *Histoire sainte*, 2e partie.
Le no 3. *Histoire sainte*, 3e partie.
Le no 4. *Histoire de Notre Seigneur Jésus-Christ.*

Les 4 cahiers réunis, cart. 1 fr. 30 c.
Chaque cahier. La douzaine. 3 fr. 90 c.

4e PARTIE : *Manuel épistolaire*, ou lettres choisies de grands écrivains et de personnages célèbres : 4 cahiers composés chacun de 32 pages in-8, et contenant :

Le no 1. *Lettres morales et instructives.*
Le no 2. *Lettres historiques et littéraires.*
Le no 3. *Lettres badines et familières.*
Le no 4. *Lettres de genres et de styles divers.*

Les 4 cahiers réunis, cart. 1 fr. 30 c.
Chaque cahier. La douzaine. 3 fr. 90 c.

Calemard de La Fayette, député à l'Assemblée nationale. *Petit Pierre* ou le bon cultivateur, 1 vol. in-12, avec gravures cart. 1 fr. 10 c.

Ouvrage dont l'introduction dans les écoles est autorisée par le ministre de l'Instr. publique.

Carraud (Mme Z.). *Contes et historiettes* à l'usage des jeunes enfants qui commencent à savoir lire. 1 vol. in-12, avec gravures cart. 1 fr. 10 c.

Ouvrage adopté pour les écoles communales de la ville de Paris.

— *Maurice ou le travail.* 1 vol. in-12, avec gravures, cart. 1 fr. 10 c.

Ouvrage dont l'introduction dans les écoles publiques est autorisée par le ministre de l'instruction publique, approuvé par NN. SS. l'archevêque de Paris et les évêques de Versailles, de Sées et de Quimper.

— *La petite Jeanne ou le devoir*, livre de lecture courante, à l'usage des écoles primaires de filles. In-12, avec gravures, cart. 1 fr. 10 c.

Ouvrage dont l'introduction dans les écoles est autorisée par le ministre de l'Instruction publique, couronné par l'Académie française et approuvé par S. Em. le cardinal Du Pont, archevêque de Bourges, et NN. SS. les évêques de Dijon, de Limoges, de Versailles, de Sées et de Quimper.

Choix de fables *de la Fontaine, Florian* et autres auteurs. Nouvelle édition augmentée et annotée, par A. Desportes. In-18 de 144 pages, cart. 50 c.

Choix de fables tirées de la Fontaine, de Florian et d'autres fabulistes, par M. DelaPalme. Grand in-18 de 36 pages, broché, 15 c.; cart. 20 c.

Civilité chrétienne (petite), ou règles de la bienséance, imprimée en caractères gradués. In-18, broché 20 c.; cart. 25 c.

Autorisé par le Conseil de l'Instr. publique.

Corne (H.), ancien magistrat, député à l'Assemblée nationale. *Education intellectuelle ;* maximes et proverbes expliqués. 1 vol. grand in-18, cart. 1 fr. 25 c.

Cortambert (E. et R.). *Les trois règnes de la nature*, simples lectures sur l'histoire naturelle; nouvelle édition avec un grand nombre de vignettes intercalées dans le texte. 1 vol. in-12, cart. 1 fr. 50 c.

Cuir (A. F.), instituteur. *Les petits écoliers*, lectures courantes sur les qualités et les défauts des enfants. Grand in-18, avec 38 vignettes dans le texte, cart. 90 c.

Ouvrage approuvé par Mgr l'évêque de Versailles.

Daniel (Mgr), ancien évêque de Coutances. *Choix de lectures* en prose et en vers, extraites des auteurs classiques, ou leçons abrégées de littérature et de morale. Nouvelle édition avec gravures. 1 vol. in-18, cart. 1 fr. 60 c.

Autorisé par le Conseil de l'Instr. publique.

DelaPalme. *Premières lectures dans les manuscrits.* Grand in-18 de 36 pages, broché, 15 c.; cart. 20 c.

— *Le premier livre des petits enfants.* 1 vol. in-18, avec des gravures, cart. 50 c.

— *Premier livre de l'enfance*, ou exercices de lecture et leçons de morale, à l'usage des très-jeunes enfants. 1 vol. grand in-18, imprimé en très-gros caractères, avec vignettes, cart. 60 c.

Autorisé par le Conseil de l'Instruction publique et adopté pour les écoles de la ville de Paris.

— *Premier livre de l'adolescence*, ou exercices de lecture et leçons de morale. 1 vol. grand in-18, imprimé en caractères gradués, avec vignettes, cartonné. 60 c.

Autorisé par le Conseil de l'Instruction publique et adopté pour les écoles de la ville de Paris.

Delon. *Lectures expliquées;* tableaux et récits accompagnés de développements et commentaires. 1 vol. in-12 avec gravures, cartonné. 1 fr.

Du Bos d'Elbhecq (Mme). *Le père Fargeau*, ou la famille du peigneur de chanvre, précédé d'une préface par M. l'abbé Faudet, curé de St-Roch, à Paris. 1 vol. in-12, cart. 1 fr. 25 c.

Ouvrage dont l'introduction dans les écoles est autorisée par le ministre de l'Instruction publique, approuvé ou recommandé par S. Em. le cardinal archevêque de Lyon et par NN. SS. les évêques d'Arras, de Beauvais, de Gap, du Mans, de Moulins, de Troyes et de Versailles.

Fénelon. *Les Aventures de Télémaque.* In-12, cart. 1 fr.

— *Fables*, par M. Ad. Regnier. 1 vol. petit in-16, avec vignettes, cart. 75 c.

— *Morceaux choisis*, à l'usage des enfants, publiés par M. Ad. Regnier. 1 vol. in-18, cartonné. 80 c.

Figuier. *Les grandes inventions modernes* dans les sciences, l'industrie et les arts. 1 vol. in-12 avec 138 figures dans le texte, cart. 1 fr. 50 c.

Florian. *Fables*, suivies des poëmes de Tobie et de Ruth, avec des notes de M. Geruzez. 1 vol. petit in-16, avec vignettes cart. 75 c.

Garrigues et Boutet de Monvel. *Simples lectures sur les sciences, les arts et l'industrie.* Nouvelle édition refondue et accompagnée de 157 figures intercalées dans le texte. 1 fort volume in-12 avec vignettes, cart. 1 fr. 80 c.

Guillon (Mme). *La mère Justin*, protectrice des animaux. 1 vol. in-18, avec gravures, cart. 60 c.

— *Après la guerre ; les travailleurs chez la mère Justin.* 1 vol. in-12, cart. 90 c.

Humbert. *Jean le dénicheur* ou *misère et richesse*, in-18, cart. 50 c.

Ouvrage couronné par la Société protectrice des animaux et par la Société pour l'Instruction élémentaire.

La Fontaine. *Choix de fables*, avec une notice bibliographique et des notes tirées de l'édition classique publiée par M. Geruzez. In-18, cart. 1 fr.

Lebrun (Th.), ancien inspecteur des écoles primaires de la Seine. *Livre de lecture courante*, en quatre parties, contenant la plupart des notions utiles qui sont à la portée des enfants de huit à douze ans, 4 vol. in-18, avec gravures, cartonnés:

Ouvrage dont l'introduction dans les écoles est autorisée par le ministre de l'Instruction publique et adopté pour les écoles communales de la ville de Paris.

Chaque volume se vend séparément et contient une lecture pour chacun des jours de classe du trimestre.

1re partie (janv., fév., mars), 1 fr. 10 c
2e partie (avril, mai, juin), 1 fr. 10 c.
3e partie (juil., août, sept.), 1 fr. 10 c.
4e partie (octob., nov., déc.), 1 fr. 10 c.

Monternault (Mme), inspectrice des écoles de filles de l'Académie de Douai. *Les saisons*, ou simples causeries pour les petites filles de 7 à 10 ans ; 3e édition. 1 vol. gr. in-18, avec de nombreuses grav., cart. 90 c.

Ouvrage approuvé par NN. SS. les archevêques de Cambrai, de Besançon et de Reims, NN. SS. les évêques d'Arras, d'Amiens, de Soissons et de Gap.

Pape-Carpantier (Mme). *Lectures et travail* pour les enfants et les mères. In-12 cartoné. 1 fr. 25 c.

— *Histoire du blé.* 1 vol. grand in-18, avec vignettes dans le texte, cart. 1 fr.

Parent, inspecteur de l'instruction primaire. *Premières lectures courantes*, comprenant : 1° des lectures sur les connaissances à la portée des enfants; 2° des récits moraux et instructifs; 3° des morceaux de poésie; 4° des préceptes de religion, de morale et de civilité. Ouvrage rédigé conformément à l'instruction ministérielle du 18 novembre 1871. 1 vol. in-12, avec vignettes, cart. 90 c.

Pellissier. *La gymnastique de l'esprit*, modèles et sujets d'exercices oraux et écrits, format grand in-18, cartonné.

Ouvrage adopté pour les écoles communales de la ville de Paris.

1re partie, pour les enfants de 5 à 8 ans. 1 vol. avec figures, 60 c.
2e partie, pour les enfants de 7 à 10 ans. 1 vol. 80 c.
3e partie, pour les enfants de 9 à 13 ans. 1 vol. 60 c.

Poiré (P.). *Simples lectures sur les principales industries.* 1 vol. in-12, avec 163 vignettes dans le texte, cart. 1 fr. 50 c.

Psautier de David, en latin, avec une instruction sur la manière de prononcer le latin, des hymnes diverses et des prières durant la sainte messe. Nouvelle édition, revue par M. l'abbé Doubet, in-18, cartonné. 60 c.

Édition approuvée par Mgr l'archevêque de Paris.

Rendu (Ambroise). *Robinson dans son île*, ou abrégé des aventures de Robinson, in-18, cart. 50 c.

Autorisé par le Conseil de l'Instr. publique.

Ségur (comtesse de). *Évangile d'une grand'mère*, 1 vol. in-12 cart. 1 fr. 50 c.

Soulice. *Premières connaissances.* In-18 de 72 pages, broc. 20 c.; cart. 25 c.

Wallon, membre de l'Institut. *Vie de N. S. Jésus-Christ*, livre de lecture courante. 1 vol. in-12, cart. 1 fr.

— *Jeanne d'Arc.* In-12, br. 1 fr.

Wirth (Mlle). *Le livre de lecture courante des jeunes filles chrétiennes :*

1re partie, à l'usage des classes élémentaires; 3e édition. 1 v. in-18, cart. 90 c.
2e partie, à l'usage des classes supérieures. 1 vol. in-12, cart. 1 fr. 40 c.

§ 2. *Classes d'adultes.*

Chaque volume, format in-12, se vend : broché, 1 fr. 25 c.; cartonné, en percaline gaufrée, avec titre doré, 1 fr. 75 c.

Agassiz (M. et Mme). *Voyage au Brésil.* 1 vol.

Aunet (Mme d'). *Voyage d'une femme au Spitzberg.* 1 vol.

Badin (Ad.). *Duguay-Trouin,* 1 vol.

— *Jean Bart.* 1 vol.

Baines. *Voyage dans le sud-ouest de l'Afrique.* 1 vol.

Baker. *Le lac Albert,* nouveau voyage aux sources du Nil. 1 vol.

Baldwin. *Du Natal au Zambèse,* 1 vol.

Barrau. *Conseils aux ouvriers.* 1 vol.

Bernard (Fr.). *Vie d'Oberlin,* 1 vol.

Bonnechose (Émile de). *Bertrand du Guesclin.* 1 vol.

— *Le général Hoche,* 1 vol.

Burton. *Voyage à la Mecque, aux grands lacs d'Afrique et chez les Mormons.* 1 vol.

Calemard de La Fayette. *La prime d'honneur,* 1 vol.

— *L'Agriculture progressive,* 1 vol.

Carraud (Mme Z.). *Une servante d'autrefois.* 1 vol.

— *Les veillées de maître Patrigeon,* entretiens familiers sur l'impôt, le travail, la richesse, la propriété, l'agriculture, la famille, la tempérance, etc. 1 vol.

Charton (Ed.). *Histoire de trois enfants pauvres.* 1 vol.

Corne (H.). *Le cardinal Mazarin.* 1 vol.

— *Le cardinal de Richelieu.* 1 vol.

Corneille (P.). *Chefs-d'œuvre.* 1 vol.

Deherrypon. *La boutique de la marchande de poissons.*

De la Palme. *Le premier livre du citoyen.* 1 vol.

Duval (Jules). *Notre pays.* 1 vol.

Ernouf (le baron). *Histoire de trois ouvriers français :* Richard Lenoir, Bréguet, Brézin. 1 vol.

— *Deux inventeurs célèbres.* Philippe de Girard, Jacquart, 1 vol.

— *Denis Papin,* sa vie et son œuvre. 1 vol.

Franck (Ad.). *Morale pour tous.* 1 vol.

Franklin. *Œuvres,* traduites de l'anglais et annotées par M. Ed. Laboulaye, membre de l'Institut, 5 vol.

Mémoires. 1 vol.

Correspondance. 3 vol.

Essais de morale. 1 vol.

Guillemin (Amédée). *La lune.* 1 volume illustré.

— *Le soleil.* 1 vol. illustré.

— *La lumière et les couleurs.* 1 vol. illustré.

Hauréau (B.). *Charlemagne et sa cour.*

Hayes. *La mer libre du pôle.* 1 vol.

Homère. *Les beautés de l'Iliade et de l'Odyssée,* par M. Giguet. 1 vol.

Joinville (sire de). *Histoire de saint Louis,* texte rapproché du français moderne, par Natalis de Wailly, 1 vol.

Jouault. *Abraham Lincoln.* 1 vol.

Jonveaux (E.). *Histoire de quatre ouvriers anglais :* Henri Maudslay, G. Stephenson, W. Fairbairn, James Nasmyth. 1 vol.

— *Histoire de trois potiers célèbres :* Bernard Palissy, Wedgwood, Böttger. 1 vol.

Labouchère (Alf.). *Oberkampf.* 1 vol.

Lacombe. *Petite histoire du peuple français.* 1 vol.

La Fontaine. *Choix de fables.* 1 vol.

Lanoye (de). *Le Nil et ses sources.* 1 vol.

Le loyal serviteur. *Histoire du gentil seigneur de Bayart,* abrégée par A. Feillet. 1 vol.

Livingstone. *Explorations dans l'Afrique australe.* 1 vol.

Mage. *Voyage dans le Soudan occidental.* 1 vol.

Meunier (Mme). *Entretiens familiers sur l'hygiène.* 1 vol.

— *Entretiens familiers sur la botanique.* 1 vol.

Milton et Cheadle. *Voyage de l'Atlantique au Pacifique.* 1 vol.

Molière. *Chefs-d'œuvre,* 2 vol.

Mouhot. *Voyage dans le royaume de Siam.* 1 vol.

Müller (Eug.). *La boutique du marchand de nouveautés.* 1 vol.

Palgrave. *Une année dans l'Arabie*. 1 vol.

Perron D'Arc. *Aventures d'un voyageur en Australie*, 1 vol.

Pfeiffer (Mme). *Voyage autour du monde*. 1 vol.

Piotrowski. *Souvenirs d'un Sibérien*. 1 vol.

Poirson. *Guide manuel de l'orphéoniste*. 1 vol.

Racine (Jean). *Chefs-d'œuvre*, 2 vol.

Reclus (E.). *Les phénomènes terrestres*, 2 vol.

Rendu (Victor). *Principes d'agriculture*. 2 vol.

— *Mœurs pittoresques des insectes*. 1 vol.

Shakspeare. *Chefs-d'œuvre*. 3 vol.

Speke (le capitaine). *Découverte des sources du Nil*. 1 vol.

Vambéry. *Voyages d'un faux derviche dans l'Asie centrale*. 1 vol.

7° Écriture.

Taupier. *Nouveaux cahiers d'écriture cursive*, destinés à être repassés à l'encre par les élèves et disposés pour apprendre simultanément à écrire en gros, en moyen et en fin, à l'usage des écoles primaires. 10 cahiers. Chaque cahier. 9 c.

Ouvrage dont l'introduction dans les écoles est autorisée par le ministre de l'Instruction publique.

— *Nouveaux cahiers d'écriture bâtarde, ronde et gothique* pour apprendre à écrire avec ou sans maître ; 6 cahiers in-8 oblong (2 cahiers de chaque sorte). Prix de chaque cahier. 15 c.

— *Guide des nouveaux cahiers pour les écritures bâtarde et ronde*. 1 cahier de 32 pages in-8 oblong. 75 c.

— *Guide des nouveaux cahiers pour l'écriture gothique*. 1 cahier de 32 pages in-8 oblong. 75 c.

— *Tableaux muraux pour l'enseignement de l'écriture*. Chaque tableau se compose de 4 feuilles colombier ayant ensemble 1 mètre 45 centimètres de hauteur sur 1 mètre 10 centimètres de largeur :

1° Ecriture cursive : lettres minuscules, 1 tableau.

2° Ecriture cursive : lettres majuscules, 1 tableau.

3° Ecriture bâtarde, ronde et gothique, 1 tableau.

Chaque tableau en feuilles. 3 fr.

Le collage sur toile avec gorge et rouleau et le vernissage se payent en sus 7 fr.

Thiolat : *L'Enseignement de l'écriture par les procédés combinés de l'imitation et du calque*. Huit cahiers de 20 pages in-4° couronne, fabriqués avec un bon et solide papier. Chaque cahier, broché avec une couverture de couleur portant une gravure instructive avec légende. 9 c.

8° Étude de la langue française.

Altemont (d'). *Narrations et lettres* (sujets et corrigés). 1 vol. in-12, br. 2 fr. 50 c.

— *Choix de poésies*, propres à être apprises par cœur, extraites de divers auteurs et accompagnées de notes explicatives. In-18, cart. 75 c.

Barrau. *Méthode de composition et de style*, ou principes de l'art d'écrire en français, suivis d'un choix de modèles en prose et en vers ; 10e édition. 1 vol. in-12, cartonné. 2 fr. 75 c.

— *Morceaux choisis des auteurs français* à l'usage des écoles normales primaires des instituteurs et des institutrices ; 3e édit., 1 vol. in-12, br. 3 fr. 50 c.

Beaujean, professeur au lycée Louis-le-Grand. *Abrégé du Dictionnaire de la langue française de E. Littré*, contenant tous les mots qui se trouvent dans le Dictionnaire de l'Académie française, plus un grand nombre de néologismes et de termes de science et d'art, avec l'indication de la prononciation, de l'étymologie et l'explication des locutions proverbiales et des difficultés grammaticales. 1 fort volume in-8 de 1300 pages, broché. 12 f.

Cartonné en toile verte. 13 fr. 50 c.
Relié en demi-chagrin. 16 fr.

Bonnaire. *Cours de thèmes français* ou exercices d'orthographe, de syntaxe, d'analyse et de ponctuation. In-12, cartonné. 1 fr. 20 c.
Corrigé des thèmes. In-12, br. 1 fr. 50 c.

Brachet, lauréat de l'Académie française, et **Dussouchet**, agrégé de grammaire. *Petite grammaire française*, fondée sur l'histoire de la langue. 1 vol. in-12, cartonné. 80 c.

Ouvrage adopté par les écoles communales de la ville de Paris.

Voir *Dussouchet* pour les Exercices.

Carraud (Mme). *Lettres de familles*, ou modèles de style épistolaire pour les circonstances ordinaires de la vie. 1 vol. in-12, cart. 1 fr. 10 c.

Defodon, rédacteur en chef du Manuel général de l'instruction primaire. *Cours de dictées*; 6e édition. In-12 cart. 2 fr.

Dussouchet. *Exercices sur la petite grammaire française* de M. Brochet. 1 vol. in-12, cart. » »

Lhomond. *Eléments de la grammaire française*. In-12, cart. 30 c.

— *Abrégé de la grammaire française*. Grand in-18 de 36 pages, br., 15 c.; cartonné, 20 c.

Noël et Chapsal. *Nouvelle grammaire française*. 1 vol. in-12 cartonné. 1 fr. 50 c.

— *Exercices*. In-12, cart. 1 fr. 50 c.

— *Corrigé des exercices*. In-12, c. 2 fr. 10 c.

— *Exercices français supplémentaires*. In-12, cartonné. 1 fr. 50 c.

— *Corrigé des mêmes*. In-12, cart. 2 fr. 10 c.

— *Abrégé de la grammaire*. In-12, cart. 90 c.

— *Exercices élémentaires* adaptés à l'abrégé de la grammaire. In-12, cartonné. 1 fr. 10 c.

Regnard (Mme). *Cours de dictées* à l'usage des jeunes filles. In-12. 1 fr. 80 c.

— *Compositions françaises*, à l'usage des jeunes filles. 1 vol. in-12, cart. 1 fr. 50 c.

Sardou. *Traité de la conjugaison des verbes*. In-12, cart. 50 c.

Sommer, agrégé de l'Université, docteur ès lettres. *Grammaire des écoles primaires*, avec de nombreux exercices; 6e édition. 1 vol. in-12, cartonné. 80 c.

— *Grammaire des jeunes filles*, à l'usage des écoles et des pensionnats, avec des exercices spécialement rédigés par Mme Cécile Regnard. 1 vol. in-12, cart. 80 c.

— *Manuel de l'art épistolaire*; 4e édit. 2 vol. grand in-18, brochés. 3 fr. 25 c.

On vend séparément :

Sujets et préceptes de lettres, à l'usage des élèves. 1 vol. 1 fr. 25 c.

Modèles de lettres, à l'usage des maîtres. 1 vol. 2 fr.

— *Manuel de style*, ou préceptes et exercices sur l'art de composer et d'écrire le français, contenant des morceaux écrits en vieux style à rajeunir, des vers à mettre en prose, des exercices sur les homonymes et les synonymes, des sujets de fables, lettres, narrations et discours; 7e édition. 2 vol. grand in-18, br. 3 fr.

On vend séparément :

Préceptes et exercices, à l'usage des élèves. 1 vol. 1 fr. 50 c.

Modèles, à l'usage des maîtres. 1 volume. 1 fr. 50 c.

— *Petit dictionnaire des synonymes français*, avec 1° leur définition; 2° de nombreux exemples tirés des meilleurs écrivains; 3° l'explication des principaux homonymes français. 1 vol. in-18, cartonné. 1 fr. 80 c.

Soulice (Th.). *Petit dictionnaire de la langue française*, à l'usage des écoles primaires. Nouvelle édition entièrement refondue. 1 vol. in-18, cart. 1 fr. 50 c.

Le même ouvrage, suivi d'un *complément historique et géographique*, par M. Soulice fils. 1 fr. 80 c.

Le complément historique et géographique, seul. 1 vol. in-18, cart. 50 c.

Soulice et Sardou. *Petit dictionnaire raisonné des difficultés et exceptions de la langue française*. In-18, cart. 2 fr.

9° Géographie.

§ 1er. *Livres, Atlas.*

Ansart (F.) *Petite géographie moderne*; 36e édition avec des gravures dans le texte. In-18, cart. 80 c.

Autorisé par le Conseil de l'Instr. publique.

Belin de Launay, inspecteur d'académie. *Petite géographie de la France*. Grand in-18 de 36 pages, broché, 15 c.; cartonné. 20 c.

Cortambert. *Petite géographie illustrée du premier âge*, à l'usage des écoles et des familles, présentée sous forme d'entretiens, et accompagnée de 88 vignettes ou cartes; 4e édition. 1 vol. in-18, cartonné en percaline gaufrée. 80 c.

— *Petite géographie illustrée de la France*, à l'usage des écoles primaires, 1 vol. in-18, contenant de nombreuses vignettes dans le texte, cart. en percaline gaufrée. 80 c.

— *Petit atlas primaire*, composé de 15 cartes tirées en couleurs. 1 volume petit in-8, broché. 50 c.

— *Petit atlas élémentaire de géographie moderne*, à l'usage des écoles et des familles, composé de 22 cartes tirées en couleur. 1 vol. in-4, br. 90 c.

Le même, suivi d'une carte du département demandé. 1 fr. 15 c.

Le même, accompagné d'un texte explicatif en regard de chaque carte. 1 vol. in-4, br. 1 fr. 10 c.

Le même, suivi d'une carte du département demandé. 1 fr. 35 c.

— *Petite géographie* à l'usage des écoles primaires; 9e édition. 1 vol. in-18, avec gravures, cartonné. 60 c.

— *Petit atlas géographique du premier âge*, contenant 9 cartes coloriées, et précédé d'un texte explicatif. Grand in-18, cartonné. 80 c.

Ouvrage dont l'introduction dans les écoles est autorisée par M. le ministre de l'Instruction publique.

— *Petit cours de géographie moderne*, contenant de nombreux exercices; 18e édition avec de nombreuses gravures dans le texte. In-12, cartonné. 1 fr. 50 c.

Autorisé par le Conseil de l'Instr. publique.

— *Petit atlas de géographie moderne*. Nouvelle édition gravée sur acier. Grand in-8, contenant 20 cartes imprimées en couleurs, cartonné. 2 fr. 50 c.

— *Petite géographie générale*. Grand in-18 de 36 pages, broché, 15 c.; cartonné, 20 c.

— *Le globe illustré*, géographie générale à l'usage des écoles et des familles. 1 vol. in-4o, contenant de nombreuses gravures et 16 cartes tirées en couleur, cart. 4 fr.

Fillias. *Géographie de l'Algérie*. 1 vol. in-12, avec une carte, cartonné. 1 fr. 25 c.

Joanne (A.). *Géographies des départements de la France*, contenant la liste complète des communes du département et un dictionnaire alphabétique des localités les plus remarquables.

Chaque département, accompagné de vignettes intercalées dans le texte et d'une carte du département tirée en 4 couleurs, forme un volume in-12 élégamment cartonné et se vend séparément.

En vente :

1re série, à 1 fr. 50 le volume.

Charente; Doubs; Landes; Meurthe.

2e série, à 90 c. le volume.

Aisne; Allier; Aube; Bouches-du-Rhône; Cantal; Corrèze; Côte-d'Or; Deux-Sèvres; Haute-Saône; Indre-et-Loire; Loire; Loire-Inférieure; Loiret; Maine-et-Loire; Nord; Pas-de-Calais; Saône-et-Loire; Seine-et-Oise; Seine-Inférieure.

En préparation : *Aude; Charente-Inférieure; Dordogne; Gironde; Haute Vienne; Isère; Jura; Loir-et-Cher; Oise; Puy-de-Dôme; Rhône; Somme; Vienne.*

— *Atlas de la France*, contenant 95 cartes, avec notices géographiques et statistiques. In-folio cartonné. 40 fr.

Chaque carte se vend séparément 50 c.

Meissas et Michelot. *Petit atlas élémentaire de géographie moderne* (Atlas A), huit cartes coloriées, grand in-8, cartonné. 2 fr. 50 c.

Le même (atlas B), avec les 8 cartes muettes. Cartonné. 3 fr. 50 c.

— *Petite géographie méthodique*, à l'usage des jeunes enfants. In-18, cartonné. 60 c.

Autorisé par le Conseil de l'Instr. publique.

— *Géographie sacrée*. In-18, cart. 1 fr. 25 c.

Autorisé par le Conseil de l'Instr. publique.

— *Tableaux de géographie*. 28 tableaux in-folio. 3 fr.

— *Manuel de géographie*. In-18, cart. 75 c.

Autorisé par le Conseil de l'Instr. publique.

§ 2. *Cartes murales par MM. Meissas et Michelot.*

Chaque carte est accompagnée d'un questionnaire qui est donné gratuitement aux acquéreurs de la carte à laquelle il se réfère. Chaque questionnaire se vend en outre séparément 30 c.

GRANDES CARTES MURALES MUETTES OU ÉCRITES.

Les cartes en 16 feuilles ont 1 mètre 80 centimètres de hauteur sur 2 mètres 30 cent. de largeur. Celles en 20 feuilles ont 1 mètre 80 cent. de hauteur sur 2 mètres 80 cent. de largeur. Le collage sur toile, avec gorge et rouleau et le vernissage se payent en sus : 1o pour les cartes en 16 feuilles, 12 fr.; — 2o pour les cartes en 20 feuilles, 14 fr.

Géographie ancienne.

Empire romain écrit. 16 feuilles. 10 fr.

Italie et Grèce anciennes écrites. 16 feuilles. 10 fr.

Géographie moderne.

Afrique écrite. 16 feuilles. 10 fr.

Amériques septentrionale et méridionale écrites. 20 feuilles. 12 fr.

L'Amér. septentrionale, séparément, 12 flles. 8 fr.

L'Amér. méridionale, séparément, 8 flles. 6 fr.

Asie écrite. 16 feuilles. 10 fr.

Europe écrite. 16 feuilles. 9 fr.

Europe muette, 16 feuilles. 7 fr. 50 c.

France écrite par départements, *Belgique et Suisse;* nouvelle édition, où l'on a ajouté la division de la France en bassins et la division en gouvernements avant 1789. 16 feuilles. 9 fr.

Mappemonde écrite. 20 feuilles. 12 fr.

Mappemonde muette. 20 feuilles. 10 fr.

NOUVELLE CARTE MURALE.

Nouvelle carte murale écrite de la France par départements, indiquant le relief du terrain, tirée en couleurs par la chromolithographie sur 12 feuilles jésus mesurant 1 mètre 95 de hauteur sur 2 mètres de largeur. 15 fr.

La même carte, muette. 15 fr.

Le collage sur toile avec gorge et rouleau et le vernissage se payent en sus, 12 fr.

PETITES CARTES MURALES ÉCRITES.

Les petites cartes murales conviennent aux écoles dans lesquelles les grandes cartes ne peuvent être placées à cause de leur dimension.

La *France*, l'*Europe*, l'*Asie*, l'*Afrique et la Palestine* ont 1 mètre de hauteur sur 1 mètre 30 c. de largeur: la *Mappemonde* a 1 mètre 10 centimètres de hauteur sur 1 mètre 70 cent. de largeur; l'*Amérique* a 1 mètre de hauteur sur 1 mètre 95 centimètres de largeur.

Le collage sur toile, avec gorge et rouleau et le vernissage se payent en sus : 1° pour la *France*, l'*Europe*, l'*Asie*, l'*Afrique* et *la Palestine* 5 fr.; 2° pour la *Mappemonde* et l'*Amérique*, 7 fr.

Afrique, 4 feuilles jésus. 5 fr.

Amériques septentrionale et méridionale, 6 feuilles jésus. 6 fr.

Asie, 4 feuilles jésus. 5 fr.

France, en 89 départements, *Belgique* et *Suisse*, 4 feuilles jésus. 4 fr. 50 c.

Europe, 4 feuilles jésus. 4 fr. 50 c.

Mappemonde, 8 feuill. grand raisin. 6 fr.

Palestine, 4 feuilles jésus. 6 fr.

§ 3. *Grandes cartes murales muettes* ou *écrites par Ehrard.*

Ces cartes sont imprimées en couleurs, sur 4 feuilles grand-monde, et ont 1 mètre 60 cent. de hauteur sur 1 mètre 78 de largeur. Elles indiquent par des teintes de nuances graduées la configuration du sol et rendent facile l'étude de la géographie physique.

France muette ou *écrite*, d'après la carte oro-hydrographique, publiée sous les auspices du ministère de l'instruction publique, par la commission de la topographie des Gaules, 20 fr.

Le collage sur toile avec gorge et rouleau et le vernissage se payent en sus 12 francs.

Europe, sous presse,

§ 4. *Petites cartes murales muettes* ou *écrites par Ehrard.*

France muette ou *écrite*, en feuille, réduction de la précédente, imprimée en couleurs, ayant 95 centimètres sur 82 cent. En feuille, 6 fr.

Le collage sur toile avec gorge et rouleau et le vernissage se payent en sus 4 francs.

Europe muette ou *écrite*, imprimée en couleurs sur toile et montée sur gorge et rouleau. » »

§ 5. *Petites cartes murales écrites par E. Cortambert.*

Ces nouvelles cartes sont imprimées en couleurs sur un seul morceau de toile. Elles ont 95 centimètres sur 1 mètre 20 cent. Elles ne se vendent que montées sur gorge et rouleau.

France. — Europe. — Asie. — Afrique. — Amérique du Nord. — Amérique du Sud. — Océanie. — Planisphère.

Prix de chaque carte. 7 fr.

10° Histoire.

Daniel (Mgr), ancien évêque de Coutances. *Abrégé chronologique de l'histoire universelle.* Nouvelle édition, continuée jusqu'à nos jours par M. Ch. Marie, professeur au lycée de Caen. 1 fort vol. in-12, cartonné. 3 fr. 50 c.

Ducoudray. *Premières leçons d'histoire de France*, à l'usage des écoles primaires. Ouvrage rédigé conformément aux programmes de la ville de Paris et du ministère de l'instruction publique (premier degré). 1 vol. in-18, avec vignettes, cartonné. 60 c.

Ouvrage adopté pour les écoles communales de la ville de Paris.

— *Nouvelles leçons d'histoire de France* (2e degré). 1 vol. in-18 avec vignettes. 1 fr.

Ouvrage adopté pour les écoles communales de la ville de Paris.

Duruy (V.). *Petit cours d'histoire universelle*, format in-18, cartonné :

Petite histoire sainte. 80 c.
Vie de N. S. Jésus-Christ. 60 c.
Petite histoire ancienne. 1 fr.
Petite histoire grecque. 1 fr.
Petite histoire romaine. 1 fr.
Petite histoire du moyen âge. 1 fr.
Petite histoire des temps modernes. 1 fr.
Petite histoire de France, depuis les temps les plus reculés, jusqu'à nos jours. 1 fr.
Petite histoire générale. 1 fr.

Ferté. *Petite histoire sainte*, comprenant l'Ancien et le Nouveau Testament ; 8e édition. 1 vol. in-12 avec vignettes, cart. 70 c.

Ouvrage approuvé par NN. SS. les évêques de Rodez, de Beauvais et de Versailles.

Geruzez. *Petit cours de mythologie.* Nouvelle édition. In-12, cart. 90 c.

Autorisé par le Conseil de l'Instr. publique.

Lesieur. *Petite histoire sainte.* Grand in-18 de 36 pages, broché, 15 c.; cart. 20 c.

— *Petite histoire ancienne.* Grand in-18 de 36 pages, broché, 15 c. ; cart. 20 c.

— *Petite histoire romaine.* Grand in-18 de 36 pages, broché, 15 c.; cart. 20 c.

— *Petite histoire moderne.* Grand in-18 de 36 pages, broché, 15 c.; cart. 20 c.

— *Les rois de France* et la chronologie des principaux événements de leur règne. Grand in-18 de 36 pages, br. 15 c., cart. 20 c.

— *Petite mythologie.* Grand in-18 de 72 pages, broché, 25 c. ; cartonné. 30 c.

Meissas et Michelot. *Tableaux d'histoire de France.* 36 tableaux in-folio. 3 fr. 50 c.

— *Manuel d'histoire de France.* In-18. 75 c.

Saint-Ouen (Mme L. de). *Histoire de France*, depuis l'établissement des Francs dans les Gaules jusqu'à nos jours, avec les portraits des rois et une carte de la France à l'époque actuelle. In-18, cart. 80 c.

Autorisé par le Conseil de l'Instr. publique.

Simon, adjoint d'école normale primaire. *Histoire sainte abrégée* (Ancien et Nouveau Testament), présentant, dans une suite de récits empruntés à la Bible, le résumé complet de l'histoire sainte. Ouvrage rédigé conformément à l'instruction ministérielle du 18 novembre 1871, revu par M. l'abbé Manuel, missionnaire apostolique, et accompagné d'une carte. 1 vol. in-12, cart. 1 fr. 25 c.

Wallon, membre de l'Institut. *Abrégé de l'Histoire sainte* (Ancien et Nouveau Testament). 1 vol. in-18, cart. 75 c.

Ouvrage approuvé par Mgr l'archevêque de Paris, recommandé par un grand nombre d'autres prélats et adopté pour les écoles communales de la ville de Paris.

— *Petite histoire sainte*, extraite de la précédente ; avec questionnaire. 1 vol. in-18, cart. 50 c.

11° Arithmétique, Poids et Mesures, Tenue des livres.

Boutet de Monvel. *Arithmétique* à l'usage des écoles primaires, suivie de notions élémentaires sur le système métrique, et accompagnée de nombreux problèmes. In-18, cartonné. 75 c.

Bovier-Lapierre, professeur à l'Ecole normale de Cluny. *L'arithmétique simplifiée.* 1 vol. in-12, cart. 1 fr. 50 c.

Cadrès Marmet. *Principes de tenue de livres très-simplifiée*, à partie simple et à partie double, avec un vocabulaire des termes les plus usités dans le commerce. In-18, cartonné. 60 c.

Autorisé par le Conseil de l'Instr. publique.

Cirodde (P. L.). *Abrégé d'arithmétique.* In-18, cartonné. 75 c.

Autorisé par le Conseil de l'Instr. publique.

Courcelle-Seneuil. *Traité élémentaire de comptabilité et de tenue des livres.* 1 vol. in-12, broché. 2 fr.

Degranges (Edmond). *Éléments de la tenue des livres.* In-12, cart. 90 c.

Fauré, directeur d'école normale primaire. *Nouvelle arithmétique simplifiée des écoles primaires*, comprenant : 1° la théorie de l'arithmétique mise à la portée des enfants ; 2° de nombreux exercices de calcul mental et écrit ; 3° un grand nombre de problèmes d'applications ; 4° des questionnaires ; 5° l'indication des meilleurs procédés d'enseignement. Ouvrage rédigé conformément à l'instruction ministérielle du 18 novembre 1871. 1 vol. in-12, cartonné. 1 fr. 50 c.

Garrigues, vérificateur des poids et mesures. *Le système métrique*, avec figures dans le texte. 1 vol. in-18, cartonné. 75 c.

Lamotte. *Système légal des poids et mesures*. In-18, br. 30 c.

Autorisé par le Conseil de l'Instr. publique.

Ritt, ancien inspecteur général de l'instruction primaire. *Nouvelle arithmétique des écoles primaires*, divisée en deux parties : 1° *Théorie et pratique du calcul :* Nombres entiers, Fractions, Système métrique, Nombres complexes, Rapports, — 2° *Applications :* Applications arithmétiques, puissances et racines des nombres, Applications géométriques; et contenant environ 1200 exercices et problèmes. In-12, cartonné. 1 fr. 50 c.

— *Réponses et solutions raisonnées* des exercices de calcul et problèmes contenus dans la *Nouvelle Arithmétique des écoles primaires*. In-12, broché. Prix. 1 fr. 50 c.

— *Premières notions d'arithmétique et de calcul mental*. In-18, cartonné. 75 c.

Saigey. *Problèmes d'arithmétique et exercices de calcul du premier degré*, servant de complément à tous les traités d'arithmétique. In-18, contenant plus de 1300 problèmes. Broché. 75 c.

Autorisé par le Conseil de l'Instr. publique.

— *Solutions raisonnées des problèmes d'arithmétique du premier degré*. In-18, broché. 1 fr. 50 c.

— *Problèmes d'arithmétique et exercices de calcul du second degré*, avec leurs solutions raisonnées. In-18, br. Prix. 50 c.

— *Les poids et mesures du système métrique*. Grand in-18, br., 15 c.; cart. 20 c.

Autorisé par le Conseil de l'Instr. publique.

— *Tableau des poids et mesures du système métrique*, avec 30 figures enluminées, 3 feuilles ayant ensemble 1 mètre de hauteur sur 1 mètre 49 centimètres de largeur. 1 fr. 50 c.

Le collage sur toile avec gorge et rouleau et le vernissage se payent en sus. 5 fr.

Tarnier, inspecteur primaire à Paris. *Nouvelle arithmétique théorique et pratique ;* 6e édition. 1 vol. in-12, cart. 2 fr.

Ouvrage adopté pour les écoles communales de la ville de Paris.

— *Applications de l'arithmétique aux opérations pratiques*. Recueil de 1000 questions modèles pour l'enseignement élémentaire ; 3e édition. 1 vol. in-12, cart. 2 fr.

Ouvrage adopté pour les écoles communales de la ville de Paris.

— *Solutions raisonnées* des exercices compris dans le précédent ouvrage. 3e édit. 1 vol. in-12, cart. 3 fr.

— *Petite arithmétique des écoles primaires*, 7e édition. In-18, cartonné. 75 c.

Ouvrage dont l'introduction dans les écoles est autorisée par le ministre de l'instruction publique et adopté pour les écoles communales de la ville de Paris.

— *Carte murale du système métrique*. Mesures légales, effectives et de grandeur naturelle. 6 feuilles colombier coloriées ayant ensemble 1 mètre 60 cent. de hauteur sur 2 mètres 15 de largeur. En feuilles. 10 fr.

Le collage sur toile avec gorge et rouleau et le vernissage se payent en sus. 12 fr.

Ouvrage adopté pour les écoles communales de la ville de Paris.

— *Petit tableau du système métrique*, imprimé en couleurs sur un seul morceau de toile de 95 centimètres sur 1 mètre 20 c., et monté sur gorge et rouleau. 7 fr.

— *Petit manuel raisonné du système métrique*, complément de toutes les arithmétiques et de toutes les cartes murales du système métrique. 1 vol. in-12, 1 fr.

Tarnier et Bos. *Problèmes d'arithmétique* à l'usage des commençants (*Enoncés*). 1 vol. in-12, cartonné. 2 fr.

— *Solutions raisonnées* desdits problèmes. 1 vol. in-12, cart. 3 fr.

12° Géométrie, Arpentage, Topographie, Dessin linéaire.

Bouillon. *Principes de dessin linéaire;* 6e édition. 24 planches in-4, avec un texte explicatif. Broché. 2 fr.

Autorisé par le Conseil de l'Instr. publique.

Briot et Vacquant. *Arpentage, levé des plans, nivellement*, à l'usage des instituteurs, des élèves des écoles normales et supérieures, etc. 4e édit. 1 vol. in-12 avec planches, broché. 3 fr.

Ouvrage dont l'introduction dans les écoles est autorisée par le ministre de l'Instr. publique.

Henriet (d'). *Cours rationnel de dessin*, à l'usage des écoles élémentaires. Ouvrage contenant 206 figures intercalées dans le texte et un album de 44 modèles lithographiés applicables au crayonnage, aux notions pratiques de perspective, au dessin usuel et à la figure. 1 vol. grand in-8 et 1 atlas in-4 brochés. 8 fr.

Lamotte. *Traité élémentaire d'arpentage*. In-12, avec planches, broché. 2 fr. 25 c.

Autorisé par le Conseil de l'Instr. publique.

— *Cours méthodique de dessin linéaire et de géométrie usuelle*, applicable à toutes les méthodes d'enseignement.

Autorisé par le Conseil de l'Instr. publique.

1re partie : *Cours élémentaire*, composé d'un atlas de 19 planches, grand in-4, et d'un vol. in-8 de texte. 4 fr.

2e partie : *Cours supérieur*, composé d'un atlas de 15 planches, gr. in-4, et d'un vol. in-8 de texte. Br. 4 fr.

— *Le dessin linéaire des demoiselles*, contenant les applications à l'ornement et à la composition, à la broderie, au dessin des châles, aux fleurs et au paysage. In-8, avec un atlas de 15 planches, grand in-4. 5 fr.

Autorisé par le Conseil de l'Instr. publique.

Sonnet. *Premiers éléments de géométrie*, contenant les principales applications à l'architecture, au levé des plans, à l'arpentage, etc. ; 9e édition. 2 volumes in-12, texte et planches. 2 fr. 50 c.

— *Cours élémentaire de topographie.* 1 vol. in-12 avec 69 figures, cart. 2 fr.

13° Agriculture, Histoire naturelle, Physique, Chimie.

Barrau-Heuzé. *Simples notions sur l'agriculture*, les animaux domestiques, l'économie agricole et la culture des jardins. Nouvelle édition refondue conformément au programme pour l'enseignement agricole dans les écoles, par M. G. Heuzé, adjoint à l'inspection générale de l'agriculture. 1 volume in-12 avec 78 vignettes et 1 carte de la France agricole, cartonné. 1 fr. 50 c.

Boutet de Monvel. *Notions de physique.* 8e édition. 1 vol. in-12, avec des figures dans le texte, br. 3 fr. 50 c.

— *Notions de chimie.* 10e édition. 1 vol. in-12 avec figures dans le texte. 2 fr. 50 c.

Ces deux ouvrages, dont l'introduction dans les écoles est autorisée par le ministre de l'Instruction publique, comprennent les matières pour l'enseignement dans les écoles normales primaires.

Cortambert. *Les trois règnes de la nature*, simples lectures d'histoire naturelle. 1 v. in-12, avec 213 vignettes, c. 1 fr. 50 c.

Delafosse, membre de l'Institut. *Notions élémentaires d'histoire naturelle*. 3 vol. in-18, avec figures dans le texte, cart. 3 fr. 75.

Autorisé par le Conseil de l'instr. publique.

On vend séparément :

La *zoologie*. 1 fr. 25 c.
La *botanique*. 1 fr. 25 c.
La *minéralogie*. 1 fr. 25 c.

Heuzé, adjoint à l'inspection générale de l'agriculture. *La France agricole*, notions générales sur le sol, le climat, les engrais, les instruments, les cultures, les plantes, les assolements, les animaux, les agriculteurs célèbres, les concours et les fermes-écoles des différentes régions agricoles de la France.

Région du sud : Pyrénées-Orientales, Aude, Hérault, Gard, Ardèche, Drôme, Vaucluse, Basses-Alpes, Bouches-du-Rhône, Var, Alpes-Maritimes, 1 vol.

Région du sud-ouest : Ariége, Haute-Garonne, Hautes-Pyrénées, Basses-Pyrénées, Landes, Gers, Tarn, Lot, Lot-et-Garonne, Dordogne, Charente, Charente-Inférieure, Gironde, 1 vol.

Région de l'ouest : Vendée, Loire-Inférieure, Côtes-du-Nord, Ille-et-Vilaine, Mayenne, Morbihan, Finistère, Maine-et-Loire, Deux-Sèvres, Vienne, 1 vol.

Chaque région forme un volume in-12, cartonné, avec de nombreuses figures intercalées dans le texte et une carte de la France agricole et se vend 1 fr. 25 c.

Menault : *Le berger*, 1 vol. in-32, avec vignettes, br. 50 c.

—— *Le vacher* et *le bouvier*. 1 vol. in-32, avec vignettes, br. 50 c.

Neveu-Derotrie. *Veillées villageoises*, ou entretiens sur l'agriculture moderne, à l'usage des écoles primaires rurales. Nouvelle édition comprenant toutes les matières indiquées par le programme d'enseignement pour les écoles normales primaires. In-12, cart. 1 fr. 25 c.

Autorisé par le Conseil de l'Instr. publique.

Périer (Mlle). *Simples entretiens sur la physique et la cosmographie.* 1 vol. in-12, avec gravures, cart. 1 fr. 25 c.

Rendu (Victor), ancien inspecteur général de l'agriculture. *Notions élémentaires d'agriculture*, à l'usage des écoles primaires. 1 vol. grand in-18 avec figures, cart. 75 c.

Ouvrage couronné par la Société centrale d'agriculture.

— *Petit traité de culture maraîchère*, 1 vol. in-32, avec vignettes, br. 50 c.

— *La basse-cour*. 1 vol. in 32, avec vignettes, br. 50 c.

— *Les abeilles*, leurs mœurs, leur industrie, leur culture. 1 vol. in-32 avec vignettes, br. 50 c.

14° Musique.

Clément (Félix). *Le paroissien romain*, avec les plains-chants en notation moderne et dans un diapason moyen. 1 vol. in-18, br. 2 fr. 50 c.

— *Méthode complète de plain-chant*, d'après les règles du chant grégorien, à l'usage des séminaires, des chantres, des écoles normales primaires et des maîtrises. 1 vol. in-12, br. 2 fr. 50 c.
Relié en basane. 3 fr. 50 c.

— *Tableaux de plain-chant*, avec l'indication des procédés à suivre dans l'enseignement simultané. 16 tableaux. 4 fr.
Manuel des tableaux de plain-chant. In-12, broché. 75 c.

— *Méthode d'orgue, d'harmonie et d'accompagnement*, comprenant toutes les connaissances nécessaires pour devenir un organiste habile. 1 vol. in-4, br. 12 fr.

Quicherat (L.). *Traité élémentaire de musique*, contenant 180 exemples imprimés dans le texte. In-12 broché 1 fr. 50 c.

Papin, professeur et maître de chapelle au lycée Saint-Louis. *Méthode pratique de musique vocale*, à l'usage des orphéons et des écoles. Ouvrage divisé en trois parties qui se vendent séparément :
Chaque partie, 1 vol. in-8, broché. 1 fr.
Il existe deux éditions de la première partie, l'une transcrite en *clef de fa* pour les voix graves, l'autre en *clef de sol* pour les voix aiguës. Avoir soin de désigner dans les demandes l'édition spéciale que l'on désire recevoir.

— *Les solféges classiques.* Recueil de leçons de grands maîtres italiens et français, disposé à deux parties, voix égales, à l'usage des orphéons et des écoles. Cet ouvrage, complément de la *méthode* du même auteur, est divisé en deux parties qui se vendent séparément :
Chaque partie. 1 vol. in-8, br. 1 fr.

Roques (Léon). *L'accompagnement du plain-chant*, mis à la portée de tout le monde. 1 vol. in-12, broché. 60 c.

Savard (Augustin), professeur au Conservatoire national de musique de Paris. *Principes de la musique et méthode de transposition.* 1 vol. in-8, br. 4 fr.
Ouvrage approuvé par l'Académie des beaux-arts et adopté par le Conservatoire de musique.

— *Premières notions de musique*, extraites de l'ouvrage précédent. In-12, br. 50 c.

15° Notions de droit, Tenue des Actes de l'état civil.

Delacourtie, avocat, docteur en droit. *Eléments de législation usuelle.* 1 vol. in-12, br. 2 fr.
— *Eléments de législation commerciale et industrielle.* 1 vol. in-12, br. 3 fr.

Grün, *Guide et formulaire pour la rédaction des actes de l'état civil et des procès-verbaux, certificats, déclarations et actes divers*, à l'usage des secrétaires de mairie, des instituteurs ; 4e édition. Grand in-18, br. 1 fr. 50 c.
Autorisé par le Conseil de l'Instr. publique.

16° Gymnastique, Hygiène.

Riant (Dr), médecin de l'École normale du département de la Seine. *Hygiène scolaire*, influence de l'école sur la santé des enfants. 1 vol. in-12 avec 42 figures, br. 3 fr.

— *Le café, le chocolat, le thé.* 1 vol. in-32 avec 30 vignettes. 50 c.

Saffray (le Dr). *Les remèdes des champs*, herborisations pratiques à l'usage des instituteurs et de tous ceux qui donnent leurs soins aux malades. 2 vol. in-32 avec 60 vignettes, br. 1 fr.

Soubeiran (Dr). *Hygiène élémentaire* répondant aux programmes des écoles normales et des lycées. 1 volume in-12, broché. 1 fr. 50 c.

Vergnes, ex-capitaine instructeur de gymnastique. *Manuel de gymnastique*, à l'usage des écoles primaires, des écoles normales primaires, des lycées et des colléges; 4e édit. 1 joli vol. in-12 avec 170 fig. dans le texte et 4 planches d'appareils gymnastiques, cartonné. 2 fr. 25.
Ouvrage publié conformément aux programmes officiels annexés au décret du 3 février 1869.

Voir, pour le *Matériel des écoles*, le Catalogue spécial.

ENSEIGNEMENT SPÉCIAL

Ouvrages destinés aux écoles et aux cours préparatoires pour les professions agricoles, industrielles et commerciales.

LANGUE FRANÇAISE.

Barrau. *Méthode de composition et de style*, ou principes de l'art d'écrire en français, suivis d'un choix de modèles en prose et en vers. In-12, cart. 2 fr. 75 c.

Demogeot, agrégé de la Faculté des lettres de Paris. *Textes classiques de la littérature française* extraits des grands écrivains français, avec notices biographiques, bibliographiques, appréciations littéraires et notes explicatives (2e année). 2 vol. in-12, cart. 4 fr. 50 c.

Tome I. *Moyen âge, renaissance*, XVIIe *siècle*. 3 fr.
Tome II. XVIIIe *et* XIXe *siècles*. 1 fr. 50

Lelion-Damiens, économe du collége Rollin. *Lectures ou dictées* (année préparatoire et 1re année), 2 vol. in-12, cart.

Tome I, à l'usage des contrées agricoles. 1 fr. 50 c.
Tome II, à l'usage des contrées commerciales. 1 fr. 50 c.

Pellissier, professeur au collége Chaptal et à Sainte-Barbe. *Premiers principes de style et de composition* (2e année), 1 vol. in-12, cart. 1 fr. 50 c.

— *Sujets et modèles de composition française* destinés à servir d'application aux *principes de style*. 1 vol. in-12, cart. 1 f. 50.

— *Morceaux choisis des classiques français*, en prose et en vers, adaptés au précédent ouvrage, 1 vol. in-12, cart. 1 fr.

— *Principes de rhétorique française* (3e année) 1 vol. in-12, cart. 2 fr. 50 c.

— *Morceaux choisis des classiques français*, en prose et en vers, adaptés au précédent ouvrage. 1 vol. in-12, cart. 2 fr.

— *Sujets et modèles de composition française*, destinés à servir d'application aux *principes de rhétorique*. 1 vol. in-12, cartonné. 2 fr. 50 c.

Sommer. *Grammaire de l'enseignement spécial*, avec de nombreux exercices. 3e édition. In-12, cart. 1 fr. 50 c.

HISTOIRE ET GÉOGRAPHIE.

Cortambert. *Géographie de la France* (année préparatoire), 1 vol. in-12, cartonné. 90 c.

— *Atlas* correspondant. Gr. in-8. 2 fr. 50 c.

— *Géographie des cinq parties du monde* (1re année), 1 vol. in-12, cart. 1 fr. 50 c.

— *Atlas* correspondant. Grand in-8. 6 fr.

— *Géographie agricole, industrielle et commerciale de la France et de ses colonies* (2e année), 1 vol. in-12, cart. 2 fr.

— *Atlas* correspondant. Grand in-8. 4 fr.

— *Géographie commerciale des cinq parties du monde* (3e année), 1 vol. in-12, cart. 3 fr.

— *Atlas* correspondant. Grand in-8. » »

Ducoudray et Feillet. *Simples récits d'histoire de France* (année préparatoire). 1 vol. in-12, cart. 2 fr.

— *Simples récits d'histoire ancienne, grecque, romaine et du moyen âge* (1re année). 1 fort vol. in-12, cart. 2 fr. 50 c.

Ducoudray (G.), agrégé d'histoire. *Histoire de la France depuis l'origine jusqu'à la révolution française, et grands faits de l'histoire moderne, de 1453 à 1789* (2e année), 1 vol. in-12 cart. 2 fr. 50 c.

— *Histoire de France et histoire générale depuis 1789 jusqu'à nos jours* (3e année), 1 vol. in-12, cart. 2 fr. 50 c.

Joanne. *Géographies des départements de la France.* Voir *Enseignement primaire*, page 14.

Sardou, ancien professeur à l'Ecole de commerce et des arts industriels. *Abrégé de géographie commerciale et industrielle*, indiquant pour chaque État : sa situation maritime; les principaux ports de mer; les places de commerce et centres de grande fabrication; le climat; les productions naturelles ; les canaux et chemins de fer; les revenus, la dette publique, etc.; et pour la France en particulier : ses richesses agricoles, minérales et industrielles; le mouvement général de son commerce avec l'étranger, la nature et la valeur des importations et exportations, la navigation, la grande pêche, etc.; avec un tableau des monnaies, poids et mesures de tous les pays; 6e édit., in-12, br. 4 fr.

Autorisé par le Conseil de l'Instr. publique.

MORALE, LÉGISLATION, ÉCONOMIE POLITIQUE, INDUSTRIE.

Delacourtie, avocat, docteur en droit. *Éléments de législation usuelle* (3e année), 4e édition. 1 vol. in-12, cart. 2 fr.

— *Éléments de législation commerciale et industrielle* (4e année), 2e édition. 1 vol. in-12, cartonné. 3 fr.

Figuier (L.). *Les grandes inventions modernes* dans les sciences, l'industrie et les arts (4e année). 1 vol. in-12 avec 138 figures dans le texte, cart. 1 fr. 50 c.

Franck (Adolphe), membre de l'Institut. *Éléments de morale* (3e et 4e années), 4e édition. 1 vol. in-12, cart. 2 fr.

Levasseur, membre de l'Institut. *Cours d'économie rurale, industrielle et commerciale* (4e année), 1 volume in-12, cartonné. 3 fr.

Poiré (P.). *Simples lectures sur les principales industries* (4e année), 1 vol. in-12, avec 163 vignettes dans le texte, cart. 1 fr. 50

ARITHMÉTIQUE ET APPLICATIONS, TENUE DES LIVRES, CORRESPONDANCE COMMERCIALE.

Bovier-Lapierre, professeur de mathématiques à l'école normale de Cluny. *Arithmétique* (année préparatoire et 1re année). 1 vol. in-12, cart. 2 fr. 50 c.

— *Traité d'arithmétique commerciale* (2e année), 1 vol. in-12, cart. 1 fr. 50 c.

Coupin, directeur de l'École commerciale de Bordeaux. *Cours raisonné d'arithmétique commerciale*. 1 vol. in-8. 3 fr. 50 c.

Courcelle-Seneuil. *Cours de comptabilité* (1re, 2e, 3e et 4e années). 4 vol. in-12, cartonnés : chaque vol. se vend séparément. 1 fr. 50 c.

Dupuis (J.), proviseur du lycée de Bourges. *Tables de logarithmes* à cinq décimales, d'après J. de Lalande. Édition stéréotype disposée à double entrée et contenant les logarithmes de 1 à 10 000, les logarithmes des sinus et des tangentes des arcs, calculés de minute en minute dans la supposition de R = 1, et un très-grand nombre de tables usuelles. 1 vol. gr. in-18, broché. 2 fr.
Cartonné en percaline gaufrée. 2 fr. 50 c.

Goujon et Sardou. *Cours complet de tenue de livres et d'opérations commerciales*, comprenant : — l'analyse des opérations du commerçant et les premières écritures qui servent à les constater ; — la théorie des comptes courants ; — les comptes d'intérêts par toutes les méthodes ; — la tenue des livres en partie simple et en partie double ; — la correspondance : — les effets publics ou rente sur l'État ; les matières d'or et d'argent — les changes et les arbitrages ; — les comptes en participation ; — les actes de société ; — les écritures des sociétés par actions, etc. ; 5e édition, 1 vol. in-8, br. 5 fr.
Ouvrage dont l'introduction dans les écoles est autorisée par le ministre de l'Instruction publique.

— *Solutions des exercices* contenus dans le Cours complet de tenue de livres et d'opérations commerciales. In-8, broché. 2 fr. 50 c.

Jeanne, directeur de l'école de commerce de Toulouse. *Cours d'arithmétique commerciale* (2e année), 1 vol. in-12, cartonné. 3 fr.

Monnaies, poids et mesures, et usages commerciaux de tous les pays du monde. 1 vol. in-8, broché. 6 fr.

Pichot, professeur au lycée Louis-le-Grand. *Éléments d'arithmétique* (année préparatoire et 1re année), 1 vol. in-12, cartonné. 2 fr. 50 c.

Sonnet. *Problèmes et exercices d'arithmétique et d'algèbre* sur les principales questions usuelles relatives au commerce, à la banque, aux fonds publics, aux établissements de prévoyance, à l'industrie, aux sciences appliquées, etc. 2 vol. in-8, brochés. 5 fr.

On vend séparément :

1re partie : *Énoncés*. 1 vol. 2 fr.
2e partie : *Solutions raisonnées*. 1 volume. 3 fr.

GÉOMÉTRIE, ARPENTAGE ET TOPOGRAPHIE.

Bezodis, professeur au lycée Henri IV. *Notions sur les courbes usuelles* (4e année). 1 vol. in-12, cart. 1 fr. 50 c.

Briot et Vacquant. *Arpentage, levé des plans, nivellement* ; 4e édition, 1 vol. in-12, avec figures intercalées dans le texte et des planches, broché. 3 fr.
Ouvrage dont l'introduction dans les écoles est autorisée par le ministre de l'Instruction publique.

Saint-Loup, professeur à la Faculté des sciences de Besançon. *Géométrie plane* (année préparatoire), 4e édition. 1 vol. in-12, cartonné. 1 fr.

— *Géométrie plane* (1re année), 2e édition. 1 vol. in-12 cart. 2 fr.

— *Géométrie dans l'espace* (2e année) ; 3e édit. 1 vol. in-12, cart. 1 fr. 50 c.

Sonnet. *Géométrie théorique et pratique*, contenant de nombreuses applications au dessin linéaire, à l'architecture, à l'arpentage, au levé des plans, à la perspective, aux ombres, etc., et les premiers éléments de la géométrie descriptive ; 7e édition. 2 vol. in-8, texte et planches, brochés. 6 fr.
Autorisé par le Conseil de l'Instr. publique.

— *Premiers éléments de géométrie*, extraits du précédent ouvrage ; 10e édition, 2 vol. in-12, texte et planches, br. 2 fr. 50 c.
Autorisé par le Conseil de l'Instr. publique.

— *Cours élémentaire de topographie*. 1 vol. in-12 avec vignettes, cart. 2 fr.

ALGÈBRE, TRIGONOMÉTRIE, GÉOMÉTRIE DESCRIPTIVE.

Bezodis, professeur au lycée Henri IV. *Notions élémentaires de trigonométrie rectiligne* (4e année), 2e édition. 1 vol. in-12, cartonné. 1 fr. 50 c.

Bovier-Lapierre, professeur de mathématiques à l'École normale de Cluny. *Traité élémentaire de trigonométrie rectiligne*, rédigé sur un plan nouveau (4e année). 1 vol. in-8 avec 23 figures intercalées dans le texte, br. 2 fr. 50 c.

Kiæs. *Cours élémentaire de géométrie descriptive* (3e et 4e années); 5e édition. 2 vol. in-12, texte et planches, cart. 5 fr.

Sonnet. *Principes d'Algèbre*, mis en harmonie avec les programmes officiels de l'enseignement spécial par M. Jeanne. (3e et 4e années), 1 vol. in-12, cart. 2 fr. 50 c.

MÉCANIQUE.

Collignon, répétiteur à l'École polytechnique. *Cours élémentaire de mécanique :*

Troisième année (1re partie, *cinématique*). 1 vol. in-12. 1 fr. 80 c.

Troisième année (2e partie, *statique*). 1 vol. in-12. 2 fr. 20 c.

Quatrième année (*dynamique*), 1 vol. (sous presse).

Dessins muraux pour l'enseignement de la mécanique dans les lycées et colléges d'enseignement spécial (arrêté ministériel du 27 octobre 1867) imprimés en couleur sur 4 feuilles colombier mesurant ensemble 1 mètre 45 de longueur sur 1 mètre de hauteur.

Prix de chaque dessin mural. 6 fr.

Le collage sur toile avec gorge et rouleau et le vernissage se payent en sus. 7 fr.

Roue en dessous; roue de côté; roue en dessus ; turbine Fontaine ; turbine Jonval; bélier hydraulique; locomobile; locomotive.

Morin (le général), membre de l'Institut (Académie des sciences). *Aide-mémoire de mécanique pratique;* 6e édition. 1 vol. in-8, broché. 9 fr.

— *Notions géométriques* sur les mouvements et leurs transformations, ou éléments de *cinématique ;* 4e édition. 1 vol. in-8, broché. 5 fr.

— *Notions fondamentales de mécanique et données d'expérience;* 3e édition. 1 vol. in-8 avec des figures dans le texte et des planches, broché. 7 fr. 50 c.

Morin et Tresca. *Dessins coloriés pour l'enseignement de la mécanique* publiés sous la direction du général Morin et par les soins de M. Tresca. 30 planches de 49 centimètres sur 64 centimètres. Prix. 40 fr.

Les 30 planches se divisent en quatre séries qui se vendent comme suit:

1o Organes de transmission du mouvement. 12 planches. Prix, 18 fr.

2o Roues hydrauliques et autres récepteurs. 6 planches. Prix, 10 fr.

3o Machines hydrauliques. 7 planches. Prix, 12 fr.

4o Machines à vapeur. 5 planches. Prix, 10 fr.

Chaque planche se vend séparément. 2 fr.

Robinet. *Cours complet de dessin des machines*, appliqué à la construction. Voir ci-après page 23.

PHYSIQUE, CHIMIE, AGRICULTURE, HISTOIRE NATURELLE, COSMOGRAPHIE.

Dehérain, professeur au collége Chaptal, et **Tissandier** : *Eléments de chimie*. 4 vol. in-12, avec des figures intercalées dans le texte, cartonnés :

Première année. 1 vol. 1 fr. 50 c.
Deuxième année. 1 vol. 2 fr. 50 c.
Troisième année. 1 vol. 3 fr.
Quatrième année. 1 vol. 2 fr. 50 c.

Gervais, membre de l'Institut. *Eléments de zoologie*, avec des figures intercalées dans le texte. 5 vol. in-12 cartonnés:

Année préparatoire : *Notions préliminaires*. 1 vol. 1 fr. 25 c.

Première année : *Notions générales et histoire des Mammifères.* 1 fr. 25 c.

Deuxième année : *Vertébrés, ovipares, animaux sans vertèbres*. 1 v. 2 fr. 50 c.

Troisième année : *Anatomie et physiologie des animaux.* 1 vol. 2 fr. 50 c.

Quatrième année : *Zoologie appliquée à l'agriculture, à l'industrie et à l'hygiène.* 1 vol. (sous presse).

Gervais, Marchand et Raulin. *Notions élémentaires d'histoire naturelle :* Zoologie, Botanique, Géologie. 5 volumes in-12 avec fig. dans le texte, cartonnés:

Année préparatoire. 1 vol. 3 fr.
Première année. 1 vol. 3 fr. 50 c.
Deuxième année. 1 vol. 4 fr. 50 c.
Troisième et quatrième année. 2 vol. en préparation.

Gossin, proviseur du lycée de Toulon. *Cours élémentaire de physique*, avec figures, 4 vol. in-12 cartonnés:

Première année. 1 vol. 3 fr.
Deuxième année. 1 vol. 3 fr.
Troisième année. 1 vol. 3 fr.
Quatrième année. 1 vol. 3 fr.

Guillemin (Amédée). *Eléments de cosmographie* (3e année). 1 volume in-12, avec des figures intercalées dans le texte, cartonné. 3 fr. 50 c.

Marchand (docteur Léon), agrégé de l'école de pharmacie de Paris. *Eléments de botanique* avec figures dans le texte. 4 vol. in-12 cart.

Année préparatoire. 1 vol. 1 fr. 25 c.
Première année. 1 vol. 1 fr. 50 c.
Deuxième année. 1 vol. 1 fr. 50 c.
Troisième et quatrième années: *classification et usages des plantes*. 1 vol. 3 fr.

Marié-Davy. *Notions préliminaires de physique* (1re année). 1 vol. in-12, avec des figures dans le texte, cartonné. 3 fr.

Raulin, professeur à la faculté des sciences de Bordeaux. *Eléments de géologie*. 5 vol. in-12 avec figures dans le texte, cartonnés:

Année préparatoire. 1 vol. 1 fr. 25 c.
Première année: *Géologie de la France*. 1 vol. 1 fr. 25 c.
Deuxième année, 1 vol. 1 fr. 50 c.
Troisième année, 1 vol. (sous presse).
Quatrième année: *Physique terrestre*, par MM. Marié-Davy et Sonrel, 1 volume. 1 fr. 80 c.

DESSIN LINÉAIRE ET INDUSTRIEL, DESSIN D'IMITATION.

Bouillon. *Exercices de dessin linéaire*, présentant un choix très-varié de modèles pratiques d'architecture, de menuiserie, de charpente, de serrurerie, de marbrerie et d'ameublement. 24 planches in-fol., avec un texte explicatif, in-8. 5 fr.

Autorisé par le conseil de l'Instr. publique.

Chazal, professeur de dessin au lycée Henri IV: *Modèles de dessin d'imitation*, à l'usage des lycées et des écoles. Études d'architecture, d'ornement et de figures, choisies parmi les spécimens de l'art dans les époques égyptienne, assyrienne, grecque, romaine et de la renaissance.

Trois séries de 20 planches in-folio.
Chaque série de 20 planches. 15 fr.
Chaque planche séparément. 1 fr.

Henriet (d'). *Cours rationnel de dessin*, à l'usage des écoles élémentaires. Ouvrage contenant 206 figures intercalées dans le texte et un album de 44 modèles lithographiés applicables au crayonnage, aux notions pratiques de perspective, au dessin usuel et à la figure. 1 vol. grand in-8 et un atlas in-4 brochés. 8 fr.

Morin et Tresca. *Modèles de dessin et de lavis*, publiés sous la direction du général Morin, de l'Académie des sciences, et par les soins de M. Tresca, sous-directeur du Conservatoire des arts et métiers:

1re *série*, comprenant 22 planches, savoir: 10 planches d'ornement, 6 planches de géométrie, 4 planches de levé de plans et de bâtiments, et 2 planches de lavis. 6 fr.

2e *série*, comprenant 14 planches, savoir: 6 planches de géométrie et projections et 8 planches de levé de plans et topographie. 4 fr.

3e *série*, comprenant 12 planches, savoir: 5 cartes géographiques, 1 planche de géométrie et 6 planches de lavis de machines. 3 fr. 25 c.

Normand fils, **Douliot** et **Krafft**. *Cours de dessin industriel*; 3e édition. 1 volume in-8 avec un atlas de 34 planches in-folio. 7 fr. 50 c.

Ottin, grand prix de Rome. *Méthode élémentaire de dessin* comprenant l'étude des lignes, des mesures des angles, de l'ombre et de la lumière. Ouvrage composé d'un texte explicatif et de 66 planches in-4. 7 fr.

Robinet, ingénieur dessinateur. *Cours complet de dessin des machines*, appliqué à la construction, comprenant 150 planches in-folio, avec un texte explicatif, In-8, br. 30 fr.

GYMNASTIQUE.

Vergnes. *Manuel de gymnastique*, avec de nombreuses figures et quatre grandes planches d'appareils; 4e édition. 1 vol. in-12, cartonné. 2 fr. 25 c.

MANUEL GÉNÉRAL
DE L'INSTRUCTION PRIMAIRE

JOURNAL HEBDOMADAIRE

DES INSTITUTEURS ET DES INSTITUTRICES

RÉDACTEUR EN CHEF : CHARLES DEFODON.

42e ANNÉE

Prix de l'abonnement : un an, 6 fr.

On ne s'abonne que pour un an; l'année commence au premier janvier; mais les abonnements peuvent se prendre du 1er de chaque mois.

Le *Manuel général* paraît, chaque semaine, par numéro de 16 pages in-8, et se compose de deux parties distinctes, l'une *générale,* l'autre *scolaire.* Chaque mois, pour les articles de *Correspondance* et toutes les fois que les circonstances l'exigent, il est ajouté au journal un supplément de quatre, de huit ou de seize pages, sans augmentation de prix.

La *Partie générale* (huit pages) contient les actes officiels relatifs à l'instruction primaire ; une revue hebdomadaire des faits concernant l'enseignement des écoles en France et à l'étranger ; des articles sur les questions à l'ordre du jour relatives à l'administration de l'instruction primaire ; des articles de pédagogie pratique, notamment des sujets de composition qui sont proposés aux instituteurs sous forme de concours volontaires et le compte rendu anonyme d'un grand nombre de compositions (tous les mémoires sont renvoyés à leurs auteurs avec des annotations); des articles de variétés, surtout de variétés pédagogiques ; un cours suivi de langue anglaise à l'usage des instituteurs ; des comptes rendus de livres et procédés d'enseignement ; une correspondance avec les abonnés sur les questions administratives, pédagogiques et autres, qui peuvent les intéresser ; les comptes rendus *in extenso* de celles des séances de l'Assemblée nationale qui ont rapport aux intérêts de l'instruction primaire, comptes rendus qui ne se trouvent guère, sous cette forme, que dans le *Journal officiel;* le texte officiel des lois et des actes les plus importants du gouvernement.

La *Partie scolaire* comprend des leçons familières de langue française sous forme de développements à l'usage des maîtres ; des dictées et exercices pour les trois cours d'une école primaire, avec explications et corrigés selon le besoin, des exercices gradués de calcul mental pour le cours élémentaire et pour le cours moyen ; des exercices et problèmes divers d'arithmétique à l'usage de ces mêmes cours ; des sujets de composition française avec le corrigé ; des problèmes d'arithmétique, d'arpentage, de géométrie, s'adressant aux cours supérieurs ou aux maîtres eux-mêmes (la plus grande partie de ces problèmes, ainsi que les exercices ou problèmes pour le cours élémentaire et le cours moyen, sont empruntés aux divers examens et concours pour le brevet ou entre les écoles) ; des leçons de sciences physiques et naturelles, d'histoire et de géographie à l'usage des maîtres ; des leçons et des lectures pour les écoles ; des sujets de compositions donnés dans les examens ou concours pour le certificat d'études, pour les écoles normales, pour le brevet de capacité d'instruction primaire, pour le volontariat d'un an.

Moyennant un supplément de 4 fr. par an, les abonnés peuvent recevoir vingt-quatre modèles de dessins gradués, formant un *Cours rationnel de dessin* à l'usage spécial des écoles primaires ; ces modèles sont tirés hors texte ; le texte du cours de dessin, avec vignettes à l'appui, est inséré dans la *partie générale.* Dans les années précédentes, les principes généraux du dessin ont été développés ; l'année courante comprend l'application de ces principes au DESSIN LINÉAIRE, notamment à la *topographie,* ainsi qu'au DESSIN D'ORNEMENT. La première partie du *Cours de dessin* publié par le *Manuel général* a été réunie en volume sous le titre de *Cours rationnel de dessin,* par M. L. D'HENRIET. Prix : texte et album, 8 fr.

Paris. — Imprimerie Viéville et Capiomont, rue des Poitevins, 6.

AUTRES OUVRAGES DE M. TARNIER

PUBLIÉS PAR LA MÊME LIBRAIRIE :

ARITHMÉTIQUE

1° **Arithmétique** in-18 (Cours élémentaire), 7e édition, 75 c.

2° **Arithmétique** in-12 (Cours moyen), 7e édition, 2 fr.

3° **Arithmétique** in-8° (Cours supérieur; classes de mathématiques élémentaires), 8e édition, 4 fr.

4° **Problèmes d'arithmétique**, in-12 :
Tome Ier : *Énoncés*, 3e édition, 2 fr.
Tome II : *Solutions raisonnées*. 3e édition, 3 fr.

5° **Tableaux du système métrique**, 4 fr.
Collés sur toile avec gorge et rouleau, 11 fr.

6° **Carte murale du système métrique**. Mesures légales, effectives et de grandeur naturelle, 10 fr.
Collés sur toile avec gorge et rouleau, 22 fr.

Petit manuel du système métrique, in-12.

ALGÈBRE

1° **Algèbre** in-12 (pour les classes de lettres), 2 fr. 50 c.

2° **Algèbre** in-8°, 1re partie (pour les classes de mathématiques élémentaires), 6e édition, 5 fr.

3° **Algèbre** in-8°, 2e partie (pour les classes de mathématiques spéciales), 5 fr.

TRIGONOMÉTRIE

Éléments de trigonométrie, in-8°, 5e édition, 4 fr. 50 c.

Nouvelle théorie des logarithmes, in-8°, 2 fr.

Typographie Lahure, rue de Fleurus, 9, à Paris.

www.ingramcontent.com/pod-product-compliance
Lightning Source LLC
LaVergne TN
LVHW010130230826
846091LV00001BA/203

* 9 7 8 2 3 2 9 5 8 0 7 1 5 *